多相流测量技术

赵彦琳　姚　军　著

科学出版社

北京

内 容 简 介

本书根据作者多年在多相流测量技术领域从事研究生教学与学术成果整理而成。主要内容包括传统的多相流测量、颗粒测量，以及相关领域的材料界面缺陷测量、电化学测量的基本理论与方法，并结合科研中典型案例进行了具体问题分析，包括气–固两相流静电发生与测量、多相流中材料磨损测量以及磨损–腐蚀协同作用测量。全书始终将多相流测量研究与理论分析相结合，如气–固两相流静电测量方法、壁面磨损与湍流特征、磨损与腐蚀的耦合作用等，为读者提供了学以致用的成功示范。此外，本书还具有鲜明的多学科交叉、直接面对复杂工程问题的特点。

本书适用于大专院校、科研院所相关专业的研究生，也适用于多相流测量领域的研究者及工业生产部门的技术人员。

图书在版编目（CIP）数据

多相流测量技术/赵彦琳，姚军著. —北京：科学出版社，2021.11
ISBN 978-7-03-070265-4

Ⅰ.①多⋯ Ⅱ.①赵⋯ ②姚⋯ Ⅲ.①多相流–测量技术 Ⅳ.①O359
②TB937

中国版本图书馆 CIP 数据核字（2021）第 216243 号

责任编辑：韦 沁／责任校对：何艳萍
责任印制：吴兆东／封面设计：北京图阅胜世

科学出版社 出版
北京东黄城根北街 16 号
邮政编码：100717
http://www.sciencep.com

北京中石油彩色印刷有限责任公司 印刷
科学出版社发行 各地新华书店经销

*

2021 年 11 月第 一 版　开本：787×1092 1/16
2021 年 11 月第一次印刷　印张：13 1/2
字数：320 000

定价：128.00 元
（如有印装质量问题，我社负责调换）

序

多相流广泛存在于能源、化工、医药、食品等领域，多相流测量是认识多相流流动特征及影响作用的重要途径。

随着科学技术的不断进步，检测仪器性能的提高与微处理器的发展，多相流测量技术在复杂工业生产中的应用及重要作用逐渐被人们所关注。一方面，多相流动涉及湍流演变、颗粒物沉积、扩散与卷起等运动特征；另一方面，多相流常与过程中化学反应、能量交换、材料缺损等作用相耦合，涉及多种因素影响，如离子种类、离子浓度、材料属性、颗粒尺寸、颗粒形状、表面粗糙度等，导致其工作机理复杂多变。在含有固相的多相流动中，颗粒与壁面碰撞造成表面缺损，边界层流动特征改变导致其中离子浓度及腐蚀产物分布变化，使得多相流测量难度加大。因此，测量技术的局限性、多相流动及反应发生的复杂性等原因造成了多相流测量研究进展和技术创新非常缓慢。同时，目前能够从事多相流测量理论研究与技术开发的人才很少。因此，迫切需要在多相流测量与技术方面的教学与科研工作中，加强这方面人才培养的力度。

《多相流测量技术》是基于赵彦琳、姚军长期从事颗粒及多相流领域的教学与研究成果，不仅包括传统的多相流测量、颗粒测量和材料表面界面测量与电化学测量的基本理论与测量方法，而且结合科研探索中的典型案例进行具体问题的深入细致分析，包括气固两相流静电发生与测量、多相流中材料磨损测量以及磨损–腐蚀协同作用测量。该书内容既有传统多相流测量方法，如高速摄像仪、PIV等，又有交叉学科的测量方法，如电化学测量方法、电阻抗谱测量方法等。此外，该书还包含作者研发的测量方法与结果分析，如气固两相流静电测量方法、壁面磨损与湍流特征、磨损与腐蚀的耦合作用机理等；将多相流流动与颗粒–壁面作用效应紧密联系起来，形成了一套知识体系较为完整的多相流测量方法。

该著作不仅适合作为大专院校、科学院所相关专业研究生教材，也为多相流测量领域的研究者、大专院校的师生以及工业生产部门的技术人员提供一份颇有价值的参考文献。

特此作序。

英国肯特大学工程学院教授
英国皇家工程院院士，IEEEF Fellow

2021 年 11 月

前　　言

多相流广泛存在于自然界及工业生产中。随着科学技术进步，越来越多的科学技术工作者应用测量方法去了解和掌握多相流规律，控制与避免多相流引发的问题。特别是工业生产中，多相流动与一些关键问题相关，如静电发生导致颗粒物团聚堵塞管道甚至火灾与爆炸、材料磨损与腐蚀引发管道破裂失效等，由此可见，多相流所涉及工业问题复杂，实属多学科交叉。目前，相关的著作与教材十分缺乏，特别是多相流动中颗粒－壁面作用后效应的参考书籍难以找到。本书作者基于对多相流动中颗粒－壁面作用效应多年的研究生教学与学术研究，将课件与研究成果整理完成该著作。

本书可以分为两个部分，第一部分是多相流测量技术理论部分，集中在第 1 ~ 4 章，包括传统的多相流测量技术、颗粒测量技术，还有相关领域测量技术，如材料界面缺陷测量技术与多相流电化学测量方法。第二部分是多相流测量技术的具体应用以及相关理论建立的举例，主要在第 5 ~ 7 章。作者结合自身科学研究经历，主要介绍了气－固两相流静电发生与测量、液－固两相流中冲刷腐蚀测量，以及机械磨损与化学腐蚀之间的关系。

本书得到中国石油大学（北京）研究生教育质量与创新项目的资助；感谢国家自然基金面上项目（方管湍流多效应协同作用下颗粒运动机理研究）（编号：51876221）、"基于电阻抗谱法的多场作用下液固两相射流材料冲蚀测量方法研究"（编号：51776225）、"气固两相流中颗粒形体因素影响静电产生的机理研究"（编号：51376153），国家自然科学基金青年基金项目"液固两相流中基于电阻抗谱的颗粒形体在线测量方法研究"（编号：51406235）对本书研究的大力支持。研究生王志杰、张伟浩、叶福相、赵亮、张军、唐春燕、赵延龙、兰文西等参与了本书撰写工作，在此向他（她）们表示感谢！

由于本人水平有限，书中存在不妥之处，恳请批评指正。

目　录

绪　　论

多相流现象广泛存在于能源、动力、石油、化工、冶金、医药等工业过程中，在工业生产与科学研究中有着十分重要的作用，并带来许多安全与经济问题，对其流动过程机理及状态的解释和描述，以及对流动过程参数的准确检测也给工程师和科研人员提出挑战（陈学俊，1994）。近年来，国际上对多相流的研究兴趣在持续增长，其原因在于多相流不仅在一系列现代工程中得到广泛应用，而且对促进这些工程设备的发展和创新也起到了重要作用（林宗虎等，2001）。本书主要对多相流动参数测量技术进行了介绍并提供了相应分析方法，根据内容分为绪论、基础篇和应用篇。基础篇包括 1～4 章，主要介绍多相流测量技术基础知识与理论；应用篇包括 5～7 章，介绍主要多相流测量技术的应用以及相应测量结果的分析。

第 1 章主要对多相流进行了介绍，由于多相流参数多、相间存在变动界面及非平衡效应等原因，多相流的测量技术非常困难和复杂。主要的测量参数有：流型、流量、流速、密度、分相含率、压力降和荷质比等。并对目前的主要测量技术手段进行了概述，其中新兴的近代新技术（如层析成像、核磁共振等）正取得蓬勃的发展。

第 2 章介绍了颗粒测量技术。阐述了颗粒的基本几何特征参数，如颗粒形状、球形度、颗粒大小等。将颗粒测量技术分为动态测量和静态测量两个方面，静态测量中以筛分法、显微镜法、沉降法等为主，该类方法都相对较为简单，并且发展的时间也较长，在许多实际问题中都得到了较好的检验。伴随着图像处理及辅助性的软测量技术的发展，动态的在线测量技术正逐渐被人们广泛使用。如超声法、粒子图像测速（particle image velocimetry，PIV）技术、高速摄像技术能够较为精确的测量流速、流型变化、颗粒运动形态等信息。

第 3 章主要介绍材料界面缺陷测量技术。首先，介绍常规腐蚀以及常用的测量方法；其次，介绍电化学腐蚀和其原理，以及相关的测量方法与技术，其中电化学腐蚀测量技术中包括了电化学工作站、极化曲线、电化学阻抗谱和电化学噪声法；再次，介绍了冲刷腐蚀（冲蚀）磨损测量技术；最后，介绍了管道外检测与内检测，管道缺陷检测技术是工业领域中广泛需求，不断创新的领域。

第 4 章介绍了多相流流动中的电化学测量方法。由于溶液介质中腐蚀性离子或者腐蚀环境的存在，材料表面会发生电化学腐蚀。这里将腐蚀电化学的测量方法分为静态腐蚀和动态腐蚀两种，介绍了电化学阻抗测试、极化曲线测试、电化学噪声、开路电位测试等技术手段。主要是通过外部激励信号作用在材料，从材料的反馈信号中对电化学的腐蚀程度进行评价。并结合相应的实例进行了具体的测量讲解，旨在为读者介绍相关的电化学测量方法。

基于上述多相流测量技术的基础理论，以及本书作者课题组长期在多相流测量领域的长期探索与经验积累，从第 5 章开始多相流技术应用的介绍。

第 5 章对气力输送系统中颗粒静电发生及颗粒流行为的影响进行了阐述（赵彦琳等，2019）。由于静电效应，圆管内形成了 3 种不同的颗粒流动模式分别为分散流、半环流与环形流，采用感应电流、颗粒电荷密度等参数对颗粒静电进行了定量表征。由于静电发生及颗粒运动的复杂性，对静电发生的影响因素进行了大量描述，包括输运流速、颗粒材料、颗粒形状、相对湿度与抗静电剂等。另外，还介绍了单颗粒静电试验的测量与方法，阐述了研究静电发生机理，以及摩擦起电后的静电平衡。

第 6 章介绍多相流动中材料磨损测量。由于颗粒的撞击使得材料表面发生了不同程度的破坏。目前的冲刷腐蚀测量方法主要有失重测量、表面形貌观测和元素分析，具体介绍了扫描电子显微镜、表面轮廓仪、能谱仪、X 射线衍射仪、激光扫描共聚焦显微镜（laser scanning confocal microscope，LSCM），以及 X 射线衍射仪（X-ray powder diffractometer，XRD）、能谱仪（energy dispersive spectrometer，EDS）与 X 射线光电子能谱（X-ray photoelectron spectroscopy，XPS）表征等技术手段。针对 3 种不同材料［304 不锈钢（杨少帅，2019）、Q345 钢（熊家志，2019）、X80 管线钢（刘玉发，2020）］，系统全面的对颗粒与壁面碰撞的速度、时间、浓度等分析颗粒变化，包括粒径、形状、粗糙度以及界面等进行分析，获得多相流冲蚀磨损机理。此外，本章综合壁面磨损与流动湍流特征，基于计算流体力学（computational fluid dynamics，CFD）方法论述了流体流动对颗粒冲刷腐蚀的作用关系（周芳，2016）。

第 7 章对磨损-腐蚀的协同作用进行了介绍。基于第 4、6 章的内容，目前机械磨损与化学腐蚀的协同作用获得了广泛关注，是当前本领域的研究热点与难点问题。故本章主要是阐述了相应的测量分析案例（刘玉发，2020），在常规技术手段的基础上，对协同作用进行了评价量化，希望能为读者提供一定的参考，深入的研究工作也正在推进之中。

0.1 多相流测量技术的应用

0.1.1 海洋工程中的应用

"海洋工程"是复杂的综合性科学，涉及力学、机械、电子信息、地球物理、工程热物理、化工等多个交叉学科。这对"海洋工程"研究发展提出了艰巨的挑战。国家发展和改革委员会、科技部对"海洋工程"方面科学研发的支持力度逐年上升，并细分了一些重点的研究领域，如深海油气勘探开采、海洋热能、海上风能利用、深水传感器、深水机器人与自主航行潜水、船载无人机等，旨在推进国家"十二五"海洋事业规划，从海洋大国走向海洋强国，其中"海洋油气勘探与开发技术"是"深海工程"中的一个重要研究领域。海洋油气的勘探开发是陆地石油开发的延续，经历了一个由浅水到深海、由简易到复杂的发展过程（李轶，2015）。

图 0.1 给出了一个基本的水下油气开采作业示意图（李轶，2015）。水下管线汇集平台作为节点，用来汇总子油田的各种管线以及采收装备，并最终通过它，中转输送至海上平台。水下多相流测控系统，安置在水下管线汇集平台油井接驳处，用来计量每一个子油

田井口产出油流量，并监控流体的流型、液压、流速、液温、水含量、气体比例、气泡位置等各种参数指标，实现水下智能安全管理。

目前，油田的集输计量现状是利用传统的测试井分离器实现对每一个油井的日采油产品的初步计量，并提供油质属性的相关参数，从而基于这些参数对井间采油设备做出合理的调整与修正。其无法满足了解单口油井油、气、水分别的流量，尤其是某些重要的新探明区块油井、海上油井及有重要地质意义的油井。此外，传统的三相分离器因为尺寸巨大，再加上一些额外匹配的设备，所以占地面积巨大。这在寸土寸金的海上平台尤为显得不合适。传统的分离计量还要消耗大量的时间来等待流体的沉淀稳定，需要至少 3～4 小时的自然分离，因而无法实现对流体的实时计量。

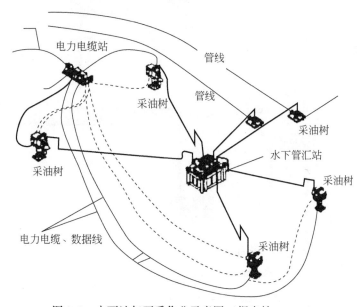

图 0.1　水下油气开采作业示意图（据李轶，2015）

多相流在线测量技术旨在实现实时线上的油、气和水多相流参数测控（图 0.2），其最终输出结果包括：油、气、水三相的瞬时流量和累计流量，含水率，含气率，气油比，流速，以及流体的温度、压力等过程参数的瞬时值和累计平均值。对于海洋油气开采，尤其是深水，随着输油管线距离的增长，石油开采者希望获得对水下每一口油井产量的实时监控，从而基于测量参数，对油井生产做出合理的调整与控制。线上实时的多相流测量技术是为满足现代海洋油气开采中油井生产管理需求而研究开发的一种量身定做的技术更新，其应用范围贯穿整个油井测试、储量管理、生产分配过程。与传统海上平台测试井分离计量技术相比，它的优势包括以下 4 项：①替代了整条测试井管线，安装在水下管线汇集处，省去体积庞大测试分离器，实现对不同油井的分量计量，这是传统分离器计量所不能实现的。这对于高成本的深海长输管线油气开采极为有价值，不仅意味着给出实时准确的多相流数据，更节省了大量的成本投入——无需额外地铺设一条水下管线通到海上测试井平台。②无需占地面积，节省了海上平台的空间。③无需流体分离对油、气和水三相实时测量，让油田生产获得更加准确连续的油井产出物的瞬时参数，更准确地评估油气井生产状况，做出油藏优化安全管理的决策。④缩短工程建设周期，减少操作人员，大幅降低一次性投资费用和维护费用。此外，多相流量计不是一次性使用的设备，而是石油勘探生产公司的长期数据来源与参考。

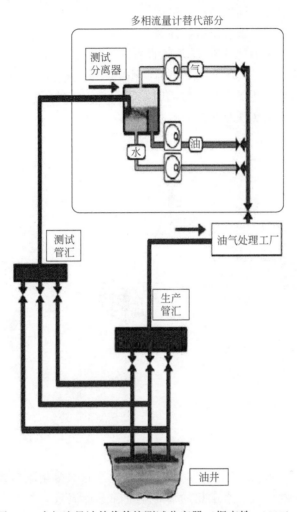

图 0.2　多相流量计替代传统测试分离器（据李轶，2015）

目前较为成熟的多相流量计多设计成基于"部分气-液分离"的测量装置（Corneliussen，2005）。油、气、水三相首先通过一个直立的分离器，从而分离成气相和油-水混合相两部分。液相聚集在分离腔下部，气相向上运动从气相旁路通过。在气相旁路上安装一个标准的气相流量计，实现对气相流量的计量。液相通过整流装置与剩余的小股气相混合，使不同流态的多相流成为均匀流，液相流量计给出液相流量和含水率。综合上述输出数据得到气、油、水相分率和体积流量，再将气相和油水混合成多相流流出测量系统。这种基于"部分气-液分离"的多相流量计量系统的主要缺点——额外的尺寸和质量以及依赖分离器中的快速液位控制阀——使得其不适合在海底应用。一体式无需分离的高速在线多相流流量计（图 0.3）必然是行业内多相流量计未来的发展趋势。它体积更小、质量更轻、智能传感器测量组件更多，给出的参数更吻合流体的瞬时物理工况，测量精度不受流体流型变化的影响，一体式多相流测量系统更适用于海底作业环境。

图 0.3　挪威 Roxar 公司一体式多相流流量计（据李轶，2015）

以下给出了安装在一体式多相流量计量系统上的传感器组件的功能原理。

1）电容、电导成像

通常浸在气-液混合物中的电极可视为一个电容器。电容值的大小与混合物的介电常数有关，而介电常数是气相、液相介电常数和气相分率的函数，因此测量电极间电容值的变化，可以得到混合物的气相分率。在液相中，介电常数是含油率和含水率的函数，通过对电极的优化设计，则可以实现对含水率的测量（Falcone，2009；Thorn *et al.*，2012）。2012 年，英国曼彻斯特大学联合斯伦贝谢剑桥研究中心和英国国家工程实验室，实验论证了一种基于环状流整流器处理后的测试方法，可以实现当含水率低于 40% 的时候，电容技术对液相中水含量的测量达到 5% 的精度，并能同时准确给出多相流气液比（Li *et al.*，2013）。电导法实现对水连续相的含水率测量。通过测量流过探头两极间的油、水混合流体的平均电导率来测量含水率。电导率是气相、液相和含水分率的函数，含水率越高，电导越强。电容、电导测量的优势是廉价高速、无辐射。

2）伽马射线

伽马射线由随时间衰减的化学核子源产生，伽马射线能量衰减法是一种常用的测量方法（熊家志，2019）。伽马射线能量在两个能量级放射，当射线通过油、水、气混合物时，三相不等地削弱伽马射线的能量。高能量级对气液比更敏感，而低能量级对液相中的水、油比较敏感。可以用这两个能量衰减量来确定三相混合液的相分率（熊家志，2019）。这种方法具有非侵入式、无干扰的特点，而且可以用于相分率的全范围测量，测量精度高、稳定性好。但伽马射线具有以下缺点：①射线辐射对人体和环境有一定的影响；②设备造价高，使用和维修困难；③射线受含盐率的影响较大，因此在测量时应同步有独立的含盐率测量探头做数据矫正；④伽马射线扫描的速度没有电容、电导成像系统快，对于高速流体，不能做到准确地瞬时捕捉。美国斯伦贝谢公司是业界多相流量计开发的领军，他们的 Vx 多相流量计系统（熊家志，2019）设计基于双能伽马射线衰变来实现相含量的测量，辅以文丘里流量计实现流速与流量计量。设备必须垂直安装于管线上。

3）微波

微波衰减法（熊家志，2019；刘玉发，2020）主要用于测量含水率，因为某一固定频率的微波经过不同含水体积分数的液相，可以产生不同的衰减，衰减幅度与含水体积分数有关。微波测量准确性不受流速度、黏度、温度、密度的影响，但测量受水的矿化度影响。微波衰减法能够适应很宽的含水率测量范围，在低含水率（<25%），测量精度更高。对于高含水率（>60%）的情况，微波传感器的设计一般基于多变率原理（Thorn *et al.*，2012），因为高频电磁波在高导电的水相中衰变非常快，所以利用变频信号产生的衰变相位差测量含水率会更为有效。微波的多普勒（Doppler）效应可以用来实现对气泡流速的测量。当入射波撞击到了液相中的气泡表面，微波被反射回来，并存在着反射波频率位移，这种频率位移与气泡的流动速度成比例。

4）超声

超声流量计（Falcone，2009；Thorn *et al.*，2012）可分为液体流量计和气体流量计。与被测介质的黏度、温度、压力和导电率等因素无关，适于测量纯净液体。声波在油、气、水多相流中有很强的衰变，利用这种吸收衰变，可以实现对多相流密度的测量。超声脉冲被用来实现对多相流流速的测量。一对收发器被安装在管道的上、下游两侧，互相发出超声脉冲信号，并回收信号。因为流速影响着声波回路时间，通过评估信号回收的时间差，可以计算出液体的流速。然而，当液体存在较多气泡时，气泡会阻碍声脉冲正常的传播回路，导致不能正常测量时间差。因此，在流量计上游安装气体分离器或整流器，均匀混合气-液两相，以减少气泡对脉冲信号的影响是一种必要手段。高频的超声信号在导电液相中的衰变是非常快的，这也会影响脉冲测量的稳定性。

5）电磁

根据法拉第电磁感应定律，导电流体流过传感器工作磁场时，在电极上将会产生与流速成正比的电动势。通过测量导电流体介质在磁场中垂直并切割磁力线方向流动时产生的感应电动势，计算得到流速（Falcone，2009）。电磁流量测量的优势在于测量结果与流速分布、流体压力、温度、黏度、密度以及一定范围内导电率等物理参数的变化无关。传感器感应电压信号只与平均流速呈线性关系，因此电磁流量计对导电液相流速的测量非常准确。然而，这要求被测液体必须是导电的，且电导率不能低于阈值。电导率低于阈值，流体电阻率过高，使得导电流体出现集肤效应，增大信号的内阻、降低测量信号形成误差。当液体混入微小气泡，测得的是含气泡体积的混合计量。当混入气体过大，分布不均匀，可能改变流体流型，此时电极有可能被气泡覆盖，从而使测量电路回路断开，出现输出晃动甚至不能正常工作。解决的办法是在流量计上游加装气-液混合器，实现气-液均匀混合，离散相的气体变成小气泡状态均匀分布在液相，满足电磁流量计测量的条件。

6）核磁共振

一些原子核（如氢、氯、磷等）具有磁矩，能产生核磁共振。实质就是流体中原子核对射频能量的吸收。核磁共振法不接触测量流体，能够测量平均流速、瞬时流速、流速分布等（Wang *et al.*，2005）。它与被测流体的导电率、温度、黏度、密度和透明度等物性参数变化无关。在气-液两相流测量中，由于核磁共振信号强度与空隙率呈线性关系，故在各种流型下均能精确测量空隙率，即平均气体含量。然而，工业级用的核磁共振设备往往尺寸非常大、维护费用昂贵，因而很难实际应用。此外，磁场的辐射会导致金属电子设备的失灵。英国剑桥大学核磁研究中心在利用核磁技术实现气–液、气–固多相流测量方面做了大量的研究与探索。表明对于油气藏岩石多孔结构（Wang *et al.*，2005）的分析，核磁技术有着巨大优势和商业前景。

实现对多相流的准确测控，任何一种单一的传感技术都是有限的，这就必须要求多种传感技术的组合使用。因而对于测量数据的后期融合处理、算法实现、物理建模、误差修正等都提出较高的要求和周期更长的实验探索：前期的传感器设计，如优化结构；避免静电场与磁场耦合干扰；辐射保护；小信号测量电路设计等问题也是多相流测控研究过程中的挑战命题。对于水下多相流测量系统的开发，更是不可避免地需要考虑在低温、高压环境下的使用可靠性和稳定性。

0.1.2　选矿工业的应用

磨矿设备是工艺准备作业中的关键设备，其投资成本占选矿厂全部投资的60%以上，运营成本占选矿厂的65%~70%。衬板是大型自磨机、半自磨机和球磨机的主要耗材，以Φ10.37m×5.19m半自磨机为例，衬板总质量超过400t，其中筒体衬板及部分排料衬板总质量超过300t，每年更换3~5次，单台设备每年的衬板更换费用达数千万元。在磨矿生产作业中，衬板长期与矿石、钢球等发生冲击和研磨，同时还会受到矿浆的腐蚀，当衬板磨损达到一定程度后，磨矿效率降低，衬板本身也会由于厚度变薄而容易碎裂，衬板失效以后，筒体直接受到钢球和物料的冲击而损坏，因此衬板的磨损量需要重点监控，并做到定期更换衬板（郭武刚等，2010；刘建平等，2014；韩春阳等，2016）。

目前检测衬板磨损的常用方法有人工测量法、超声波测量法和三维激光扫描测量法，下面分别对这3种测量方法的原理和优缺点进行阐述。

1. 人工测量法

人工测量法（刘俊等，2019）是在磨机停机后先放置一段时间，待筒体内温度降低后，工人进入磨机内，通过尺子或者专用的测量工具进行测量（图0.4；Kawatra，2009），

图0.4　人工测量磨机衬板磨损（据 Kawatra，2009）

根据测量数据制定更换衬板时间表和进行看板管理。人工测量法耗时耗力、作业效率低、测量数据少,尤其在衬板使用中后期,由于衬板制造工艺的特点,衬板磨损速率会发生急剧变化,用较少的数据来预测变化较大的磨损趋势,预测误差大,给生产管理带来极大的风险,对生产管理人员造成极大的心理压力,已经不能满足现代化企业的需要。

2. 超声波测量法

将超声波测厚仪放入磨机筒体内,人工测量衬板厚度,通过多次测量的差值来计算衬板磨损量,如图 0.5 所示(刘俊等,2019)。超声波测厚仪(图 0.6)主要由主机和探头两部分组成。主机电路包括发射电路、接收电路、计数显示电路 3 个部分。由发射电路产生的高压冲击波激励探头,产生超声脉冲波,脉冲波经介质界面发射后被接收电路接收,通过单片机计数处理后,经液晶显示器显示厚度值,现场使用前一般需要先用钢块进行标定。被测件厚度为(杜裕平,2013)

$$H = \frac{vT}{2} \tag{0.1}$$

式中,v 为材料声速;T 为超声波在试件中往返一次的传播时间。

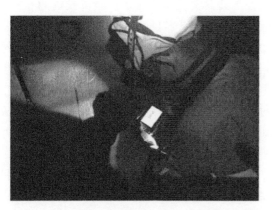

图 0.5　超声波测厚仪测量衬板磨损(据刘俊等,2019)　　　图 0.6　超声波测厚仪

由于超声波处理方便,并有良好的指向性,可用于测量金属和非金属材料,所以可用其测量金属衬板和橡胶衬板,测量厚度一般超过 400mm,该尺寸可满足绝大部分磨机的使用要求。

3. 三维激光扫描测量法

三维激光扫描仪按其原理分为三角测量、相位式和脉冲式,在磨机上应用主要采用相位式(喻晓等,2017)。如图 0.7 所示,采用无线电波段的频率对激光束进行幅度调制,

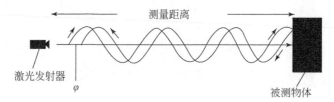

图 0.7　三维激光扫描测量原理(据白成军,2007)

并测定调制光往返一次所产生的相位延迟，再根据调制光的波长，换算此相位延迟所代表的距离，即用间接方法测定出光往返所需要的时间，扫描仪记录本身在水平和垂直方向的旋转角度，通过软件计算出三维数据（白成军，2007；喻晓等，2017）。

可得相移 φ 发生的时间为 $\dfrac{\varphi}{2\pi f_m}$，即光传播 $2d$ 距离所用的时间，则

$$d = \frac{c\varphi}{4\pi f_m} \tag{0.2}$$

式中，d 为从激光发射器到被测物体间距离；c 为光速；f_m 为设定的波段频率。

中信重工机械股份有限公司（以下简称"中信重工"）首次将该技术用于国内磨机衬板磨损测量，如图 0.8 所示（喻晓等，2017）。目前已经为生产现场提供衬板磨损分析报告数十份，并对衬板结构进行了优化改进，使衬板的寿命和磨机的工作效率都有了较大提高。激光三维扫描技术的使用大大提高了衬板磨损检测的精度和技术水平，但该技术仍然存在一定的局限性，如数据后处理过程十分烦琐，耗时较长，而且仍然需要在磨机停机状态下进行测量，不可避免地会在一定程度上影响磨机的作业率。

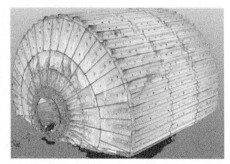

图 0.8　三维激光扫描仪在磨机内测量衬板磨损及扫描到的点云图（据喻晓等，2017）

4. 衬板磨损在线测量技术

在研究了大量国内外衬板测量技术后，结合现场实际，开发了磨机衬板磨损在线测量系统，可在不停机的情况下对衬板磨损量进行实时监控（刘俊等，2019）。衬板磨损在线测量系统由智能螺栓（含螺栓传感器和信号发射器）、无线信号接收器和上位机 3 个部分构成。其中上位机可以将磨损数据及衬板寿命预测值通过通信方式传输至中控——分散控制系统（distributed control system，DCS）画面上，还可以通过加密的软件开发工具包（software development kit，SDK）传输到云平台，并可以通过手机端查看，便于生产管理，如图 0.9 所示。

智能螺栓外形与原有螺栓基本一致，可代替衬板上的原有螺栓，将衬板紧固在矿用磨机筒体上。智能螺栓的扁头比传统螺栓长，加长的扁头内部集成长度传感器探头、传感器模块、处理器模块、无线通信模块和电源模块等，采用绝缘材料浇注在智能螺栓内部。智能螺栓内部结构如图 0.10 所示（刘俊等，2019）。

将智能螺栓装入衬板，智能螺栓扁头部分和衬板提升条平齐，随着衬板的磨损，扁头及嵌入其中的传感器同样磨损，磨损的传感器信号经过处理压缩后通过无线方式发出，再

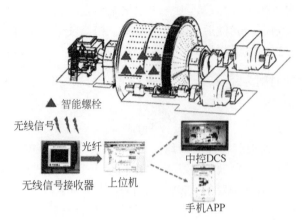

图 0.9　衬板磨损在线测量系统的组成（据刘俊等，2019）

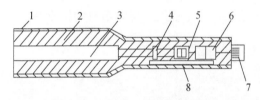

图 0.10　智能螺栓内部结构（据刘俊等，2019）

1. 螺栓外壳；2. 绝缘浇注料；3. 传感器探头；4. 传感器模块；5. 处理器模块；6. 无线通信模块；7. 天线；8. 电源模块

经过磨机旁边的无线信号接收器（图 0.11）将信号转化为衬板磨损量。螺栓控制中心从现场可编程序逻辑控制器（programmable logic controller，PLC）或 DCS 中采集矿用磨机的矿石处理量，将矿石处理量与衬板磨损量结合起来进行数据分析处理，预测出衬板的使用寿命。

图 0.11　智能螺栓内部结构

　　现场安装使用时，根据衬板的磨损情况在磨损较快的位置布置智能螺栓（分别在圆周方向和长度方向），布置数量可根据磨机的规格和衬板数量综合决定。如图 0.12 所示（刘俊等，2019），分别在进料端衬板和筒体衬板 7 个不同位置安装螺栓，每圈螺栓中布置两个智能螺栓，共计 14 个，能较好地覆盖磨机衬板的磨损情况。

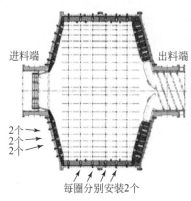
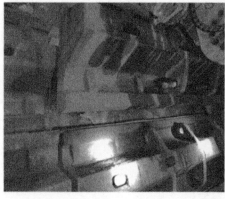

图0.12　智能螺栓的安装位置（据刘俊等，2019）

　　磨损数据的采集和发射靠电池供电，电池寿命超过半年。该系统可根据选厂的需求对磨损数据的采样频率进行设置。磨损数据可通过 4G 信号传送至中信云物联网平台，选厂可以通过 Web 端和手机 APP 查看衬板磨损状态，结合 DCS 中的处理数据，对剩余寿命和剩余矿量进行预测。分别从测量原理、测量精度等方面，将人工测量、超声波测量、激光三维扫描测量和在线测量 4 种方法的技术参数进行对比，如表 0.1 所列。从表 0.1 可以看出，激光三维扫描测量方法测量精度最高，达到±2mm，但数据后处理时间较长；在线测量方法由于工况恶劣和铸造本身的误差，测量精度为±3mm，但也能够满足现场使用要求，而且在线测量技术还具有不需要停机、测量数据量大、融合生产数据、预测寿命准确及测量成本不高等特点，相比于其他测量手段有较强的优越性。

表 0.1　不同测量方法技术参数对比（据刘俊等，2019）

测量方法	人工（刻度尺）测量	超声波测量	激光三维扫描测量	在线测量
测量原理	观察	超声波脉冲反射	激光测距	传感器磨损
测量精度/mm	±10	±10	±2	±3
测量范围	提升条+底板	提升条+底板	提升条+底板	提升条
是否在线	否	是	是	是
测量时间	5h+30min（5h 停机时间、30min 工作时间）	5h+30min（5h 停机时间、30min 工作时间）	5h+15min+72h（5h 停机时间、15min 工作时间、72h 数据处理时间）	实时
寿命预测准确度	低	低	高	高
安全性	低	低	中	高
操作便捷性	很低	低	中	高
测量成本	低	低	高	中

0.1.3　电厂锅炉中的应用

　　在封闭管道中使用气力输送技术运输固体颗粒已广泛应用于化工、钢铁、燃煤发电、制药、半导体和食品加工等领域。在燃煤发电厂，一次风吹送煤粉进入燃烧器、烟尘处理和排放等过程，都是气体与固体颗粒混合物流动，属于典型的气–固两相流。对一次风煤粉管道内煤粉的速度、浓度和质量流量进行在线测量，可以有效地监控制粉系统设备的运行情况并根据运行需求进行优化调节，对提高锅炉效率和节能减排具有重要的作用。然而，煤粉颗粒在一次风管道中的速度和浓度分布非常不规则，难以准确测量。基于微波、激光、电容、数字成像和热传递等原理的测量技术在应用中都存在其固有的局限性。静电式测量技术通过煤粉颗粒携带的静电荷变化情况获得煤粉的速度、浓度和质量流量等动态参数，已经在 20 多台大型燃煤锅炉机组上进行了应用，是目前公认的最为可靠的一次风煤粉测量方式。

1. 系统组成与测量原理

基于静电感应原理的一次风煤粉在线测量系统采用非接触式静电传感器、嵌入式信号处理单元、现场控制机柜三大部分组成。测量系统组成如图 0.13 所示。

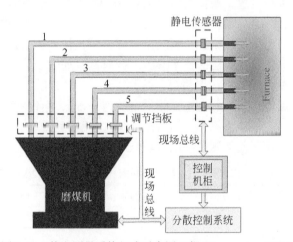

图 0.13　静电测量系统组成示意图（据 Qian *et al.*, 2017）

在输送过程中，煤粉之间的相互碰撞、煤粉与一次风管道内壁的摩擦以及煤粉与空气的相对运动使煤粉表面聚集了一定量的静电荷。当煤粉经过静电传感器时，其所带静电引起的静电场发生变化使测量电极感应出微弱的电流信号，通过屏蔽导线进入嵌入式信号处理单元。信号经过电流–电压转换、放大和滤波后，利用嵌入式数字信号处理器计算出煤粉的速度、浓度等信息，通过现场总线传输至现场控制机柜。将同一台磨煤机引出的若干一次风管道的测量数据在现场控制机柜中进行综合分析，可以获得煤粉在各管道中的分配情况，然后将所有数据传送至发电机组的分散控制系统。现场控制机柜还可以根据生产工况对静电传感器的测量参数进行实时配置并监测传感器的运行情况。

2. 特点及优势

1）本质安全
由于静电传感器不使用外部激励源，仅感应运动带电煤粉引起的电场变化对煤粉的运动参数进行测量，没有任何形式的能量注入流体，具备工业测量仪表要求的本安属性。此外，传感器中的静电感应电极一般采用非侵入式设计，既不会影响一次风煤粉的流动状态，也不会有测量部件落入管道，造成安全隐患。

2）灵敏度高、测量可靠

静电技术具有很强的适应性，电极能感应十分微弱的电场变化，辅助以信号放大实时调整功能，可以克服煤质、含水率和煤粉运动状态波动等因素引起的静电量大幅度变化。此外，利用静电电极阵列同时获得多个测量阐述并配合数据融合技术，极大的提高了测量的准确性和对复杂流动状态的可靠性。

3）在线测量、适配性强

测量系统可以在 0.1s 内完成单点测量，1～2s 内完成整台机 16～48 根一次风管的测量，满足工业实时测量要求。测量数据通过控制机柜经现场总线和工业标准信号接入机组集散控制系统，可以适配国内外各种通信系统。

4）非侵入式测量、使用寿命长

采用的环形或者弧形静电传感器电极的内径与一次风管道内径相同并采用耐磨材质，因此最大程度上避免了煤粉对电极的冲刷磨损，可以保证至少十年的使用寿命。

5）安装简单、易维护

环形静电传感器一般采用法兰进行安装，代替截取的一小段管道使煤粉从传感器内部流过，而弧形静电传感器的安装更加灵活，仅需在管道上根据传感器的尺寸打孔即可。此外，静电传感器不需要进行日常维护，仅需通过现场控制机柜监测传感器工作是否正常。

3. 测量系统的应用

静电法一次风煤粉在线检测系统已在国内外数 20 多台超临界和超超临界燃煤发电机组上得到了应用，并通过了第三方权威检测机构的测试。通过监测磨煤机各一次风煤粉管内的煤粉速度和质量流量分配等参数，可以对锅炉燃烧调整与优化提供有效支撑，进而达到锅炉安全、经济、环保运行的目的。

以国内某电厂 3 号 600MW 机组为例，介绍基于静电耦合法的非接触式风粉在线测量系统的应用情况（Qian *et al.*，2014）。该锅炉为哈尔滨锅炉有限责任公司制造的 HG-2023/17.6-YM4 型亚临界压力、一次中间再热、固态排渣、单炉膛、Ⅱ 型布置、全钢构架悬吊结构、半露天布置、控制循环汽包炉。锅炉采用三分仓回转式空气预热器，平衡通风，摆动式燃烧器四角切圆燃烧。每台锅炉配 6 套正压直吹式制粉系统，配套磨煤机为 ZGM-123 型中速辊式磨煤机。锅炉 6 台磨煤机的 24 根一次风煤粉管道的近燃烧器竖直段上均安装一套静电传感器以及信号处理单元，如图 0.14 所示。现场控制机柜中引出一根多芯电缆，采用现场总线的方式串联各就地信号处理单元获取测量结果并提供电源，实现对 24 根一次风管道煤粉速度和质量流量分配等参数的在线监测、数据分析和历史数据存储。中心分析机柜定时将测量数据通过工业标准 4～20mA 信号（或其他通信方式）传送至分散控制系统（DCS）。

整套静电测量系统实施后，操作人员可以在现场控制机柜配有的彩色显示屏上查看所有煤粉管道中煤粉速度和质量流量分配等参数的实时变化数据，同时也可以在 DCS 中进行实时监测。这些燃烧关键数据可以帮助运行人员及时、准确地把握同层各燃烧器煤粉速度、和质量流量分配是否均衡，为调整锅炉燃烧工况提供操作依据。

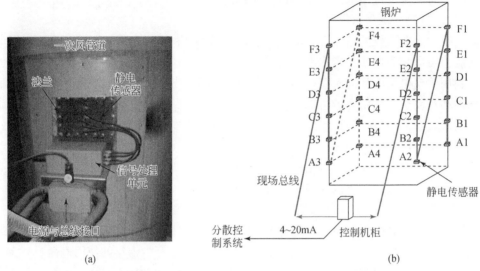

图 0.14　静电传感器安装示意图（a）及测量系统节点连接示意图（b）（据 Qian *et al.*，2014）

0.2　多相流测量技术的难点和展望

0.2.1　技术难点及应对方法

目前，对多相流检测仪器的需求很大，急需能够准确、可靠、实时的获取多相流过程参数以实现生产过程诊断、优化及安全保障的检测方法与设备出现。迄今为止，英国、德国、美国等已发展了多种多相流检测方法，但在实际流动检测中尚存在测量范围较小且误差较大等问题，原因在于对多相流的流动机理与检测原理研究有待深入。因此急需在该方面投入更多的研究精力。以石油工业中多相流检测为例，油、气、水多相流参数检测存在以下主要问题（谭超和董峰，2013）。

（1）多相流的动力学特性与多相流体力学理论体系有待完善，对许多试验现象的理论解释方面尚存在不一致的结论和认识。

油、气、水多相流的流动现象十分复杂，其结构及分布的不均匀性与流态的非平衡性和随机性造成相间界面形态不断变化，难以准确描述。大部分理论模型从典型流型或特殊相分布状态推导和发展而来，因此在描述实际流动中的过渡性流态时难以保证精度。例如，描述油、水分层流动时，除均相流模型外，有两层分离模型、三层分离模型、四层分离模型及双分散流模型等，均从观察到的实验现象通过理论假设简化得到；又如，在油、气、水三相流混合流动中，由于油相和水相互不相溶，在一定流动工况下会发生乳化现象，二者单独的特性被乳化后的共性代替，因此油、气、水混合物也常被当作特殊的气–

液两相流处理，但在实际测量中却难以对三相流中的油、水乳化做精确的描述。

随着数值仿真技术的日益提高，对多相流动的研究可采用数值模拟与实验结合的路线，利用实验验证特定边界条件下的仿真结果，并以此为基础利用仿真手段扩大研究范围，探索基本流动规律，从测量角度描述流动机理，从根本上提高对流动现象理论解释的精确性和完整性。因此，如何提高对流动过程各种物理参数的精确检测是深入研究多相流理论体系的基础。

（2）用单一的检测手段难以实现多种流态完整信息的获取，适用范围宽、精度高，便于使用的多相流检测方法还有待进一步研究。

多相流的流态复杂，存在较强的界面效应并伴随着动量与质量传递，且在流动过程中常发生反相，其丰富的流动信息对检测手段提出了很高的要求。大量研究表明，现有的通常建立在单传感器基础上的各种检测手段只能实现对部分参数，或者是对截面平均参数的测量，而无法对多相流的整体特性进行实时观测描述，在多相流流动特征的信息获取上难以得到满意效果。

为解决该问题，可采用多种传感器组合的方式，利用同类传感器的不同模式信息，或非同类传感器的表征角度多样化、检测范围广等特点实现多种流态完整信息的获取，因此多传感器方法逐渐成为多相流检测研究发展的热点。该方法利用不同时间与空间的多传感器数据资源，采用信息融合技术对按时间序列获得的多传感器观测数据在一定的准则下进行处理、分析与综合，建立测量模型，可更准确、更可靠的获取被测对象的信息，以实现比单一信息源更完全、更准确的检测。目前，国际上在该方向的研究十分普遍，欧美国家的多相流研究领域在此项研究中处于领先地位，其石油工程研究单位在此方向的研究中取得了一些突破，国内针对多相流检测问题也相继开展了多传感器数据融合技术的研究。

（3）检测方法受流动介质物性与实际工况变化影响较大，需要扩大测量模型的物性表征范围并对检测方法引入工况补偿。

在气-液两相流中，图0.15给出了气-液多相流在不同工况下，垂直管与水平管中的流型分布。可以看出，不同的气-液表观流速将形成不同的流态（如段塞流、泡状流、环

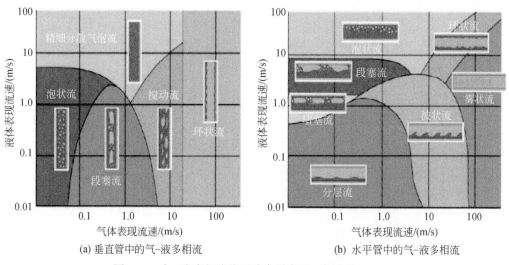

(a) 垂直管中的气-液多相流　　　　　(b) 水平管中的气-液多相流

图0.15　气-液多相流流型分布示意图（据李轶，2015）

状流等）（Corneliussen，2005）。在某一个瞬时刻，因为工况的改变，流型之间的改变是没有明显固定界限的。这加大了多相流测控的难度，因为在不同流型下，流体的随机参数是变化的，而适用于某一种流型的物理计算模型，也许并不适用于下一时刻已经改变的流体流型。

在建立多相流测量模型时，一般是从流动对象动力特性出发的简化建模，因此对流体物性变化的考虑不多，特别是油–水两相同时流动时，油的特性变化范围极大。以油与水的黏度比为例，其变化范围在零点几到几百万之间，而油的属性改变直接导致油水流动形态发生变化，进而影响压力法等常规检测方法的实际检测精度。

解决此问题的方法分为两个层次，首先是针对物性变化建模，研究物性参数变化对检测方法的影响，修正基本测量模型，提高检测精确度；在此基础上，研究对现有检测手段的改进，探索并引入新型检测原理或模式，消除对象物性变化给检测带来的影响。

0.2.2　多相流测量方法展望

尽管在多相流过程参数检测领域内有难以计数的研究成果，但对多相流精确检测的要求仍与日俱增。从分离法到混合法，再到无预处理的多相流量计，新的方法层出不穷。目前，一种称为"即夹即用"的方法成为新兴的研究热点，该方法要求流量计有足够的便携性，安装简单且不需对象管道有特殊装置、无需标定、非侵入等特点，能够在现场不同测量段处测量，即以"夹装"的简单安装程度，安装后即可使用（谭超和董峰，2013）。

以过程层析成像（process tomography，PT）技术为代表的新型检测技术的涌现也为多相流检测带来新的发展方向，过程层析成像技术不仅能以非侵入的方式获取多相流的各种流动参数，还能提供实时的截面相分布图像，因此备受关注（谭超和董峰，2010）。此外如核磁共振（nuclear magnetic resonance，NMR）技术等医学技术也由于其穿透性与高精度等特点被移植到工业过程测量之中，并逐渐显示出其优势。

总之，已有的多相流过程参数检测技术在不断成熟的同时，逐渐发现和引入新兴技术，实现高精度（5%之内）、实时在线、非侵入、低能耗的商用多相流量计是未来努力的方向。目前，工业现场对多相流检测设备的要求设计简单与紧凑，具备低能耗、无辐射、适用范围广、无需或仅需简单的初始标定等特点，可以帮助扩大工作范围，提升灵活性并降低成本（Ismail and Gamio，2004）。此外，设计的多相流检测设备要对环境和人体友好，特别是某些国家或地区对放射性物质有很严的限制。新式流量计除了能获得截面信息以外，还需能够获得近管壁信息以及空间交叉信息等，也因此能获得对流型更完整的描述。对此类过程参数检测系统的要求如下：

（1）非侵入，以避免传感器的腐蚀与压降；

（2）实时检测，以提供被测对象的瞬时信息；

（3）在线检测，不受流型变化影响；

（4）可靠性高，因为维护代价昂贵，并且短周期的维护难以实现，如海底应用；

（5）标定方便，且标定后能维持长时间运行。

尽管不同应用条件下的要求不完全相同，但上述几点是一个理想多相流量计所期望拥有的特性。因此未来多相流检测方法将向以下几个方面发展：

（1）基于现代信息处理技术的多相流过程参数软测量方法；

（2）实现更高空间分辨率的微观图像和流动结构信息，以及更高时间分辨率的瞬态流动参数的获取；

（3）基于不同敏感原理的多种传感器融合检测系统研究，实现更高灵敏度、可靠性和准确度的多传感器检测方法和装置，从多相流不同物性敏感角度实现流动过程参数的有效提取；

（4）更有效的多相流动模型，将各种未知的、无法直接获取的物理量与已知的、可简单测量的物理量之间建立直观、准确的联系，以实现多相流动态过程的描述与跟踪；

（5）多相流检测装置的简单标定以及维护，甚至是免维护等；

（6）多相流动过程参数的可视化检测，以及更有效的检测性能评价指标等。

第1章 多相流测量技术概论

1.1 多相流介绍

在大自然中,物质可分成气相、液相和固相三相。顾名思义多相流就是指同时存在两种或两种以上不同相混合物质的流动。在日常生活中常见的多相流有气-固两相流、气-液两相流、液-固两相流、液-液两相流,以及气-液-液、气-液-固多相流等。在多相流的研究中,通常将在同一自然相中存在明确界面的不同物质当作不同相进行研究,如在油-水混合物中,由于油和水互不相溶,那么就会在两者之间存在明显的相界面,这样就称为油-水两相流。

多相流在石油化工行业中是一种十分普遍的现象。例如,在石油开采过程中,从采出到运输都会存在油、气、水三相混输,这是一种很典型的多相流,甚至还存在油、气、水、沙四相流。多相流是在流体力学、物理化学、传热传质学、燃烧学等基础上发展起来的一门交叉学科,对国民经济的发展有着十分重要的作用,它广泛存在于能源、动力、石油化工、核反应堆、制冷、低温、环境保护及航天技术等环节。因此,虽然多相流的发展历史只有短暂的几十年,但由于多相流的广泛存在以及与之相关多相流测量技术日益扩大的需求,多相流科学与技术发展具有重要的理论和工程意义(曹艳强和曹岩,2016)。

多相流由于多相存在,参数多、相间存在变动界面及非平衡效应等原因,多相流处理非常困难和复杂,具体特点如下所示(周云龙等,2010):

(1)描述参数多。多相流中含有多种不相溶混的相,它们各自具有一组流动变量。即使两相流,也可划分为气-液、气-固、液-液、液-固4种,描述多相流的参数要比描述单相流的参数明显多很多。

(2)流型复杂多样。多相流中各相的体积百分数以及分散相的颗粒大小变化范围宽,引起流动性质及流动结构变化大。例如,用管道输送的固体物料可分为稀相和密相输送,而这两种输送方式的分析方法有很大不同。多相流的流动结构通常称为流型。

(3)相间存在相对流动。多相流中,各相间相对速度不同也会引起流动状况的很大改变,气-固流化床中气流速度对流动结构乃至生产过程与结果影响很大。

(4)影响流动因素多。各相的物理性质(密度、黏度等)及两相间界面的表面现象都是影响多相流动的重要因素。例如,石油及选矿使用表面活性剂可以提高生产效率。

(5)不同流型处理方法不同。各相的性质、含量及流动参数决定了流动型态,不同的流型可用不同的方法来处理。

(6)两相之间常存在动力学不平衡和热力学不平衡。不平衡性表现在相之间的速度差异与温度差异,导致相间发生相互作用。随着时间的推移,这种差异有逐渐减弱的趋势,这种现象称为松弛。

（7）相间常存在传热、传质及化学反应。例如，流体与管壁的温度不同（换热器中），或温度不同的冷气与热气，以及冷水与热水发生混合，都会发生热传递。有时流体或气体中还有化学反应发生，反应有放热或吸热效应，如在化工反应器中的化学反应，污水处理中的净化反应，以及燃烧器、燃烧室及炉内的流动等。发生化学反应常涉及化学反应动力学、非平衡态热力学及传热传质等。

（8）对于两相流，除由于相界面存在，通过界面可能发生热量、质量和动量的传递，界面的形状还会随时发生变化。不同程度的相的聚并可能发生，如小气泡并成大气泡、小液滴并成大液滴。

（9）多相流多为湍流，层流很少见。在湍流两相流中，除各相内部的动量、热量与质量传递外，还有相与相之间（如流体与颗粒或流体与气泡之间）的质量、动量及能量相互作用，而且除流体内部反应外，颗粒与流体、气泡与流体间还可能有异相反应。湍流两相流中有时还会有静电效应（赵彦琳等，2019；极细粉尘在金属、塑料或有机玻璃管道中运动）或电磁效应（电弧或高频等离子体发生器中，或磁流体发电机中含粉尘的两相流）。

1.2　多相流主要测量参数及分类

1.2.1　主要测量参数

多相流流动中，描述多相流的参数除描述单相流动的参数，如速度、压降、流量、温度等，还要增加新的参数（李海青，1991；周云龙等，2010）。常用的多相流主要测量参数简单介绍如下。

1.2.1.1　流型

又称流态，即流体的形式或结构。液–液两相流存在随机可变的相界面致使两相流动形式多种多样。气力输送颗粒系统中由于颗粒壁面碰撞产生静电，导致颗粒流型随静电大小发生变化（赵彦琳等，2019）。流型是影响物质传输过程中两相流压力损失和传质传热特性等关系输送效率的重要因素。对多相流各种参数的准确测量也往往依赖于对流型的了解。

1.2.1.2　流速

由于多相流动中相间存在相对速度，所以除了以混合流体的平均速度描述外，还必须采用分相流速来表示。为了便于工程应用，分相流速也常用表观流速概念进行折算，即以分相流量除以管道总截面来表示该相的分相流速。其物理意义是管道中流动全是该分相流体时所具有的流速。两个分相流速可以用与平均流速的差值表示相对速度；也可以用两个分相流速之比表示速度滑移比。

1.2.1.3　流量

根据采用单位制不同，可以采用容积流量或者质量流量等表示。对于各相流量，可用分相容积流量、分相质量流量描述；对于两相混合物的流量，可用平均容积流量和平均质量流量各种参数来描述。

1.2.1.4 密度

多相流动中，混合物平均密度也是一个常用的参数，可以由各相密度和分相含率计算求得。

1.2.1.5 分相含率

各类多相流含率都有一些不同的习惯用语。分相含率可以表示为一段管流按容积、截面或平均分相含率；也可以表示为局部的局部分相含率。如果对局部分相含率的分布进行统计测量，将可提供多相流中分散相浓度及其分布的数据，也可以判别多相流提供定量依据。

1.2.1.6 压力降

压力降是多相流系统的一个基本参数。多相流混合体流动产生压降是多相流系统工程应用必须考虑的因素，无论理论计算还是在线测量，压力降对多相流系统的分析应用具有重要作用。

1.2.1.7 荷质比

气力输送颗粒系统中，由于颗粒-壁面及颗粒-颗粒碰撞产生静电，而且静电不断增加积累。颗粒表面以及壁面上的静电荷所产生的静电场对颗粒运动产生显著影响，颗粒流型也因此发生变化。所以颗粒静电量的定量表征是评价气力输送系统静电大小的重要参数。荷质比是指单位质量的颗粒所携带的电荷量。当系统静电达到平衡时，颗粒荷质比也达到稳定。荷质比是由材料性质决定（赵彦琳等，2019）。

此外，温度、传热系数、传质系数、液膜厚度、液膜流率、剪切力、气泡、液滴、颗粒大小、颗粒形状、颗粒浓度、磨损量、冲蚀率等也是描述多相流系统的参数。

1.2.2 测量参数分类

结合在多相流动系统与设备中的应用，多相流主要参数通常分成以下三类（周云龙等，2010）。

（1）直接设计参数。用以提供稳态或事故状态下设计极限数据的参数，如压力降分相含率、流量、速度、传热系数、荷质比和临界热通量等。

（2）与系统相关参数。这类参数是时间或空间的平均参数。为了改进设计并对系统进行研究所需了解的参数，如流型、相浓度分布、速度分布、质量流量分布、气泡、液滴、颗粒尺寸及其分布、颗粒形状、液膜厚度幅值分布等。

（3）脉动参数。这类参数是随时间变化分布的波动参数，如速度波动、压力波动、温度波动、相浓度波动、静电波动、颗粒粒径波动等。

1.3 多相流测量技术

多相流的流场结构包括各相的相含率、速度、压力及温度等场分布信息，对于有化学反应的多相流，各相内由于存在物质转化而存在各组分浓度的场分布。上述各属性依赖于不同时间空间尺度，即产生了多相流的复杂性。尽管已经有越来越多的模拟方法如计算流体力学（CFD）可以帮助多相流行为和反应器设计，但模型和方法的合理性与可靠性仍然需要实验数据验证，且目前还没有数值模拟能准确、完整地阐述其流动变化的规律和特征。由此可见，实验测量技术仍然是研究多相流不可缺少的手段。无论在工业应用还是学术研究领域，多相流测量都具有非常重要的地位。由于多相流固有的流动复杂性，相关理论研究和工程应用都对多相流测试技术不断地提出更高的要求，如无干扰流场、高时空分辨率和场测试等（周云龙等，2010）。

与单相流相同，多相流目前也已经有多种测量方法，可归为四大类：①传统单相流仪表和多相流测量模型组合的测量方法；②应用近代新技术的多相流测量方法；③多相流软测量技术；④辅助测量法——数值模拟。

1.3.1 传统单相流仪表和多相流测量模型组合的测量方法

把成熟的单相流仪表应用到多相流测试中去，一直是人们多年来的愿望和受到普遍重视的方向之一。目前主要有两种组合的方法：一种是应用一台单相流量计与两相流量模型组合；另一种是应用两台（一种或两种原理）单相流量计与两相流量模型组合。

单相流中已有传统的光学、电学、热学等探头和传感器，也经改造广泛地应用到两相流测试系统中来，如用电导探针和与其相配的电导检测仪表获得液相速度，用单个或多个电导探针测量流型、气泡速度、局部速度及液滴粒度及其分布等，用电容探针测量气-固流化床空隙率，以及用热膜探头测量含气率及连续相速度等。

双（多）参数组合测量方法，即应用两种或多种仪表进行双（多）参数组全测量得到两相（多相）流量的测量方法。双（多）参数组合测量原理：设有两个传感器 S_1 和 S_2，已知它们与质量流量的关系为

$$S_1 = f_1(q_m, x) \tag{1.1}$$
$$S_2 = f_2(q_m, x) \tag{1.2}$$

式中，q_m 为两相质量流量，kg/s；x 为分相质量流量含率。

两传感器与 q_m、x 的具体函数关系通过理论推导或实验测试来确定，根据式（1.1）、式（1.2）可求解两相质量流量。在两相流量测量中，分相质量流量含率（x）的测量是相当困难的。采用两种仪表组合应用，即两点关联的双参数组合测量方法，联解两个方程式，可在 x 未知的条件下得到质量流量，因而回避了这一测量难题。例如，应用组分浓度仪表、速度仪表和动量通量仪表两两组合可测得两相质量流量，应用容积流量仪表和温度、压力仪表组合测得气-液分相流量，应用容积流量仪表和密度计、导电率仪表组合测出含气煤浆的固相质量流量。

采用两-多个传感器组合，进行双-多参数组合测量确定流量或干度等也获得了较多的成功应用。据已发表的研究成果表明，这类组合测量多为组分浓度仪表、速度仪表和流体流动的动量通量仪表的交叉排列组合应用。例如，射线密度计-涡轮流量计（或靶式流量计或皮托管或均速管）组合，文丘里管-涡轮流量计（或电磁流量计或涡街流量计）组合，孔板-匀速管组合，长喉颈文丘里管直管段和扩大管段上的差压信号组合测量气-固两相流中固相流量，用两个容积流量靠压力、温度信号组合测量气-液两相流中分相流量，用容积流量、密度和导电系数信号组合测量水煤浆的固相质量流量等。

1.3.2　应用近代新技术的多相流测量方法

在多相流参数测试中研究较多的测量方法大多涉及近代新技术，如辐射线技术、激光技术、光纤技术、核磁共振技术、超声波技术、微波技术、光谱技术、新型示踪技术、相关技术、过程层析成像技术等。

基于辐射线吸收或散射原理的 γ 射线、X 射线、β 射线及中子射线仪表是两相流流组分浓度的重要测试手段。

激光多普勒测速技术由于其具有非接触方式、空间分辨率高、动态响应快、方向性好和测速范围宽等特点，得到了很大的发展，特别是相位多普勒技术不仅能测量颗粒相（气泡、液滴、颗粒）速度，还能得到颗粒相的尺寸和流量信息。

光纤技术由于其具有灵敏度高、光子传递信息不受电磁场干扰、"传""感"合一、工作可靠、重量轻、尺寸且柔软、安装方便等特点，在测量颗粒分布、浓度及速度时，具有很重要的地位。

核磁共振法具有非接触测量，且与被测量的导电率、温度、黏度、密度和透明度等物理性参数变化无关等特点，故在多相流的含气率、平均流速、瞬时流速、流速分布测量等实验研究中获得了应用。

多相流测量相关技术由于可以测量任何流体系统的流量（单相流、气-液、气-固、液-固、液-液两相及多相流动），而且测量流速的范围很宽，可从亚音速到超音速，为解决多相流系统测试问题提供了一种强有力的技术手段。现在通过相关技术设计出的测量系统已经成商品化工业仪表，是目前在多相流测量领域中极少数已形成工业型仪表的一种。

过程层析成像技术因采用非侵入或非接触方式测量，能在线连续地提供两相或者多相流体截面状况的二维可视化信息，并可经过进一步处理提取若干有关被测量两相流体的特征参数，受到了普遍关注。

1.3.3　多相流软测量技术

软测量（soft sensor）是一种利用较易在线测量的辅助变量和离线分析信息去估计不可测或难测变量的方法。软测量通常是在成熟的硬件传感器基础上，以计算机技术为支撑平台，通过软测量模型运算处理而完成的。因此也可把实现软测量功能的实体看成是一种软仪表，它可利用多种易测变量传感器信息和先验分析信息，通过软测量模型计算处理得到所需检测的难测或不可测参数的信息（周云龙等，2010）。

软测量模型是基于软测量技术建立的。常用的软测量建模技术有：状态估计、过程参数辨识、人工神经网络、模式识别等。例如，从 ECT 传感器输出中提取的特征参数可作为软测量模型中的辅助变量，以多相流的流型作为模型中的主导变量，利用人工神经网络技术可实现多相流流型的辨识。又如，以多相流中简单、易测而且可靠的差压波动信号作为软测量模型中的辅助变量，以多相流的流型作为模型中的主导变量，利用小波分析技术建立主导变量与辅助变量之间的数学关系，进而通过测量差压波动信号对多相流流型进行辨识。

1.3.4   辅助测量法——数值模拟

除以上多相流测量方法之外，多相流数值模拟可以作为多相流测量的一种辅助方法。采用数值计算方法对多相流进行模拟是一种有效手段。例如，利用数值模拟可以推断不透明管道中颗粒载流的颗粒运动状态，对管道的重点磨损部位进行良好的预测；通过数值模拟对近壁面边界层中颗粒与湍流拟序结果扩散运动行为进行细致描述，实现目前测量技术无法实现的科学研究。对于典型的流型如泡状流、弹状流、分层流等进行数值模拟，在实际测量中起到了很好地辅助作用。随着计算机技术的快速发展和多相流动机理的深入研究，数值模拟方法必将发挥更大的作用。

1.3.5   针对多相流具体参数的测量技术

1.3.5.1   多相流流量测量技术

针对多相流流量的测量，大致以传统的分离式流量测量技术、多流量计协同测量技术、分流分相测量技术、超声波测量技术为主。

根据测量过程中是否对两相流分离可将气-液两相流流量测量技术分为分离法和非分离法。传统的分离法应用分离设备将气-液混合物分离成单相气体和液体后，再通过普通单相流量计进行计量。常用的单相流量测量仪器有差压流量计、涡街流量计、文丘里管、孔板式流量计、靶式流量计、节流原件等。对于传统的分离方法虽然有着稳定性强、测量精度高、测量范围宽等优点，但是其体积庞大、造价过高、造成其经济性较差。

多流量计协同测量技术，即采用两种不同特性的流量计组合测量。因流量计的指示值不仅与各相流量有关，还与两相流体的干度相关，因此在更多的情况下，采用两种不同特性的流量计组合测量。例如，节流元件-多孔动压探针（笛形管）、孔板-文丘里管、靶式流量计-涡轮流量计、文丘里管-涡轮流量计、垂直上升压差-垂直下降压差。该方法装置简单，但测量范围小，受到具体流型的制约。近些年对单个流量计与射线流量计组合研究更加深入，如 γ 射线-涡轮流量计（Anderson and Fincke, 1980）、γ 射线-文丘里管、微波-文丘里管（Thorn *et al.*, 1998）等，这种方法克服了流型变化对流量测量的影响。

分流分相测量技术原理是通过分流分相的方法，从被侧两相流体中成比例的分流、分离出一定份额的单相气体和单相液体，经单相流量计计量后根据比例关系确定出两相流体的各相流量，如图 1.1 所示。被测两相流体流过分配器时被分成两部分：一部分两相流体（80%～95%）沿原通道继续向下游流动，称这部分流体为主流体，这一支路为主流体回路；另一部分两相流体（5%～20%）则进入了分离器，称这部分流体为分流体，这一支路为分流体回路。分流体经分离器分离后，气体和液体分别进入气体流量计和液体流量计进行计量，最后又重新与主流体汇合（王栋和林宗虎，2001）。与分离法相比，该方法流经分离器的流量仅为原来的 5%～20%，所以体积比原来小很多，其体积等同单相流量计的体积。

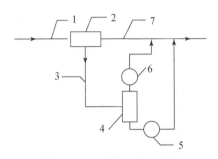

图 1.1   分流分相法原理图

1. 主管道；2. 两相分配器；3. 分流体回路；4. 分离器；5. 液体流量计；6. 气体流量计；7. 主流体回路

超声波测流量技术是基于超声波在静止流体中不同的传播速度，即对于固定坐标系来说，超声波传播速度与流体的流速有关（孙斌等，2007；许聪，2012）。例如，超声多普勒测速仪在液-固和气-液两相测量应用中，超声多普勒测速仪实现了非接触式测量，并且能得到瞬态速度的空间分布（周云龙等，2010）。由于超声波测得的是流体流速，故通常是与密度计相结合，用于测量流体的质量流量。

1.3.5.2   多相流流型测量技术

气-液两相流流型的检测技术对实际工程应用起着非常重要的作用。通过控制流动参数可以避免有害流型的出现，保证设备安全运行。目前，流型检测方法包括信号特征分析法、层析成像法、高速摄影法等前处理方法，以及小波分析、神经网络等后处理方法。

特征信号分析法指通过分析传感器的随机信号特征来进行流型识别。接收这些信号的传感器主要包括电学、光学、热膜、差压和 γ 射线传感器等。随着传感器技术的发展新型探针的应用，气-液两相流的测量变得更加切实可行，如光纤探头、电导探头、热膜探头等。电导探头是通过测量探头针尖处流体导电性的变化来确定该点的介质分布，进而确定流型的。光纤探头测量方式与电导探针类似，不同之处在于光纤探头是通过测量流体在探头针尖处对光强度的影响来反应在该点的介质分布，从而确定流型。热膜探头是通过热膜不同位置处被气-液两相流带走的热量不同来确定其流型的（高正明和姚文杰，1994）。因为接触式探头都是直接定位在流体上，因此都能较准确地反应该点的流体特征。但由于探针的存在影响了流型，长时间杂质的积累也会产生测量误差，加之所处环境恶劣传感器极易损坏。

差压法测量流型技术，又称压差法，是通过采集气–液两相流动的压差信号，并对压差信号进行统计分析的流型识别方法。这种压差信号是由于管内局部点上的气、液介质交替出现而产生的。对获得信号进行分析处理，再与神经网络技术相结合，可以对流型实现客观的智能识别，其中对于噪声处理采用小波分析技术。

层析成像（tomography）又称计算机层析成像（computerized tomography，CT），指在不影响测量对象内部特征的条件下，从外部获得的测量对象不同方向的投影数据，然后通过计算机重建测量对象内部的二维、三维图像。过程层析成像（PT）技术主要以工业过程尤其是两相流和多相流为检测对象（张修刚等，2004），具有非接触性与实时性等优点。

过程层析成像依据传感器测量原理，可以分为 X 射线、γ 射线层析成像、超声波层析成像，电容、电阻、电磁、电感层析成像等。电容层析成像（ECT）技术是 PT 技术中较早被研究的一种技术，它利用多相介质具有不同介电常数，通过电容传感器获得介电常数分布而获得介质分布的图像，具有简单、成本低、非侵入等特点。电阻层析成像（electrical resistance tomography，ERT）的原理是基于不同的媒质具有不同的电导率，判断出处于敏感场中的物体电导率分布，如电阻层析成像技术在油气水多相流测量中表现出良好的分辨力。

高速摄影测量法就是利用高速照相机或摄像机，通过透明管段或透明窗口拍摄流体的运动状态，再利用计算机获取拍摄到图片对典型的流型图像进行简单的预处理，使得敏感对比更加突出，噪声尽量减小，有利于特征的提取（周云龙等，2010）。但高速摄影法存在两个问题：一个问题是由于多相流具有复杂的界面，易产生相对多重反射或折射而影响成像清晰度；另一个问题则是采用高速摄影获得信息太多，造成分析或处理这些数据的困难（李海青，1991）。

小波分析法是一种能够为信号提供更加精细的分析方法。该方法能将频带进行多层次划分，对分辨分析没有细分的高频部分进一步分解，并能够根据被分析信号的特征，自适应地选择相应频带，使之与信号频谱匹配，从而提高了时–频分辨率，因此小波分析法具有更广泛的应用价值。例如，利用小波分析进行水平管气–液两相流流型的辨识，取得了良好的效果。该方法以管道中管程压降波动为测量信号，通过小波变换结果分析，根据不同流型能量分布的定量指标确定了流型判别依据。实验结果表明这种方法能有效实现对水平管层状流、波状流、塞状流和泡状流 4 种典型流型在线辨别。

神经网络识别法是一种按误差逆传播算法训练的多层前馈网络系统。通过对网格的训练，该系统可以自动识别流型，并具有较高的抗干扰能力。但是该方法输入节点过多、训练困难、对外部噪声敏感（白博峰等，2001）。近些年，出现了改进误差逆传播（back propagation，BP）神经网络法、Elman 神经网络法、概率神经网络和径向基函数网络等，均在自动识别多相流流型中有良好表现。关于神经网络法的研究近年来呈现迅速增长的趋势，神经网络法检测气–液两相流流型是未来流型检测的一个极为重要的发展方向。

除此之外，还有混沌理论、复杂理论等流型测量方法（方立军等，2012），在此不再赘述。

1.3.5.3　多相流相含率测量技术

多相流相含率是多相流中至关重要的参数。迄今为止，最常使用和研究多相流相含率测量的方法有：快速关闭阀门法、电学测量法、光学测量法及密度测量法。

快速关闭阀门法是在多相流测量流体段的两边分别装上快速关闭阀门。当流体流动趋于平稳时快速关闭阀门，经过气相和液相分离，获得两阀门间的体积平均空隙率。快速关闭阀门法优点是精确快速、重复性好，在气相和液相两相流中使用最频繁；缺点是每次进行使用时都要断开系统，不能实现在线实时测量，因此目前在石油行业中很难得到使用。

电学测量法中经常用到的是探针法。这种方法测量气-液两相流的根本依据是建立在气相导电率与液相导电率有差异的这一特性。当探针插入气-液两相流中时，探针在气相中，信号输出为 $f(t)=1$；探针在液相中，信号输出 $f(t)=0$。同时，根据空隙率概念，在稳定多相流中，探针所在点平均空隙率为

$$\alpha = \lim_{T\to\infty}\frac{1}{T}\int_0^T f(t)\,\mathrm{d}t \tag{1.3}$$

当一束光通过含有液滴或气泡的多相流时，在入射光方向光强会逐渐衰减。衰减系数与单位体积的相界面积成正比关系。因此，根据测量光经过介质后衰减强弱关系可以计算获得相界面积。

此外，密度测量法可以通过密度测量计测量多相流中混合物密度，根据密度分析计算相分率。

1.3.5.4　多相流静电测量技术

气力输送颗粒和粉末颗粒流态化过程中，静电的产生不可避免。过量静电荷的积累不仅会影响粉体的流动行为，引起颗粒粘壁，形成沟流、死区，甚至令导致火花放电和爆炸，因此发生的生产安全事故屡见不鲜。为了避免静电带来的不利影响、减少静电问题带来的损失，对颗粒带电情况进行实时在线测量和监控具有重要意义（赵彦琳等，2019）。

静电测量是指用相应的测量装置获得反应静电指标的物理参数，主要包括电荷量、电压、电压差、电流等。静电测量中常采用法拉第筒法和静电探头法。

法拉第筒法在静电测量中是一种比较常用的方法。法拉第筒是根据静电感应原理测量被测物所带电荷的一种装置，常用来测量粉体颗粒的平均带电量。一个法拉第筒由两个相互绝缘的同轴容器构成。外筒接地，用来屏蔽外界电场对内筒产生感应电荷，内筒（又称测量筒）与静电计连接。当一个带电体放入内筒中，内筒壁面上会感应出电量相等但极性相反的电荷，静电计通过电容储存电荷的功能对其进行测量。

静电探头法是一种测量气-固两相流流动过程中颗粒带电的方法。近年来，静电传感器和传感系统用于测量和监测一系列过程变量和条件（Yan et al.，2021），包括气动输送固体的流量测量，颗粒排放测量，流化床监测，在线颗粒尺寸、燃烧器火焰监测，机械系统的速度和径向振动测量，以及动力传动带的状况、机械磨损和人体活动监测。例如，单个探头（静电传感器）可以用于测量颗粒浓度而双探头则可结合相关技术测量颗粒速度并最终实现固体浓度的在线测量（王芳等，2008）；Qian 等（2016）开发了一种使用多个静电感应头的仪表系统，并安装在 600MW 燃煤锅炉机组同一工厂的 510mm 口径的一次风管上，用于测量粉末燃料（pulverized fuel，PF）质量流量和速度分布。

1.4　多相流测量技术展望

多相流测量技术的未来发展方向可以概述为以下几方面。

（1）紧跟单相流参数测量技术发展。在多相流测量技术发展过程中，分离式测量方法仍然是主要发展趋势（邢天阳，2017）。因此，将多相流测量技术分解为单相流检测技术的有机融合，必然要求单相流检测技术不断向前发展。

（2）与模式识别和信号处理等相结合交叉。模式识别是多学科领域的交集，其研究中包括贝叶斯决策、非线性分类器等可以在多相流测量领域中所应用（赵春雪等，2017）。例如，通过模式识别方法采集多相流参数，将其转化为数字信号来解决问题（韩骏，2010）。

（3）气-固两相流静电测量（赵彦琳等，2019）及多相流冲刷腐蚀协同测量技术（Zhao et al.，2015；赵彦琳等，2018；曾子华等，2019）。多相流动中颗粒-壁面碰撞后导致静电效应与磨损腐蚀效应，是工业生产中长期影响生产效率、安全问题，覆盖材料、流体力学、物理化学、电学等多学科交叉领域，一直是多相流测量领域研究的重点与难点。随着对工业生产中技术瓶颈问题的关注，越来越多的研究由此快速发展。

（4）紧密结合计算机软件系统及信息图像处理技术进步（Yan et al.，2018），逐步解决不精确、不确定、不清楚、不完整和主观的数据和信息方面问题，基于软计算技术的数据驱动模型和混合模型为度量问题提供有效的解决方案，软计算技术将在多相流测量中发挥更重要的作用。

（5）充分利用人工智能技术发展多相流测量技术。将智能识别、智能测量、智能处理等与多相流测量相结合，实现多相流测量智能化、集成化。

第2章　颗粒测量技术

颗粒（particle）是处于分割状态下的微小固体、液体或气体，也可以是具有生命力的微生物和细菌等。多数情况下，颗粒一词泛指固体颗粒，而液体颗粒和气体颗粒则相应地称为液滴（droplet）和气泡（bubble）。由许多个颗粒组成的颗粒群称为颗粒系。粉末则是固体颗粒在疏松状态下的堆积。颗粒作为物质存在的一种表现形式，它构成了丰富多彩的有形世界的一个侧面。在现代工业生产、国防建设和高科技领域中，颗粒材料特别是超细粉体材料的地位越来越重要，并广泛应用于医药、化工、冶金、电子、机械、轻工、食品、建筑及环保等行业（王乃宁，2000）。

2.1　颗粒几何特征

颗粒尺寸及其分布是表征颗粒特性的一个重要指标。在现代工业的生产和科研中，越来越多地涉及对颗粒的尺寸测量，尤其是对微米级颗粒的测量。颗粒材料的许多重要特性是由颗粒的平均粒度及粒度分布参数所决定的，如水泥粒度决定水泥的凝结时间，颜料粒度决定其着色能力，荧光粉粒度决定电视机、监视器等屏幕的显示亮度和清晰度，催化剂粒度决定其催化活性等。此外，颗粒粒度对食品的味感、药物的效用、冶金粉末的烧结能力及炸药的爆炸强度等也有很大的影响（胡松青等，2002）。据介绍，在化工及医药行业就有约60%的产品呈颗粒状，而其中又有约20%的产品其性能与颗粒粒径有关（曹顺华，1998）。

2.1.1　颗粒形状

颗粒形状是多种多样的，它影响粉末流动性、包装性能、颗粒与流体相互作用，以及颗粒沉积性、扩散性、覆盖能力等性能，甚至会影响颗粒静电发生等（赵彦琳等，2019）。定性的术语可用来表明某些颗粒形状的性质，如表2.1所示。颗粒的各种"大、小"之间的数字关系取决于颗粒形状，而颗粒各种大小的无量纲组合被称作形状因素。测得的颗粒各种大小和颗粒的体积或面积之间的关系被称作形状系数。

表 2.1　颗粒形状的定义（据张少明，1994）

颗粒形状	定义
针状	针形体
多角状	具有清晰边缘或有粗糙的多面体
结晶状	在流体介质中自由发展的几何体
枝状	树枝状结晶

颗粒形状	定义
纤维状	规则的或不规则的线状体
片状	板状体
粒状	具有大致相同量纲的不规则形状
不规则状	无任何对称性的形体
模状	具有完整的，不规则形状
球状	圆形球体

2.1.1.1　形状因素

形状因子法是用某个量的数值来表征颗粒形状。各种不同意义和名称的形状因子，都是一种无量纲量。其数值与颗粒形状有关，故能在一定程度上表征颗粒形状对于标准形状（大多取球形）的偏离。在工程中最常用的是圆形度与球形度（三轮茂雄，1981）。

$$圆形度：\Psi_c = \frac{与颗粒投影面积相等的圆的周长}{颗粒投影轮廓的长度}$$

$$球形度：\Psi_w = \frac{与颗粒等体积的圆球的表面面积}{颗粒的表面面积}$$

$$\Psi_w = \left(\frac{d_v}{d_s}\right)^2 \tag{2.1}$$

在低雷诺数（Re）时，颗粒是凸形者，阻力直径等于表面直径，并且斯托克斯（Stokes）直径（d_{stk}）定义为

$$d_{stk} = \left(\frac{d_v^3}{d_s}\right)^{\frac{1}{2}} = \Psi_w d_v \tag{2.2}$$

式中，d_v 为体积球当量直径，m；d_s 为表面积球当量直径，m。

2.1.1.2　形状系数

形状系数表示颗粒形状与球形颗粒不一致的程度。对粒径下定义时假定颗粒为简单的几何形状，为将某种方法求得的粒径同颗粒的表面积连接起来，故引入形状系数。例如，表面积形状系数、比表面积形状系数等，都具有广泛的意义（赵家林等，2017）。

若以 Q 表示颗粒平面或立体的参数，D 表示粒径，二者间的关系可表示为

$$Q = KD^n \tag{2.3}$$

式中，K 为形状系数。设某一颗粒的粒径为 D、体积为 V、表面积为 S，由于颗粒形状不同，V 与 S 也不同：

$$球形颗粒体积：V = \frac{\pi D^3}{6}$$

$$球形颗粒表面积：S = \pi D^2$$

对于任意形状的颗粒，以颗粒体积（V）或颗粒表面积（S）代替式（2.3）中的 Q，则存在通式：

$$V = \Phi_V D^3 \tag{2.4}$$

式中，Φ_V 为体积形状系数。

$$S = \Phi_S D^2$$

式中，Φ_S 为表面积形状系数。对于球形颗粒 $\Phi_V = \dfrac{\pi}{6}$，$\Phi_S = \pi$。

假设 S_V 为单位体积颗粒的比表面积，则

$$S_V = \frac{S}{V} = \frac{\Phi_S D^2}{\Phi_V D^3} \tag{2.5}$$

令 $\Phi_{SV} = \Phi_S / \Phi_V$，则

$$S_V = \frac{\Phi_{SV}}{D} \tag{2.6}$$

对于球形颗粒 $\Phi_{SV} = 6$。假设将比表面积球当量直径（D_{SV}）代入式（2.5），则得到

$$S_V = \frac{S}{V} = \frac{\Phi_S D_{SV}{}^2}{\Phi_V D_{SV}^3} = \frac{6}{D_{SV}} \tag{2.7}$$

等体积球当量直径为 $D_V = \sqrt[3]{\dfrac{6V}{\pi}}$，等体积球表面积为 πD_V^2，所以球的表面积、实际颗粒表面积为

$$\frac{\pi D_V{}^3}{S} = \frac{\pi (6V/\pi)^{\frac{2}{3}}}{S} \times \frac{(6V/\pi)^{1/3}}{(6V/\pi)^{1/3}} = \frac{6V}{SD_V} = \frac{6}{S_V D_V} \tag{2.8}$$

令 $S_V = \dfrac{6}{\Phi_c D_V}$，则将式（2.7）代入得

$$\Phi_c = D_{SV} / D_V \tag{2.9}$$

式中，Φ_c 为卡门形状系数或表面系数，对于球形颗粒 $\Phi_c = 1$。

形状系数常用于将不规则颗粒粒径换算成为规则颗粒粒径。几种规则形状颗粒的形状系数如表2.2所示。

表 2.2 颗粒形状系数

颗粒形状	Φ_S	Φ_V	Φ_{SV}
球形 $l=b=h=d$	π	$\pi/6$	6
圆锥形 $l=b=h=d$	$0.8/\pi$	$\pi/12$	9.7
圆板形 $l=b,\ h=d$	$3\pi/2$	$\pi/4$	6
圆板形 $l=b$	π	$\pi/8$	8
立方体 $l=b=h$	6	1	6

2.1.2 颗粒大小

球状均匀颗粒的大小可用直径来表示。正立方体颗粒可用边长来表示，对于其他形状规则的颗粒可用相等适当的尺寸来表示。有些形状规则的颗粒可能需要一个以上的尺寸来

表示其大小，如锥体需用直径和高度，矩形立方体需用长、宽、高来表示等。对于一些形状不规则的颗粒就需要"演算直径"来表征。

"演算直径"是利用测定某些与颗粒大小有关参数推导而来，并使其与线性量纲有关。最常见的是"当量球径"。某边长为 2 的正立方体，其体积等于直径为 2.48 的圆球体积，因此 2.48 即为体积直径。

若让一形状不规则的颗粒在某液体中沉降时，如果它的最终速度和一个等密度球体在相似条件下的最终沉降速度相同，则该颗粒大小就相当于球体的直径。在层流的区域内颗粒具有随机定位的运动，但超出层流区颗粒就使它处于阻力最大的位置，所以形状不规则的颗粒在过渡区的"自由降落直径"比层流区的"自由降落直径"大。层流区的"自由降落直径"等于"斯托克斯（Stokes）直径"。斯托克斯公式可以在 $Re<0.2$ 的范围用于圆球体；$Re=2$ 时用斯托克斯公式算得的直径约小于 2%；$Re>2$ 时必须对计算值进行校正。对于非球体颗粒也可进行这样的校正。即"演算直径"单纯是颗粒大小的函数，而与沉降条件无关。这些演算直径对测定悬浮于大气中颗粒的特性和其他悬浮固体沉降性能的场合特别有用。

对于不规则颗粒，被测定的颗粒大小通常取决于测定的方法，因此选用的方法应尽可能反映出我们所希望控制的工艺过程。例如，对于颜料我们测定颗粒的投影面积很重要，对化学药剂应测定它的总表面积。颗粒投影面积可逐个用显微镜测得，而颗粒的表面积通常是用一份已知重量或体积的试样来测定的。所得表面积的数量级与选用方法有关，譬如用透气法测得的表面积的数值远小于用气体吸附法测得的数值。透气法测得的颗粒表面积是气体分子所能达到的表面积，所以如颗粒有很细的小孔时，表面积的数值决定于气体分子的大小。

方目筛的筛孔直径是颗粒能通过的最小筛孔边长。筛析时，有些细长的颗粒不一定能通过适当的筛目，要用无限长的时间使这些颗粒处于一个特殊位置时，这类颗粒才能完全通过。任何一种筛号的筛孔大小都有一定的公差范围，而某些颗粒仅能通过其中最大的筛孔。测定颗粒大小技术中显微镜法是唯一用得较广的观察单个颗粒法。每个单颗粒有无数不同方向的直线长度，只有将这些长度加以平均才能得到有意义的数值，对于大量的颗粒也是如此（艾伦等，1984）。

颗粒粒度分布

粒径分布，又称粒度分布，是指一定尺寸范围的颗粒量占颗粒群总量的百分数。颗粒群粒径的分布状态可用简单的表格、图形表示，也可用函数的形式表示。常用的图形表示方法有累计分布（积分曲线图）与频率分布（微分曲线图）。粒径分布测试可以详细了解颗粒体系的组成，现代研究表明即使两个颗粒体系的平均粒径相同，可能也有着极不一样的粒径分布，粒径分布对于后续操作有着重要的指导意义（刘森等，2016）。

当测定平行于某固定方向的直线尺寸而得到的颗粒分布，反映了这些颗粒的投影面积的大小分布，这些直径称为统计直径。用一系列的圆与投影面积比较即可得出被测颗粒的直径。通常显微镜测得的是颗粒在稳定位置的投影面直径，在某些情况下颗粒可处于不稳定位置而使测定值较低。有相同直径的颗粒可能具有非常不同的形状，因此不能孤立地用一个参数来考虑。

在实践中，很难遇到所有颗粒都为同一粒度的单分散颗粒系统，大量接触的是由不同粒度组成的多分散颗粒系统，人们常采用分布函数去描述该特性，R-R 分布式、正态分布式、对数正态分布式分别为

$$f(D) = n_r \left(\frac{D^{n-1}}{\overline{D^n}} \right) \exp \left[-\left(\frac{D}{\overline{D^n}} \right)^n \right] \tag{2.10}$$

$$f(D) = \frac{1}{\sqrt{2\pi}\sigma} \exp \left(-\frac{1}{2} \left(\frac{D - \overline{D}}{\sigma} \right)^2 \right) \tag{2.11}$$

$$f(D) = \frac{1}{\ln\sigma \sqrt{2\pi}} \exp \left[-\frac{1}{2} \left(\frac{\ln D - \ln \overline{D}}{\ln\sigma} \right)^2 \right] \tag{2.12}$$

对于多分散系的测量得到的是粒度分布，其在形式上分微分型和积分型两种，前者常称为频率分布，后者常称为累积分布（胡荣泽，1982）。按其粒度分布的基准又可分为颗粒个数、质量或体积粒度分布。

2.2 静态颗粒测量技术

颗粒是指悬浮在空气或液体中的固体、液体（油滴）、气体（气泡）或分子团。颗粒及其形成物作为原料、中间物或产品在自然界以及生产过程中是普遍存在的。准确测量颗粒粒度，具有重要的经济和社会意义。随着颗粒粒径减小到纳米，颗粒具有特殊的电、磁、光、声等方面的特性。因此，对亚微米和纳米颗粒测量显得特别重要的意义。

2.2.1 筛分法

筛分法是最简单且被广泛采用的颗粒测试方法。该方法是用不同"目"对颗粒进行筛分，从而获得颗粒尺寸大小及分布。目前，筛分法的最细"目"为 $30 \sim 40\mu m$，也就决定了筛分法的最小分辨粒度大于 $30\mu m$，该方法测试范围为 $20 \sim 100\mu m$。试验筛装置图如图 2.1 所示，一般情况下当粒度大于 $40\mu m$ 时，常选用筛分法进行分析（吴丽等，2019）。筛分法包括干筛法和湿筛法，其筛分结果在颗粒厚度和颗粒直径之间。因为豆状颗粒会从筛孔的对角线方向通过，这样原本的大颗粒就会被计算入小颗粒中。因此，筛分法是以颗粒通过筛孔那个方向来确定粒度分布的，筛分结果更接近于颗粒的宽度（蔡斌等，2018）。

2.2.1.1 实验原理

干式筛分粒度测定法（机械筛分法）原理如下：将一定质量的待测样品放入 1 个或多个试验筛网上，用机械振筛机在规定的时间内振动试验筛，使样品按颗粒尺寸大小进行分离，分离后的各级样品质量占样品总质量的分数即定义为样品在相应粒级的粒度分布值。测定时使用 1 个试验筛可分级测定 2 个粒级（筛上粒级和筛下粒级），n 个试验筛套叠在一起可测定 $n+1$ 个粒级。各粒级的粒度分布质量分数可以按下式计算（刁源生，2015）：

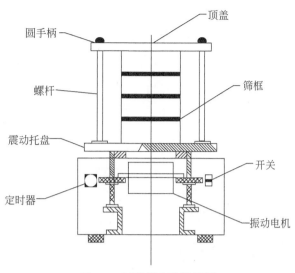

图 2.1　试验筛实验装置图

$$W_i = \frac{m_i}{m_0} \times 100\% \qquad (2.13)$$

式中，W_i 为第 i 个粒级的粒度分布质量分数，% ；m_i 为第 i 个粒级的样品质量，kg；m_0 为测定样品的总质量，kg。

2.2.1.2　测量应用

王爱霞等（2011）采用筛分法对三门峡测区有代表性的床沙样品进行了测试，得到较好的分析结果。魏丽颖等（2017）采用了筛析法（包括负压筛法和水筛法）测定了不同种类、不同细度的石灰石粉的细度。刘焕胜和周金环（1995）在现有筛分法的基础上提出了无振动离心筛分法，用自制试验装置对该筛分法进行了可行性试验，该方法适用于湿、黏、硬煤炭的干法深度。廖林辉（2004）选用顶击式振筛机与拍击式振筛机对氟化铝粒径分布进行测定，通过试验确定了合适的筛分时间，同时对用筛尺寸进行了推选。

2.2.2　显微镜法

显微镜法的测量下限取决于显微镜的分辨率，其中电子显微镜测量可达到纳米量级，可观察和分析颗粒的粒径、结构状况及表面形貌等。用生物显微镜法检测粉末是一般材料实验室中常用方法，其测量原理如图 2.2 所示。虽然计算颗粒数目有限，粒度数据往往缺乏代表性，但它是唯一的对单个颗粒进行测量的粒度分析方法。该方法还具有直观性，可以研究颗粒外表形态，因此称为粒度分析的基本方法之一。

显微镜测量法在测试时首先将粉末样品分散在载玻片上，并将载玻片置于显微镜载物台上。通过选择适合的物镜目镜放大倍数和配合调节焦距直到粒子轮廓清晰。粒径大小用标定过的目镜测微尺度量，样品粒度范围过宽时，可通过变换镜头放大倍数或配合筛分法

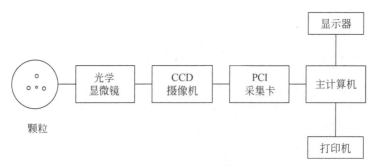

图 2.2　显微镜原理图

进行。观测若干视场，当计数粒子足够多时，测量结果可反映粉末的粒度组成，进而可以计算粉末平均粒度。如图 2.3 所示，使用显微镜法测量的聚苯乙烯（polystyrene，PS）纳米粒子的电镜图像，可以清晰读取颗粒粒度。

图 2.3　聚苯乙烯纳米粒子的扫描电子显微镜图像（据陈哲敏等，2015）

2.2.2.1　显微镜使用前准备

将目镜测微尺放入所选用的目镜中，并将目镜和物镜安装在显微镜上，将标准测微尺（每小格 10μm）置于载物台上，通过旋转升降螺钉（注意：不得使物镜接触载玻片）调节焦距，标定目镜测微尺上一格代表的长度（μm）。

2.2.2.2　样品制备

用显微镜测试的粉末首先应经过筛分，否则由于粉末粒度范围过宽，测试中需经常更换物镜或目镜，不仅造成测试工作的不便而且由于视场范围内的变化引起测试的不准确。

粉末样品有较大的表面积，具有较高的表面能，使粉末颗粒产生聚集形成团块，影响粉末粒度的测定，所以在制样过程中应使颗粒聚集体分散为单个颗粒。一般是将少量粉末样品（0.01g左右）放置在干净的载玻片上，滴上数滴分散介质，用另一干净载玻片覆盖其上，进行对磨并观察情况，然后平行对拉将两片玻璃载玻片分开，即得测试用样品。待分散介质挥发后放于显微镜载物台上进行观测（毛益平等，2003）。对分散介质要求：①对粉末润湿性好且与所测粉末不起化学作用；②介质应易挥发且挥发的蒸汽对显微镜镜头无腐蚀性。

对需长期保存的试样可采用有机玻璃或纤维素溶液进行覆盖，待覆盖膜干燥后颗粒即被固定。

2.2.2.3　测试方法

理想的试样片应便于观测计数，即一个视场内颗粒数不应过多。且各视场颗粒分布情况应尽量均匀。实验采用垂直投影法，即所测颗粒在视场内同一个方向移动，顺序地、无选择地逐个进行测量。颗粒在视场中作上下运动且目镜测微尺处于水平位置，测试中注意不要对某一颗粒重复计数或漏掉某些颗粒。简单计算粒径大小的公式为（毛益平等，2003）

$$D = \bar{D} \pm s(D) \tag{2.14}$$

式中，$\bar{D}$ 为粒径均值，$\bar{D} = \dfrac{1}{n} \sum\limits_{i=1}^{n} D_i$，mm；$s(D)$ 为粒径标准偏差，$s(D) = \sqrt{\dfrac{\sum (D_i - \bar{D})^2}{n-1}}$。

目前，基于图像处理技术的显微镜法不仅可以实现颗粒特性表征，还可作为其他方法测得数据可靠性评价的参考方法。为满足工业生产对颗粒检测进行在线、实时分析的需求，动态图像法是显微镜法今后发展的趋势，拍摄运动中颗粒的图像易出现拖尾现象，颗粒图像的高速处理与分析是动态图像法发展的难点。

2.2.3　沉降分析法

沉降分析法是通过测定分散相微小粒子在连续相介质中的沉降速度来计算粒子的尺寸（谭立新等，2011）。最早的沉降法仪器是 20 世纪 60 年代由 Joyce Loebel 公司生产的圆盘离心机，其是依据 Stokes 定律来测定粒度分布的一种间接测试法，原理如图 2.2 所示。该方法的测量范围 2.0 ~ 74.0μm，根据不同沉降方式包括重力沉降法和离心沉降法（刘森等，2016）。重力沉降的测量范围通常为 0.5 ~ 100.0μm，离心沉降可测量的粒径范围为 0.05 ~ 5.0μm。目前，沉降式颗粒仪一般都采用重力沉降和离心沉降相结合的方式。

分散方法

用沉降分析法测定颗粒分布时，必须消除悬浮液中的絮沉现象。为了克服絮沉现象，需在悬浮液中加入分散剂。加入分散剂后，为了使悬浮液进一步分散，还需辅以物理分散方法，其目的使聚集颗粒分散开（俞康泰等，2001）。

沉降分析法作为颗粒测试经典方法在不断发展创新。马兴华等（1998）提出了图像沉降法，用于快速测量颗粒的粒度分布；陈佳斌等（2010）采用重力沉降法在载玻片上制备了三维 SiO_2 光子晶体，并采用显微镜法进行了测量和表征；周又玲等（2001）采用微机沉降粒度仪对玻璃微珠颗粒度标准物质进行测试，得到了满意的结果。

2.2.4　电感应法

电感应法也称库尔特法。库尔特颗粒计数器最早应用在血球的识别和计数中，后来经过长期的发展和对仪器的改进，目前库尔特仪已经普遍使用在各种工况下对颗粒的测量和计数，电感应法是迄今为止分辨率较高的粒度分析技术。

2.2.4.1　工作原理

电感应法的工作原理为将被测含有颗粒的电解质液体放入检测器皿中，溶液中的颗粒在负电压场作用下一次经过小孔通道，由金属铂构成的电极传感器放置在小孔两端，当溶液中有颗粒经过小孔时，铂电极间的电阻率发生变化，输出的电压阈值也随之发生改变，通过测量电压阈值的大小可以推算出颗粒的截面积数值。原理如图 2.4 所示。

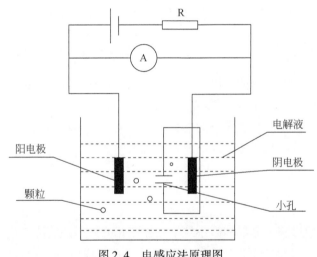

图 2.4　电感应法原理图

静止流体中，固体颗粒在重力作用下自由沉降时受到三种力的作用即重力、浮力和曳力，其运动方程为（姚军，2002）

$$mg - m_0 g - F_D = m \frac{dv}{dt} \tag{2.15}$$

式中，m 为固体颗粒质量，g；m_0 为与固体颗粒体积相同的液体质量，g；F_D 为曳力，N；g 为重力加速度，m/s^2。

对小颗粒而言，沉降加速阶段很短，加速阶段所经历的距离也很小，因此小颗粒的加速阶段可以忽略，而近似地认为颗粒始终以速度 v 沉降，此速度称为颗粒的沉降速度或终端速度，即 $\frac{dv}{dt}$ 为零。

以直径为 D、密度为 ρ 的球体颗粒在密度为 ρ_0 的流体中运动方程为

$$F_{\mathrm{D}} = \frac{\pi}{6}(\rho - \rho_0) g D^3 \qquad (2.16)$$

根据实验测定显示，曳力系数（C_{D}）与 Reynold 系数（Re）关系为（姚军，2002）

$$C_{\mathrm{D}} = 24Re \qquad (2.17)$$

通过对 C_{D} 与 Re 的特性分析，最终可得

$$D^2 = \frac{18v\eta}{(\rho - \rho_0) g} \qquad (2.18)$$

或

$$D = K V^{\frac{1}{2}}$$

此式即为 Stokes 定律方程式，该方程式揭示了颗粒匀速沉降时其运动速度（v）与颗粒直径（D）的关系，Stokes 定律是重力沉降测定颗粒粒径的理论基础。

颗粒经过小孔通道时，孔内液流截面积的电阻改变量为（刘东岳，2018）

$$\Delta(\Delta R) = -\frac{\rho_{\mathrm{f}} a \Delta l}{A^2}\left(1 - \frac{\rho_{\mathrm{f}}}{\rho_{\mathrm{x}}}\right)\left[1 - \left(1 - \frac{\rho_{\mathrm{f}}}{\rho_{\mathrm{x}}}\right)\frac{a}{A}\right]^{-1} \qquad (2.19)$$

式中，ρ_{f} 为被测溶液电阻率；ρ_{x} 为血细胞电阻率；Δl 为血细胞在小孔通道的位移，mm；a 为颗粒截面积，mm^2；A 为小孔截面积，mm^2。

由于 $\frac{\rho_{\mathrm{f}}}{\rho_{\mathrm{x}}} \ll 1$，因此可以忽略此项，上述公式变为

$$\Delta(\Delta R) = -\frac{\rho_{\mathrm{f}} a \Delta l}{A^2}\left(1 - \frac{a}{A}\right)^{-1} \qquad (2.20)$$

假设被测颗粒经过小孔的湿度是 μ，那么 $\Delta l = \mu \Delta t$，t 为时间间隔，代入上述公式并命名 F 为修正系数，则有

$$R = -\frac{\Delta(\Delta R)}{\Delta t} = -\rho_{\mathrm{f}} \mu \frac{a}{A^2} F \qquad (2.21)$$

式中，$F = \left(1 - \frac{a}{A}\right)^{-1}$。

由上述公式可以得出，颗粒经过小孔产生的电阻变化率和被测颗粒的横截面积成正比。电感应法适合测量颗粒粒径不小于 $1\mu\mathrm{m}$ 的颗粒，颗粒粒径分布的跨度不宜过大，被检测颗粒的大小误差区域在 $\pm 20:1$ 之间（曾励等，2004）。当颗粒尺寸变大时要注意检查颗粒在电解溶液中因下降产生侧漏，当电解质溶液的黏度增大时可以提升粒度仪的检测颗粒的最大粒径。

2.2.4.2　影响因素

使用电感应法测量颗粒粒度过程中，实验方法、分散剂、颗粒形状、电解液浓度、Kd 值、电流与增益等因素对该方法的分析结果有不同程度影响，因此探究电阻法的最佳测试条件及参数是得到准确粒度分布的重要环节（印波等，2008），其分析条件如表 2.3 所示。

表 2.3 电感应法分析条件表

参数	值			
小孔管/μm	30	50	100	400
标准颗粒/μm	3.27	5.02	10.66	38.5
电流/μA	400	800	1600	3000
增益	8	4	2	1
电解液	SOTON II 1.0wt%（质量百分数）NaCl 溶液			
背景空白	扣除			
采集方式	时间控制 20s			
浓度指数/%	5～10			
通道	256			

2.2.4.3 发展现状

近几年随着技术的不断改进与发展，目前适用于由不同材料组成的颗粒表征，在材料、粉体、环保等行业广泛应用。金华（2014）利用电感应法对油田回注水中悬浮颗粒粒径进行了分析；刘钦甫等（2014）采用电感应法测量了高岭石的径厚比；王薇（2015）将库尔特计数器应用于测定黏胶粒子的试验；Laughlin 等（2014）采用电阻粒子计数器对溪流沉积物进行了分析。

2.2.5 光散射法

光散射是由于介质的光学性质不均匀性所造成的，可以看作反射、折射、色散、衍射、共振辐射等作用的综合效果。在光学不均匀，且化学、物理性质也不均匀的介质中，如含有不同大小颗粒的介质系统，光散射的模式只取决于所测颗粒尺寸（d）与入射光波长之间的相对大小。光散射法按信号模式可分为静态光散射法和动态光散射法。从随时间不断振荡变化的散射光强信号中求得颗粒粒径的，为动态光散射法；对所采集到的散射光信号的平均值进行数据处理后求得粒径的，属于静态光散射法（沈建琪，1999）。

光散射法主要优点为：

（1）测量范围广。从几个纳米（3～10nm）到约 103μm 甚至更大，这是当今粒度测量涉及的主要区间。

（2）测量准确、精度高、重复性好。对单分散性高分子聚合物标准粒子的测量误差和重现性偏差可以限制在 1%～2%。

（3）效率高。光散射法中，光电转换元件的响应时间很短（约 8～10s），可以实现快速测量。

（4）光散射法可以同时反映颗粒的粒度和形状信息，全面表征颗粒特性，方便开发集粒度、形状为一体的颗粒测试仪器。

（5）所需要知道的被测颗粒及分散介质的物理参数量少。多数情况下，只要知道被测颗粒与分散介质的相对折射率即可。一些情况下，如当采用目前得到最多应用的衍射式激光测粒仪时，甚至可以完全不需要知道待测颗粒和分散介质的任何物理参数量，使用中的限制量少（王乃宁和虞先煌，1996）。

2.2.5.1　静态光散射法

当平行光束传播到颗粒上时会产生光的散射，散射光的各个物理参数和光照强度、被测颗粒的外部几何形状，粒径大小密切相关。通过光电接收器检测到的光强大小就可以计算出对应被测颗粒分布信息。这种检测散射源光强度的平均时间值的方法被称为静态光散射法。常见的静态光散射法包括小角前向散射（small-angle forward scattering）法、角散射（angular scattering）法和全散射（total scattering）法。基于光散射法原理的激光粒度测试仪已经广泛应用于测量中，其基本组成如图 2.5 所示。

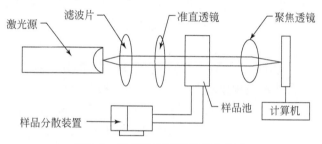

图 2.5　激光粒度测试仪基本组成

2.2.5.2　光散射原理

在粒度测试中主要采用的光散射原理有夫琅禾费（Fraunhofer）衍射、瑞利-米-甘（Rayleigh-Mie-Gans）散射及多普勒（Doppler）光散射。在光学不均匀，且化学物理性质也不均匀的介质中，如含有不同大小的颗粒，发射光的频率与入射光的频率相当，此时光散射模式只取决于所测颗粒尺寸（d）与入射光波长之间的相对关系（袁玉燕等，2001）。

Fraunhofer 衍射理论源自基尔霍夫（Kirchhoff）衍射理论，而菲涅尔-基尔霍夫（Fresnel-Kirchhoff）公式在描述光能分布时做了以下假定（徐峰等，2003）：

（1）光孔内的各点上 U 和 $\partial U/\partial n$ 与没有衍射屏时相差无几；

（2）衍射屏上的 U 和 $\partial U/\partial n$ 近似为零。

这两个假定在数学上描述为

$$\text{通光孔内：} U = U^i, \quad \frac{\partial U}{\partial n} = \frac{\partial U^i}{\partial n} \tag{2.22}$$

$$\text{衍射屏上：} U = 0, \quad \frac{\partial U}{\partial n} = 0 \tag{2.23}$$

式中，U、$\partial U/\partial n$ 为光振幅及其对积分面法线的方向导数；i 为通光孔内的任意点。上述两个近似称为基尔霍夫边界条件，它们是基尔霍夫衍射理论的基础。从而有菲涅尔-基尔霍夫衍射公式：

$$U(P) = \frac{-iA}{2\lambda} \iint_{\Sigma} [\cos(n,r) - \cos(n,s)] \, dS \qquad (2.24)$$

式中，r 为光源到通光孔面元 dS 的距离，mm；A 为常数；λ 为入射光波长，mm；s 为 dS 到衍射屏外某一点 P 的距离，mm；Σ 为通光孔的总面积，mm^2。

　　而事实上，其一，通光孔内靠近衍射屏的各点 U 和 $\partial U/\partial n$ 与孔内部各点的 U 和 $\partial U/\partial n$ 并不完全相同，只有在通光孔径远大于入射光波长时，才可忽略掉孔内靠近衍射屏的各点振幅效应而认为第一个近似成立；其二，根据麦克斯韦边界条件，衍射屏上各点电磁场量会发生突变，突变量如前所述，从而 U 和 $\partial U/\partial n$ 并不是无条件地可以近似为零。这两点是衍射理论的不严格之处。

　　但对于黑屏（完全吸收屏）衍射问题，当光学波长远小于通光孔直径时，基尔霍夫衍射理论可以用来描述光能分布。当光波波长远小于孔径时，孔的边缘效应可以被忽略，上述两个近似中的第一项就可以成立；当衍射屏为黑屏时，投射到屏上的入射光完全被吸收，上述近似中的第二项可以成立。在这两个前提条件下，基尔霍夫边界条件成立，于是衍射理论适用。

　　颗粒尺寸 (d) ≪入射光波长，属于 Rayleigh 散射为主的分子散射，照在颗粒上的光均等地向各方向散射。该种光散射现象源于光电磁波的电场振动而导致的分子中电子的受迫振动，所形成的偶极振子是二次光源，向各个方向发射电磁波形成了散射波。散射光强度遵从 Rayleigh 散射定律，与介质粒子的体积平方成正比，与 λ^4 成反比（袁玉燕等，2001）。

$$I \sim V^2 \gamma^4 \sim \frac{V^2}{\lambda^4} \qquad (2.25)$$

　　对应的散射光角度分布曲线具有如图 2.6 所示的形状，入射光为线偏振光时，散射光也是线偏振光；入射光是自然光时，只有垂直于入射光方向（$\theta = 90°$）的散射光才是线偏振光，其他方向为部分偏振光，而在 $\theta = 0°$ 和 $\theta = 180°$ 方向的散射光仍为自然光，且光强最大。

　　1842 年物理科学家 Doppler、Christian Johann 首次发现，任何形式的波传播，由于波源、光电检测器、传播介质或散射体的运动会使频率发生变化，即产生 Doppler 频移。声学中的 Doppler 频移是由于声源和光电检测器之间的相对运动；包含光波在内的电磁波也会产生这种形式的频移（Drain，1985）。

　　Doppler 频移可以由波源和接收器的相对运动产生，也可以由波传输通道中的物体运动产生。激光 Doppler 频移的应用通常是指后种情况（桑波等，2002）。现在来研究图 2.6 中 P 点处观察者所接收到的波运动，以阐明 Doppler 频移产生的原理。假设波源 S 静止，观察者

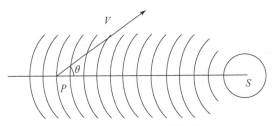

图 2.6　Doppler 频移演示图

运动速度为 v、波速为 c、波长为 λ，P 离开 S 足够远，可把 P 处的波看成是平面波。

单位时间 P 朝 S 方向移动的距离为 $v\cos\theta$，θ 为速度矢量和波运动方向的夹角。单位时间内比 P 点静止时多接收了 $v\cos\theta/\lambda$ 波，移动观察者所感受到的频移（f_{d}）为

$$f_{\mathrm{d}} = \frac{c \cdot \cos\theta}{\lambda} \qquad (2.26)$$

f_S 为 S 发射的频率或由静止探测器测量的频率，频移相对变化为

$$f_{\mathrm{d}} = \frac{2f_S v \cdot \cos\theta}{c} \qquad (2.27)$$

式中，v 为观察者运动速度。这是基本的 Doppler 频移公式，由式（2.26）可以获得 Doppler 频移与物体运动速度的关系，即测得频移就可知物体的运动速度。

2.2.5.3　误差分析

激光光散射法的主要误差来源有：

（1）样品分散性的好坏。如果超细粉颗粒之间形成硬团聚，高频超声都无法分散，则激光光散射法所测得的将是二次粒径，这是所有粒度分析方法的误差来源，只能从超细粉的制备、运输、贮存等方面解决。

（2）样品形状的影响。对于近似圆球形的颗粒，激光光散射测量很准确，但对于非球形，尤其是棒状、片晶状的样品则误差较大。

（3）光学参数的选择。由于激光光散射粒度测试仪大部分采用 Mie 理论，而 Mie 理论的应用需要已知介质和样品的折射率等光学参数。但很多样品的光学参数未知或很难获得，通过经验选择光学参数必然带来较大的误差（王乃宁和虞先煌，1996）。

2.2.6　质谱法

质谱法（mass spectrometry，MS）即用电场和磁场将运动的离子（带电荷的原子、分子或分子碎片，有分子离子、同位素离子、碎片离子、重排离子、多电荷离子、亚稳离子、负离子和离子-分子相互作用产生的离子）按它们的质荷比分离后进行检测的方法。测出离子准确质量即可确定离子的化合物组成。这是由于核素的准确质量是多位小数，决不会有两个核素的质量是一样的，而且绝不会有一种核素的质量恰好是另一核素质量的整数倍。分析这些离子可获得化合物的分子量、化学结构、裂解规律和由单分子分解形成的某些离子间存在的某种相互关系等信息。

2.2.6.1　质谱法原理

原子质谱分析包括下面几个步骤：①原子化；②将原子化的原子大部分转化为离子流，一般为单电荷正离子；③离子按质量-电荷比（即质荷比，m/z）分离；④计数各种离子的数目或测定由试样形成的离子轰击传感器时产生的离子电流。

与其他分析方法不同，质谱法中所关注的常常是某元素特定同位素的实际原子量或含

有某组特定同位素的实际质量。在质谱法中用高分辨率质谱仪测量质量通常可达到小数点后第三或第四位。自然界中，元素的相对原子质量（A_r）为

$$A_r = A_1 P_1 + A_2 P_2 + \cdots + A_n P_n = \sum_{i=1}^{n} A_i \cdot P_i$$

式中，A_1，A_2，$\cdots$，A_n为元素的 n 个同位素以原子质量常量 m_u 为单位的原子质量；P_1，P_2，$\cdots$，P_n为自然界中这些同位素的丰度，即某一同位素在该元素各同位素总原子数中的百分含量。相对分子质量即为化学分子式中各原子的相对原子质量之和（刘凤娴等，2017）。

通常情况下，质谱分析中所讨论的离子为正离子。质荷比为离子的原子质量（m）与其所带电荷数（z）之比。因此 $^{12}CH_4^+$ 的 $m/z = 16.035/1 = 16.035$，$^{13}CH_4^{2+}$ 的 $m/z = 17.035/2 = 8.518$。质谱法中多数离子为单电荷。

2.2.6.2 颗粒束质谱仪

颗粒束质谱仪主要用于测量气溶胶中微小颗粒的粒度。其基本原理是测定颗粒动能、所带电荷比率 $[mU^2/(2Ze)]$、颗粒速度（U）和电荷数（Z），从而获得颗粒质量（m），结合颗粒形状和密度则可求得颗粒粒度（Ziemann，1998）。气溶胶样品首先在入口处形成颗粒束，再经差动加压系统进入高真空区，在高真空区中用高速电子流将颗粒束离子化，然后用静电能量分析仪检测离子化颗粒动能和电荷之比，用速度分析仪测定颗粒速度，最后颗粒束进入颗粒检测器，通过分析计算获得气溶胶中微小颗粒的质量和粒度分布。质谱法测定颗粒的粒度范围一般为 1~50nm。

目前商品化的单颗粒气溶胶质谱仪 ATOFMS 和 SPAMS 都具有真空进样系统、激光测径系统、离子化系统和质谱检测系统等四大部分。单颗粒质谱的校准分为粒径校准和质谱校准两部分，粒径校准用以保证颗粒物粒径检测的准确性。通过气溶胶发生器产生标准粒径（0.2μm、0.3μm、0.5μm、0.72μm、1.0μm、1.3μm 和 2.0μm）的聚苯乙烯小球（polystyrene latex spheres，PSLS）可实现颗粒物粒径检测校正。质谱校准用以保证质谱检测的准确性，其主要有标准物质校准和环境空气校准两种方式：标准物质校准是指通入金属、水溶性无机离子等各类标准物质气溶胶对仪器质谱漂移进行校准；环境空气校准是指待一段采样时间结束后，通过大气环境颗粒物中主要物质碎片（如 $^{23}Na^+$、$^{39}K^+$、$^{208}Pb^+$ 等）进行质谱漂移校准，确保碎片质谱峰的质荷比（m/z）不发生偏移。

对单颗粒气溶胶质谱仪获取的大量颗粒物粒径和质谱信息主要数据处理方法有两种：①颗粒物理化信息的直接提取；②颗粒物聚类分析（蔡靖等，2015）。

单颗粒气溶胶质谱仪可以提供高时间分辨率的颗粒物粒径分布、主要组分浓度变化的半定量信息，并具有在线快速鉴别颗粒物来源的潜力。单颗粒气溶胶质谱仪在气溶胶科学和大气化学的各类研究领域中得到了广泛应用（张莉等，2013）。

2.2.7 小结

颗粒测试方法多种多样，实际应用中应根据不同领域选择合适的分析方法，才能得到准确的分析结果。表2.4总结了各个方法的测量范围和特点。

表 2.4　颗粒粒度测量方法

检测方法	原理工具	测量范围	优点	缺点
筛分法	实验筛	>45μm	简单、方便	不适合含有结合水、针状或片状颗粒的检测
显微镜法	光学显微镜、电子显微镜	光学显微镜 1 ~ 200μm、电子显微镜>1nm	能同时观察颗粒大小、形状	测速慢、存在人为误差、成本高
沉降分析法	沉降槽	重力沉降法 5 ~ 300μm、离心沉降法 0.01 ~ 10μm	结构简单、成本低适用于较粗密度较大颗粒的测量	操作复杂、测速慢、测量范围窄、精度低
电感应法	电解质槽	0.2 ~ 1200μm	操作简单、速度快、精度高	小孔易堵塞、抗噪性差
静态光散射法	Mie、Fraunhofer Beer-Lambert	角散射法 0.05 ~ 3000μm、全光散射法 0.05 ~ 10μm	测量范围宽、精度高、重复性好、易实现在线测量	数学模型复杂、抗噪差
质谱法	颗粒束质谱仪	1 ~ 50nm	检测灵敏度高、范围广	定量分析较为复杂

2.3　流动颗粒测量技术

2.3.1　动态光散射法

动态光散射法是依据光照射颗粒时产生的动态散射光来获取颗粒信息的一种方法。一般用于测量纳米级、亚微米级颗粒粒度，具有测量过程简单、成本低、速度快等优点。被测样品颗粒以适当的浓度分散于液体介质中，激光光束照射到此分散体系，被颗粒散射的光在某一角度被连续测量。由于颗粒受到周围液体中分子的撞击作布朗运动，观察到的散射光强度将不断地随时间起伏涨落。分析散射光强度随时间涨落的函数可获得与粒径有关的分散颗粒的相关信息，这是动态光散射法测量颗粒粒径的基础（Xu，2008）。在利用动态光散射进行颗粒粒度测量的技术中，广泛采用的是光子相关光谱（photon correlation spectroscopy，PCS）理论。

2.3.1.1　动态光散射法原理

光子相关光谱（PCS）理论的基本原理如图 2.7 所示。由激光器发出的激光经透镜聚焦后打到颗粒样品上，颗粒的散射光再经透镜聚焦后进入光探测器（光电倍增管）。光电倍增管输出的光子信号经放大和甄别后成为等幅晶体管-晶体管逻辑（transistor- transistor logic，TTL）串行脉冲，经随后的数字相关器求出光强的自相关函数，微机根据自相关函数中所包含的颗粒粒度信息算出粒度分布（林科和黄廷磊，2006）。

光电倍增管所测得的散射光强为（周祖康和俞志健，1985）

$$I_s = I_s(1)\left[N + 2\sum_{j>i=1}^{N} \cos(W_i - W_j) \right] \tag{2.28}$$

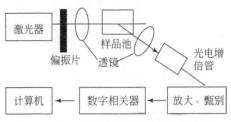

图 2.7　PCS 理论颗粒粒度测量仪原理图

式中，I_s（1）为单个颗粒的散射光强；N 为颗粒数；W_i、W_j 分别是第 i 和 j 个颗粒散射电场的相位角。

布朗运动使得颗粒的散射光强随时间作随机变化。颗粒越小，布朗运动越强烈，散射光强变化就越快。光强的自相关函数 $G^{(2)}(f)$ 的表达式如下（Pecora，1985）

$$G^{(2)}(f) = < I(t)I(t+f) > = \lim_{T \to \infty} \frac{I}{T} \int_0^T I(t)I(t+f)\,\mathrm{d}t \qquad (2.29)$$

式中，$I(t)$、$I(t+f)$ 为 t 及（$t+f$）时刻的散射光强。对于平稳过程，可取 $t=0$。高斯光场的 Siegert 关系式为

$$G^{(2)}(f) = A[1 + U\,g^{(1)}(f)^2] \qquad (2.30)$$

式中，A 为光强自相关函数 $G^{(2)}(f)$ 的基线；U 为约束信噪比的常数；$g^{(1)}(f)$ 为振幅自相关函数。对于单分散颗粒系有

$$G^{(2)}(f) = A[1 + U\exp(-2\Gamma f)] \qquad (2.31)$$

式中，Γ 为 Rayleigh 线宽，其表达式为

$$\Gamma = D_r q^2 \qquad (2.32)$$

$$q = \frac{4\pi n}{\lambda_0}\sin\frac{\theta}{2} \qquad (2.33)$$

式中，D_r 为颗粒的平移扩散系数；q 为散射光波矢 q 的幅值；n 为溶剂的折射率；θ 为散射角；λ_0 为光在真空中的波长。对于球形颗粒，D_r 可根据 Stokes-Einstein 公式给出：

$$D_r = \frac{K_B T}{3\pi Z d} \qquad (2.34)$$

式中，K_B 为 Boltzmann 常数；T 为绝对温度；Z 为溶液黏度；d 为颗粒直径。由上面各式可以求得颗粒粒径。

对于多分散颗粒系，电场自相关函数为单指数加权之和或分布积分：

$$g^{(1)}(f) = \sum_{i=1}^n G(\Gamma_i)\exp(-\Gamma_i f) \qquad (2.35)$$

$$g^{(1)}(f) = \int_0^\infty G(\Gamma)\exp(-\Gamma_i)\,\mathrm{d}\Gamma \qquad (2.36)$$

式中，$G(\Gamma)$ 为归一化散射光电场强度的自相关函数的线宽分布函数（郑刚和申晋，2002）。

2.3.1.2　动态光散射测粒技术的发展概况

虽然早在 19 世纪人们就观测到微粒的散射光斑（Exner，2010），但动态光散射技术

的思想直到 Mandelshtam 认识到聚合物大分子的扩散系数可以从其散射光的光谱求得（Mandelshtam and Carrington，2002）。1943 年，印度 Ramachandran（1994）首次给出了关于散射光斑形成的准确理论表述，并以置于玻璃板上的一层石松粉的散射光斑观测结果做了相应的验证，还提出有可能通过观测这些散射光斑的脉动来研究胶粒的布朗运动。

20 世纪 70 年代，动态光散射测粒技术快速发展，其应用得以扩展到界面和胶体科学、生物学以及一般的物理学等各个领域。动态光散射测粒径不依赖于对样品的标定，且操作快捷，因此很快在当时的一些前沿研究领域受到青睐。在实践过程中，人们也发现了动态光散射测粒技术的一些问题，其中比较突出的是对微粒浓度的限制与散射角对粒径测算结果的作用：对微粒浓度的限制主要包括源自多次光散射的浓度上限和源自粒数脉动的浓度下限（Dhont and Kruif，1983）；散射角对粒径测算结果的作用起因于不同尺寸的微粒的散射光强分布的差异，有人尝试同时分析多角度测量数据以提升宽粒径分布测量的准确性和可靠性（Segal et al.，2009）。

目前国内动态光散射技术发展滞后的主要原因可能包括：①作为动态光散射测粒技术的首要应用领域，界面和胶体科学、生物学在国内的研究应用起步较晚；②适用于动态光散射的数字式相关器的设计制作长期以来一直是信号处理的瓶颈；③动态光散射对光学元件的选用以及光学系统的设计和布置有较高的要求。动态光散射测粒技术的发展趋势是微型化、灵活化、智能化，其研究开发大体集中在以下三个方面：①通过与其他技术方法整合作功能上的延伸扩展；②在系统评估传统动态光散射技术基础上，做一些局部的改进；③采用各种新技术改造传统装置，以拓展一些新的应用（蔡小舒等，2010）。

2.3.2　超声法

一般认为，超声波在颗粒两相介质传播过程中的能量损失主要包括 4 种机制，即吸收、热损失、黏性损失和声散射。图 2.8 为常见损失机制示意图，其中声散射不直接导致能量损失，但因声波转向会使得接收器信号削弱，也常被认为是一种衰减机制。此外，从电声学角度还有结构性损失和电声损失，但对于颗粒测量并不重要，一般颗粒度测量过程包括理论模型、衰减谱测量、数据反演 3 个核心步骤（明廷锋等，2005）。

图 2.8　超声波损失机制示意图

2.3.2.1　理论模型

超声波衰减谱 ECAH 模型较为全面地考虑了黏性损失、热损失、散射损失及内部吸收。对于液–固悬浊液，通过运用质量、动量和能量守恒定律、应力应变和声学与热力学关系式来获取压缩波、剪切波、热波在有弹性、各向同性、导热的球形固体颗粒以及连续相介质中的波动方程。对于一个单分散悬浮颗粒系统，与角频率（ω）有关的超声波复波数（K）可以通过分散颗粒体积分数（φ）、颗粒半径（R）、温度（T）和其余包含分散颗粒与连续介质特性向量（P）计算（章维等，2014）：

$$K = \frac{\omega}{c(\omega)} + i\alpha(\omega) = F(\omega, \Phi, R, T, P) \tag{2.37}$$

式中，$i = \sqrt{-1}$。复波数（K）的实部与相速度 $c(\omega)$ 相关，其虚部与衰减系数 $\alpha(\omega)$ 相关。入射超声波与球形固体颗粒相互作用，在颗粒体的内部和外部会产生一组压缩波、热波、剪切波，波数定义为

$$\begin{cases} k_c = \omega/c + i\,\alpha_L \\ k_s = (1+i)\left[\omega\rho/(2\eta)\right]^{1/2} \\ k_T = (1+i)\left[\omega\rho\,c_p/(2\tau)\right]^{1/2} \end{cases} \tag{2.38}$$

式中，k_c 为压缩波波数；k_s 为剪切波波数；k_T 为热波波数；ρ 为密度；η 为黏度；c_p 为比定压热容；τ 为热导率。

考虑悬浮颗粒与介质的交界面 6 个边界条件，即速度（2 个）、压力（2 个）、温度和热流连续条件，结合边界条件的对称性，将波动方程通解代入边界条件，可以得到一个 6 阶线性方程组，求解该方程组即可确定散射系数（Allegra，1972）。实际应用中的颗粒总是处于多分散状态（此时颗粒粒径大小不再一致），对于多分散颗粒，离散颗粒系的衰减系数和相速度则需借助波的散射理论将单颗粒的散射效应叠加，即

$$\alpha_s = \frac{3\Phi}{2\,k^2} \sum_{j=1}^{N} \frac{q_j}{R_j^3} \sum_{n=0}^{\omega} (2n+1)\,Re\left[A_n(R_j, \omega)\right] \tag{2.39}$$

$$\frac{1}{c_s} - \frac{1}{c_w} = \frac{3\Phi}{2\omega\,k^2} \sum_{j=1}^{N} \frac{q_j}{R_j^3} \sum_{n=0}^{\infty} (2n+1)\,Im\left[A_n(R_j, \omega)\right] \tag{2.40}$$

式中，α_s、c_s 为超声衰减系数与相速度；Φ、k、c_w 为悬浊液中颗粒的体积分数、入射压缩波波数、连续介质（水）声速；q_j 为颗粒半径在第 j 个尺寸区间（R_j，R_{j+1}）的体积分数；A_n 为散射系数，超声衰减系数和相速度计算的关键变量；式（2.39）和式（2.40）分别建立了超声衰减和速度谱颗粒粒径测量理论基础。

2.3.2.2　超声多普勒测速仪

超声技术用于流体测量的研究主要包括采用反射式超声探头非接触式测量液速分布和采用透射式超声探头接触式测量液-固体系中的局部固含率。其中超声多普勒测速仪近年在流体测量方面的应用得到了很大的发展。

超声多普勒测速仪（ultrasound Doppler velocimetry，UDV）应用多普勒效应进行速度的测量。由探头发射的超声被运动粒子散射，后向散射的一部分超声被同一部分探头接收，由于粒子运动的多普勒效应，接收和发射的超声频率不同，这一频率差即为多普勒频移，和粒子运动速度在超声传播方向上的分量成正比，如图 2.9 所示。在运动粒子速度远远小于超声传播速度的条件下，多普勒频移和运动粒子满足如下的关系式（王铁峰等，2002）：

$$f_d = f_e - f_r \approx \frac{2 f_e \mid u_p \mid \cos\theta}{c} \tag{2.41}$$

式中，c 为超声的传播速度；u_p 为液体中示踪粒子速度；θ 为超声传播方向和粒子运动方向的夹角；f_e 为超声的发射频率；f_r 为接收到回声信号的频率。通过式（2.41）计算粒子的运动速度。

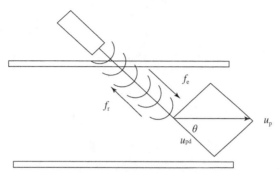

图 2.9　运动粒子的多普勒效应

u_{pd} 为 u_p 在超声传播方向上的分量

2.3.3　PIV 系统

粒子图像测速（PIV）技术是采用连续记录流场中的运动图像，并对前后两幅图像进行相关处理，从而得到其中的速度信息。PIV 技术是 20 世纪 90 年代发展成熟起来的一种新型流动测量显示技术，它的产生具有深刻的科学技术发展历史背景。它是湍流问题研究中应瞬态流场测试需要以及了解流动空间结构需要的必然结果。从 1994 年出产的第一代自相关模式 PIV，到 1999 年出产的高分辨率、高处理速度的第三代 PIV，目前 PIV 技术已经得到了科学界的普遍认可，其测量结果的准确性、真实性得到了一致肯定（盛森芝等，2002）。传统 PIV 技术硬件主要包括流场照明系统（如激光片光源）、图像记录系统（如摄像系统）；而图像处理方法主要涉及数据相关算法问题。PIV 技术以其实时性、场测量等优点在科研及工业领域得到非常广泛的应用。

2.3.3.1　PIV 技术原理

PIV 系统主要由 4 个部分组成：激光源、含有示踪粒子的流场、高速相机和计算机。如图 2.10 所示，激光源发出片状激光束，照亮反应器内流场的一个切面。流场中加入的示踪粒子对激光产生散射作用，使得激光可以散射到流场的侧面。与被照亮的切面垂直的方向上设置高速相机，按照设定的时间间隔连续拍下被照亮流场的行为，再将数据输送到计算机。计算机再按照设定的程序及算法，对数据进行处理，得到流场的速度、浓度信息（程易和王铁峰，2016）。

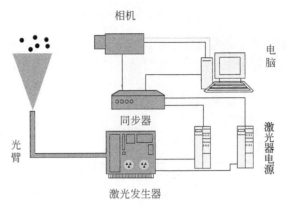

图 2.10　PIV 系统组成

　　PIV 测试原理基于例子速度的基本物理定义。如图 2.11 所示，在一定时间间隔 Δt 内，若测量到流体质点（粒子作为示踪子）的位移 Δx 和 Δy（或 Δz），来确定该点 X 和 Y 方向速度的大小和方向为

$$u_x = \lim_{t_2 \to t_1} \frac{x_2 - x_1}{t_2 - t_1} = \lim_{t \to 0} \frac{\Delta x}{\Delta t} \qquad (2.42)$$

$$u_y = \lim_{t_2 \to t_1} \frac{y_2 - y_1}{t_2 - t_1} = \lim_{t \to 0} \frac{\Delta y}{\Delta t} \qquad (2.43)$$

　　PIV 技术的基础是准确测量粒子像位移 Δx 和 Δy。位移必须足够小以使 $\frac{\Delta x}{\Delta t}$ 能真正反映当地速度值，也就是说，轨迹必须接近直线且沿着轨迹的速度应该近似恒定。这些条件可以通过选择 Δt 来达到，使 Δt 小到与受精度约束的拉格朗日速度场的泰勒微尺度可以比较的程度。在对采集图像进行分析时，首先需要明确一个概念"判读区"（查问区）：它是指图像中一定位置取一定尺寸的方形图，通过对判读区进行信号处理，就可以获取速度（郭福水，2004）。

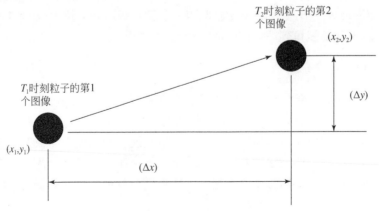

图 2.11　PIV 测试原理示意图

2.3.3.2　基于颗粒相关的 PIV 算法

在 PIV 技术中，颗粒识别的效率（体现为识别速度与准确率）是非常重要的，因为该过程将关系到下面颗粒配对的准确性问题及配对时的噪声影响问题。以往在颗粒的识别上多采用基于全局灰度平均的方法进行（Otsu，1979），由此使得一些灰度较低的颗粒无法识别出来。蔡毅等（2002）开发了基于模糊逻辑（fuzzy logic）方法的局部灰度平均方法进行颗粒的识别，取得了很好的效果。

从原理上看，图像分析算法有两种：自相关分析法和互相关分析法。自相关（auto-correlation）分析需要进行两次二维快速傅里叶变换（fast Fourier transform，FFT），查问区内的图像 $G(x,y)$ 被认为是第一个脉冲光所形成的图像 $g_1(x,y)$ 和第二个脉冲光所形成的图像 $g_2(x,y)$ 相叠加的结果。当查问区足够小的时候，就可用认为其中的粒子速度都是一样的，那么第二个脉冲光所形成的图像可以认为是第一个脉冲光所形成的图像经过平移所得到的，即

$$g_2(x,y)=g_1(x+\Delta x,y+\Delta y) \tag{2.44}$$

因此对于 $G(x;y)$ 有

$$G(x;y)=g_1(x,y)+g_1(x+\Delta x,y+\Delta y) \tag{2.45}$$

经过两次傅里叶变换后为

$$G(x;y)=g_1(x-\Delta x,y-\Delta y)+2\,g_1(x,y)+g_1(x+\Delta x,y+\Delta y) \tag{2.46}$$

G 在 (x,y) 点有一个最大的灰度值，而在 $(x+\Delta x,\ y+\Delta y)$ 和 $(x-\Delta x,\ y-\Delta y)$ 有两个次大值。因此提取粒子的位移问题就可以归结为在图像 G 中寻找最大灰度值和次大灰度值的距离 Δx、Δy。

互相关（cross-correlation）分析需要进行三次傅里叶变换。PIV 需要对连续获得的两帧粒子图像进行粒子的判别和方向确定，这是一件困难的任务，特别是当有反向流存在时，更是复杂。采用互相关的统计技术来克服这一困难。

互相关分析相对于自相关分析有如下几个优点：

（1）空间分辨率高：由于相关图像用的是两帧粒子图像，粒子浓度可以比自相关更浓，可用更小的查问区来获得更多的有效粒子对。

（2）不需要像移装置：由于两帧图像的先后顺序已知，故不需附加的装置就可以判定粒子运动方向。

（3）信噪比不同：由于自相关采用单帧多脉冲法拍摄的图像对背景噪声也进行了叠加，因此其信噪比较差，而互相关采用多帧单脉冲法来拍摄图像从而减少了背景噪声的相关峰值，提高了信噪比。

（4）测量范围不同：由于自相关存在粒子自身相关得到的 0 级峰，其粒子位移的测量是 0 级峰与+1 级峰的形心之间的距离，因此两峰之间的距离不能太短以免两峰重叠不能分辨，而以+2 级峰为+1 级峰而造成错误测量。而互相关一般只有一个最高峰，容易判别。

（5）测量精度不同：由于自相关必须定位两个高峰的形心，而互相关只要求定位一个高峰的形心，一次互相关的精度容易保证。

但是，互相关分析存在如下缺点：

（1）计算量大，需要三次二维傅里叶变换；

（2）可测量的最大速度受捕获硬件的限制；

（3）时间分辨率受到限制。

2.3.3.3 误差分析

PIV 系统测量的主要误差为示踪粒子分布不均匀、图像变形或扭曲、图像退化、图像噪声等。图像噪声又分为很多种，如外部噪声、内部噪声、光电管噪声、摄像机噪声、摄像管噪声、光学噪声等。

以上误差中，有些是可以通过选择恰当的粒子及其撒播密度来避免；有些则无法避免，如由于加速度和查问区内的速度梯度及信号峰值位置的准确确定过程中导致的误差是无法避免的。特别应该注意的是，关于速度梯度对测量精度的影响，前面我们假定在一小块面积内粒子的位移是均匀的，但是有时在诊断面内速度是有变换的，特别是在湍流度大的流场中，例如我们进行槽道流动，边界层的测量，尤其是在近壁面区域，存在很大的速度梯度。

2.3.4 高速摄像法

随着信息技术和近代光学技术的迅速发展，高速摄像法成了研究颗粒运动规律的一种新的手段。通过比较顺序相连的两帧固体颗粒的运动图像，可以判断和计算出颗粒的运动方向、速度及加速度。这种技术的原理相对简单，由于拍摄速度或每秒幅数是已知的，因此，只要判断出图像之间的颗粒运动距离就可得到颗粒的运动方向和速度（丁经纬，2003）。

早在 1987 年，浙江大学热能工程研究所的罗卫红（1987）就利用变色闪频摄像法研究了流化床中气泡及物料的运动规律，开发了一个由微机控制的多色频闪摄影系统。该技术在研究流化床中颗粒运动时，床料采用黑色颗粒而加入少量白色颗粒作为示踪颗粒。在相机快门开启的时间内，计算机控制的闪光灯间歇地发出红、蓝、黄等多色光，照射在白色示踪颗粒上，在照片上留下不同颜色的亮点。由于每次闪光的间歇是由计算机事先确定的，这样只要在照片上找出某颗粒在一定时间间隙所走的轨迹，就可以得到颗粒的运动方向和速度。同样方法应用在 Wu 等（2016）研究颗粒滑行速度大小影响静电发生机理的研究，通过高速摄像仪记录颗粒在倾斜金属板上滑行时间与距离，可以准确计算得到滑行速度；结合在此过程中所产生的静电荷，就可以建立颗粒滑行速度与静电发生量之间的关系。

高速摄像法的最大优点是对气-固两相流场没有干扰，能够对二维流动进行高分辨率识别以及在同一时刻中对颗粒进行全场的流动参数测量，并且能够对颗粒和气泡的运动提供直接的感性认识。Yao 等（2004）就直接应用高速摄像仪观察气力输送颗粒系统中颗粒流态随静电发生的变化，根据静电作用下颗粒流态特征，定义了 3 种静电条件下的颗粒流态。高速摄像法的测量不受流场中颗粒密度分布的影响，适合于测量较低颗粒密度的流场颗粒运动。

2.3.4.1　高速摄像机的性能

普通高速摄像机最高拍摄频率为每秒 1000 帧，最大分辨率为 1024×1024，具有接受外同步信号功能；能够实时接受 GPS/B 码的 AC 信号或 DC 信号并进行解码；可以接受外触发信号。摄像机的外同步、外触发、AC 信号解码三种功能是重要的性能指标，其功能可简介如下。

外同步功能是摄像机接收外部系统同步信号的输入接口，是判断摄像机能否参与测量的重要指标。外同步信号频率决定摄像机拍摄的频率。目前，高速电视的外同步信号多采用 TTL 电平的频率信号。

外触发信号是摄像机接收开拍命令的外部控制信号，摄像机接收该信号并监测信号中脉冲沿触发摄像机记录功能开始工作。

GPS/B 码解码功能是摄像机的重要性能，它接收 B 码送来的 AC 信号或 DC 信号，对其进行解码，并将时间数据与图像数据对应进行存储。该项功能给系统的图像数据和附加数据进行同步提供了方便。

高速摄影是对高速流逝过程实施曝光极短和摄影频率极高的一门摄影技术。对于高速摄影的定义，一般认为，摄影频率高于 100fps（$1\text{fps}=1\text{ft}/s=3.048\times10^{-1}\text{m/s}$），或者曝光时间短于 1ms，就属于高速摄影范围（谭显祥，1990）。在此范围内，又可分为低、中速、甚高速和超高速三个档次，如表 2.5 所示。

表 2.5　高速摄像按时间频率和摄影频率的划分

类别	低、中速	甚高速	超高速
摄影频率/fps	$10^2 \sim 10^4$	$10^4 \sim 10^6$	$10^6 \sim 10^8$
曝光时间/s	$10^{-5} \sim 10^{-3}$	$10^{-7} \sim 10^{-5}$	$10^{-13} \sim 10^{-7}$

2.3.4.2　高速摄像测量系统

高速摄像机的同步就是保证摄像机拍摄的目标图像与主控计算机记录的数据相对应，给事后数据处理提供真实可靠的数据依据。同步控制系统是高速摄像测量仪设计的技术难点。对触发脉冲的实现和事后数据的处理具体实现，方法是解决问题的关键。

高速摄像测量仪由以下八部分构成：高速摄像机、监视摄像机、测角分系统、伺服分系统、主控计算机、视频合成分系统、调光调焦分系统、B 码时统，如图 2.12 所示。从系统的功能上可以将这八部分分为两块，目标图像信息的采集、记录和附加信息的采集、记录。其中这两块的连接枢纽就是同步控制系统，B 码时统是该部分的执行机构。从图 2.12 中可以看出目标图像信息的采集、记录和附加信息的采集、记录都各成体系。但是如没有同步控制系统就意味目标运动没有时间参考点，就不知道目标实际运动状态是否与期望的运动状态一致。所记录的图像和附加信息对于事后处理将没有意义。因此同步系统在高速摄像仪系统中是重要的组成部分。

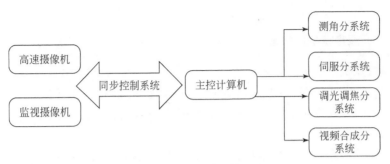

图 2.12　高速摄像系统组成

　　摄像机同步性能就是摄像机的外同步信号、曝光时间和触发时间的关系是否在系统同步控制精度指标内。外同步信号频率决定摄像机每秒钟拍摄的图像帧数，如果频率为每秒 200 帧，摄像机每秒钟就拍摄 200 帧图像。曝光时间是摄像机内成像器件的感光时间，一般情况该时间应小于拍摄每帧图像的周期。触发时间一般是微秒级数量值。

　　与其他技术相比，高速摄影像具有迅速冻结被摄目标的能力，同时能够以极高的拍摄频率跟踪被摄目标的高速变化过程，把高速摄影像拍摄的影像进行慢速度回放，可大幅度延缓高速流逝过程，所以能够细致观察、分析、解释自然现象或分析科研和生产中的问题。同时，对所拍影像进行各种后期处理和计算，可获得大量的运动和流场特性参数。因此，高速摄影像非常适合作为流场测试的手段。

2.3.5　光脉动法

　　在光脉动法颗粒粒径测量中，消光系数是一个十分重要的物理量。消光系数（k_{ext}）是表示光线透过介质时透射光能减弱程度的物理量，它由散射和吸收两部分组成。光脉动法的基础是直接对透射光信号分析，所以消光系数在光脉动法测粒技术中显得尤其重要。

2.3.5.1　基本原理

　　光脉动法的核心是光全散射法，又称消光法。当一束强度为 10、波长为 A 的平行单色光入射到一含有待测颗粒群的介质时，由于颗粒对光的散射和吸收作用，前向接收光强衰减（卢巍等，2004）。

$$\mathrm{d}I/\mathrm{d}L = -IT \tag{2.47}$$

式中，T 为介质浊度。假设颗粒群在介质空间分布是无序而均匀的，浊度（T）与光程（L）无关，则积分得

$$-\int_{I_0}^{I} \frac{1}{I}\mathrm{d}I = \int_{0}^{L} \tau \mathrm{d}L \tag{2.48}$$

则透射光的强度为

$$I = I_0 \mathrm{e}^{(-TL)} \tag{2.49}$$

式（2.49）即著名的 Beer-Lambert 定律，它描述了光在颗粒介质中的衰减规律。

通常情况下，测量光束直径远大于颗粒尺寸，且测量区体积相对于颗粒尺寸而言较大，因而测量区内的颗粒数目相当多。对于处于流动状态颗粒群，流动过程中的随机性使得连续流过测量区的颗粒数变化很小，可以近似认为测量区中的颗粒数目是平稳的。但当测量区的体积很小时，通过测量区的颗粒数目就不能被认为是平稳的，而是随时间变化的，从而使得透射光强随机变化。由于光强信号的随机脉动与测量瞬间处于光束测量区中的颗粒大小和数目有关，就可以通过测量透射光信号的随机变化序列进行相关理论分析，求出被测颗粒的平均粒径和浓度。这就是光脉动法的基本原理。

2.3.5.2　影响因素

应用光脉动法测量颗粒粒径过程中，颗粒浓度的变化对脉动信号的处理有着显著的影响。刚开始浓度较低时，粒径较小的颗粒进入测量区时符合泊松（Possion）分布，粒径较大的颗粒进入测量区也符合 Possion 分布，这是两个典型的随机过程。但是总体上并不符合 Possion 分布，会对测量结果造成影响，即测量结果明显偏大。当浓度逐步增加时，进入测量区颗粒越来越多，并符合正态分布。浓度继续增加时，复散射对测量信号影响较大，就会有一个浓度上限制约（秦授轩等，2011）。

在测量过程中，消光系数曲线比较复杂。在光脉动法颗粒粒径测量技术中常用的简化处理方法是：认为测量过程和被测颗粒的折射率无关，消光系数近似取 2。这种近似取法虽然大大简化了计算过程，但是存在着以下不足（黄春燕等，2005）：

（1）精度不够。消光系数是在 $k_{ext}>2$ 的方向单向逼近 2。如果取 $k_{ext}=2$，必然使总体的取值略微偏小，误差分析表明只有当被测颗粒粒径>200μm 时，才能取 $k_{ext}=2$，误差控制在±5% 以内。

（2）适用范围太窄。如果被测颗粒粒径小于 200μm 时，则不能取 $k_{ext}=2$，否则将造成测量误差过大。

2.3.6　小结

本节小结如表 2.6 所示：

表 2.6　流动颗粒测量技术小结

检测方法	原理工具	测量范围	优点	缺点
动态光散射法	布朗运动	0.002～3nm	精度高、速度快、重复性好	成本高
超声法	ECAH 模型	5nm～1000μm	无损检测、模型简单	只能测浓度和速度不能测粒度
PIV 系统	—	—	观测流动瞬时状态	操作分析复杂
高速摄像法	光电特性	—	无干扰、分辨率高	成本高
光脉动法	消光法	浓度下限为 0.0034g/mL	同时测量粒度和浓度	适用范围太窄

2.4　高速摄像仪测量实验

2.4.1　实验目的

高速摄像仪测量实验的目的包括:

(1) 掌握高速摄像仪的基本原理和使用方法;

(2) 了解两相流颗粒流动过程,掌握相关知识;

(3) 了解高速摄像仪可以表征颗粒运动规律的相关参数,并对其测量弊端有所了解。

2.4.2　实验原理

高速摄像技术采用跟踪每一颗粒运动规律的方法,获得流场中运动颗粒位置、位移、速度和轨迹,而且不受流场中颗粒密度分布的影响,适合测量较低颗粒密度的流场颗粒运动。摄像系统在一定时间间隔下拍摄并获得颗粒运动的系列图像,通过同一颗粒在相邻两帧图像中的位置、位移和时间间隔算出颗粒运动参数。

实验用摄像及记录系统由电荷耦合器件 (charge coupled device,CCD) 摄像头、帧存储记忆包、SCSI 接口和 PAL 式录像设备构成。其中,CCD 摄像头的像素大小尺寸、像素数和最快的电子快门分别为 $7.4\mu m \times 7.4\mu m$、658×469 像素和 $50\mu s$;帧存储记忆包的记录速率、最长记录时间和最多记录帧数分别为 $30 \sim 10000$ 帧/s、$12.3s$ 和 1.2×10^5 帧。图 2.13 为高速摄像系统示意图。

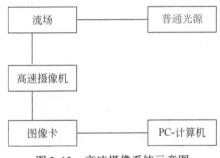

图 2.13　高速摄像系统示意图

2.4.3　实验仪器设备

高速摄像仪测量实验仪器设备包括:高速摄像仪、照明灯、连接线、探头、冲刷腐蚀试验台、冲刷腐蚀样片。

2.4.4　实验过程

高速摄像仪是高速记录画面的设备,具有高精度的计时能力。用高速摄像仪记录泥沙颗粒运动的全过程及流体的流动状态。通过对比分析每一帧图像中颗粒的运动状态，可精准地获得颗粒匀速流动的起始和结束状态及所历经的帧数。试验采用最高记录频率达1000fps 的 I-speed LT 高速摄像仪，即两张相邻相片之间的时差为 1/1000s。在颗粒的匀速流动区域内选取特定的距离，记录沙粒经过该距离的时间差，即流动时间 Δt，从而计算出匀速流动速度 $\omega = \Delta S / \Delta t$。拍摄中，采用 1000W 的大功率可调式照明灯补充光照。

2.4.5　实验安全事项

高速摄像仪测量实验的安全事项包括：
（1）实验准备工作充分，认真连线，经老师检查后方可开启电源；
（2）开始实验前，应对仪器进行调节，调节时应爱护仪器，调节要缓慢渐进，以免损坏仪器；
（3）测量过程中，应保证探头与工件有良好的耦合，以及实验系统运行稳定。

2.4.6　实验结果评价与分析

高速摄像仪测量实验结果评价与分析记录表见表 2.7。

表 2.7　高速摄像仪测量数据

测量次数	测量点 1	测量点 2	测量间距	流动速度	备注

2.4.7　思考与讨论

（1）实验过程中还有哪些需要进一步完善的地方？
（2）高速摄像仪表征颗粒运动规律的优缺点有哪些？
（3）实验过程中取得的图像在分析过程中是否遇到问题，有哪些？

第3章 材料界面缺陷测量技术

3.1 常规腐蚀

3.1.1 浸泡腐蚀

实验室中常用的腐蚀为浸泡腐蚀。浸泡腐蚀又可以分为全浸泡、半浸泡、间断浸泡3种方式。试样完全浸入溶液的实验方法为全浸泡。此方法操作简单、重现性好，可以比较多种因素下对腐蚀结果的影响。为了全面分析和总结腐蚀现象，在浸泡试验中需要考虑一些因素影响：溶液酸碱性、成分、温度、样片与溶液的接触面积、浸泡时间等。半浸泡试验也称为水线腐蚀试验，样片部分浸入溶液，气-液相交界面处由于长期保持在金属表面的同一固定位置而造成严重的局部腐蚀破坏。间断浸泡试验即交替浸泡试验，金属样片交替地浸入溶液和暴露在空气中。此方法为模拟试验，模拟的是潮水涨落引起的潮差带腐蚀，波浪冲击和大气间断性干湿交替状态引起的腐蚀，以及化工设备内液面升降导致的腐蚀状态（李久青和杜翠薇，2007）。

3.1.2 流动腐蚀

与静态腐蚀对应的是流动腐蚀，即在流动体系中，腐蚀介质与金属表面间的相对运动会加剧金属腐蚀或抑制金属腐蚀。一般情况下，流动腐蚀比静态腐蚀严重得多，尤其是在高流速下。流动腐蚀常常发生在暴露于流动介质中的机械设备，存在于化工，尤其是盐业加工、煤炭、水利、电力、冶金等行业中。流动腐蚀常常导致流体机械设备过早失效，造成巨大的经济损失。流动腐蚀中包含了两个重要影响因素，电化学和流体力学，二者决定腐蚀机制（雍兴跃和林玉珍，2002）。在油、气、水多相流管线中流动腐蚀从流动形式来看主要包括低速流动、高速流动、循环流动以及旋转样片流动，从管线材料丢失机理上来看主要包括：CO_2 腐蚀、H_2S 腐蚀、冲刷腐蚀等，其中冲刷腐蚀包括液体、气体、液体或气体中的颗粒对材料的磨蚀（见3.4节；王德国等，2002）。

3.1.3 常用腐蚀测量技术

3.1.3.1 表观检查

表观检查可分为宏观检查和微观检查。宏观检查就是用肉眼或低倍放大镜对金属材料和腐蚀介质在腐蚀过程中和腐蚀前后的形态进行仔细观测，也包括对金属材料去除腐蚀产物前后的形态观测。宏观检查虽然比较粗略，甚至带有一定的主观性，但该方法方便简捷，是一种有价值的定性方法。它不依靠任何精密仪器，就能初步确定金属材料的腐蚀形貌、类型、程度和受腐蚀部位（李久青和杜翠薇，2007）。

在试验前必须仔细地观察试样的初始状态，标明表面缺陷。试验过程中如有可能应对腐蚀状况进行实时原位观测，观察的时间间隔可根据腐蚀速度确定。选择观察时间间隔还须考虑到：①能够观察、记录到可见的腐蚀产物开始出现的时间；②两次观察之间的变化足够明显。一般在试验初期观察频繁，而后间隔时间逐渐延长。

宏观检查时应注意观察和记录：①材料表面的颜色与状态。②材料表面腐蚀产物的颜色、形态、附着情况及分布。③腐蚀介质的变化，如溶液的颜色，腐蚀产物的颜色、形态和数量。④判别腐蚀类型。局部腐蚀应确定部位、类型并检测其腐蚀破坏程度。⑤观察重点部位，如材料加工变形及应力集中部位、焊缝及热影区、气-液交界部位、温度与浓度变化部位、流速或压力变化部位等。当发现典型或特殊变化时，还可拍摄影像资料，以便保存和事后分析之用。为了更仔细地进行观察，也可使用低倍（2~20 倍）放大镜进行检查。

宏观检查所获取的信息反映了腐蚀行为的统计平均结果，其代表性和直观性都比较强，但不一定能揭示腐蚀的本质或过程的真实情况。与之相反，微观检查方法是用来获取微观（局部或表面）信息，揭示过程的细节和本质，是宏观检查的进一步发展和必要的补充。

光学显微镜是微观检查的主要工具，除用于检查材料腐蚀前后的金相组织外，还可用于：①判断腐蚀类型；②确定腐蚀程度；③分析金相组织与腐蚀之间关系；④调查腐蚀起因；⑤跟踪腐蚀发生和发展的情况。

随着近代科学发展和学科之间的互相渗透，许多现代物理研究方法和表面分析方法用于微观检查，大大丰富和深化了其内容。这些方法按功用可分为：①用于获取化学信息的方法，如用于元素鉴别和定量分析、元素分布状况、价态和吸附分子结构等；②用于形貌观察的方法，如观察断口、组织、析出物、夹杂物、晶体缺陷的形态（包括点、线、面和体等的缺陷）、晶格象和原子象等；③用于物理参量的测定和晶体结构的分析，如膜厚、膜的光学常数、点阵常数、位错密度、织构、物相鉴定、电子组态和磁织构等。经常用于腐蚀微观检查的工具和方法包括：电子显微镜［特别是扫描电子显微镜（scanning electron microscope，SEM）］、原子力显微镜（atomic force microscope，AFM）、扫描隧道显微镜（scanning tunneling microscope，STM）、电子探针显微分析（electron probe micro analysis，EPMA）法、俄歇电子能谱（Auger electron spectroscopy，AES）法、X 射线光电子能谱（XPS）法、二次离子质谱（secondary ion mass spectroscopy，SIMS）法等。

比较有代表性的工作包括 Champion 提出的标准样图（李久青和杜翠薇，2007）。图 3.1 中共有样图 A、B、C、D 4 幅，其中样图 A 和 B 表征试样受腐蚀表面的平面特征，分别表示单位面积上腐蚀破坏的位置数目和腐蚀位置的面积；样图 C 和 D 是腐蚀深度特征，其中 C 表征全面腐蚀破坏深度等级，而 D 图则是表示孔蚀和裂纹的深度等级。4 幅样图均分别划分为 7 个等级，其量化标准如表 3.1 所示。

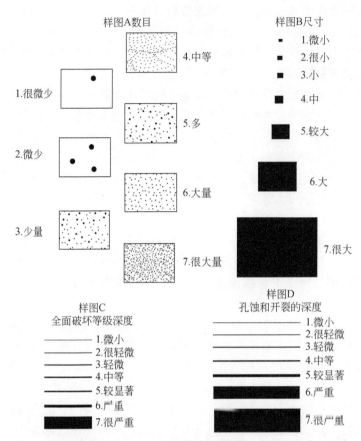

图 3.1　表观检查的 Champion 标准样图（据李久青和杜翠薇，2007）

表 3.1　Champion 标准样图的量化标准（据李久青和杜翠薇，2007）

等级编码	腐蚀位置的数目		腐蚀位置的面积		腐蚀深度			腐蚀影响系数/% (影响程度)
	样图 A		样图 B		标准术语	样图 C	样图 D	
	标准术语	/(个/dm²)	标准术语	/cm²		/cm	/cm	
1	很微少	33	微小	0.0006	微小	0.0001	0.004	9
2	微少	100	很小	0.003	很轻微	0.0004	0.01	13
3	少量	330	小	0.006	轻微	0.0006	0.025	20
4	中等	1000	中	0.08	中等	0.006	0.06	30
5	多	3300	较大	0.4	较显著	0.024	0.15	45
6	大量	10000	大	2.0	严重	0.10	0.4	70
7	很大量	33000	很大	10.0	很严重	0.40	1.0	100
级数的公约比率	—	3	—	5	—	4	2.5	1.5

3.1.3.2　质量法

材料质量会因腐蚀作用发生系统的变化，这就是质量法评定材料腐蚀速度和耐蚀性的理论基础。质量法是指单位时间内、单位面积上由腐蚀而引起的材料质量的变化。质量法简单而直观，既适用于实验室，又适用于现场试验，是最基本的腐蚀定量评定方法。质量法又可分为质量增加法和质量损失法两种（李久青和杜翠薇，2007）。

1. 质量增加法

当腐蚀产物牢固地附着在试样上，在试验条件下不挥发或几乎不溶于溶液介质，也不为外部物质所玷污，这时用质量增加法评定腐蚀破坏程度是合理的。钛、锆等耐蚀金属的腐蚀、金属的高温氧化就是应用该种方法。质量增加法适用于评定全面腐蚀和晶间腐蚀，但不能用于评定其他类型的局部腐蚀。

质量增加法的试验过程为，将预先按照规范制备、做好标记、除油、酸洗、打磨和清洗的试样量好尺寸，称重后置于腐蚀介质中，试验结束后取出，连同腐蚀产物一起再次称重。试验后试样的质量增加表征着材料的腐蚀程度。对于溶液介质中的腐蚀试验，试验后试样的干燥程度会直接影响试验结果精度，故试样应放在干燥器中贮存 3 天后再称重。

对于质量增加法，一个试样通常只在腐蚀–时间曲线上提供一个数据点。当腐蚀产物牢固地附着于试样表面，且具有恒定组成时，就能在同一试样上连续地或周期性地测量质量增加，获得完整的腐蚀–时间曲线，因而适用于研究腐蚀随时间的变化规律。

质量增加法获得的数据具有间接性，即数据中包括腐蚀产物的质量。如果需要获得被腐蚀金属的量，还需根据腐蚀产物的化学组成进行换算。有时腐蚀产物相组成非常复杂，精确分析往往有困难。多价金属还可能生成不同价态的腐蚀产物，也增加了换算的难度。这些都限制了质量增加法的应用范围。

2. 质量损失法

质量损失法是一种简单且直接的腐蚀测量方法。它要求在腐蚀试验后全部清除腐蚀产物后再称量试样质量。根据试验前后样品质量计算得出质量损失直接表示了由于腐蚀而损失的金属量，不需要按腐蚀产物的化学组成进行换算。质量损失法并不要求腐蚀产物牢固地附着在材料表面，也无需考虑腐蚀产物可溶性。上述优点使质量损失法得到广泛应用。

消除腐蚀产物的方法大体可分为三类，即机械方法、化学方法和电解方法。理想的去除腐蚀产物方法应是只消除腐蚀产物而不会损伤基体金属。所有去除腐蚀产物的方法往往会破坏腐蚀产物，使腐蚀产物包含的信息丢失，因此在去除腐蚀产物前最好能提取腐蚀产物样品。这些样品可以用于各种分析，如 X 射线衍射确定晶体结构、化学分析获得腐蚀性组分（如氯）等。

质量法。是指用试样在单位时间内、单位面积上的质量变化来表征平均腐蚀速度。通过测定试样的初始总面积和试样质量变化，即可计算得到腐蚀速度。对于质量增加法，其计算公式如下：

$$v_+ = \frac{m_1 - m_0}{A \cdot T} \tag{3.1}$$

式中，A 为试样面积，cm^2；T 为试验周期，h；m_0 为试样初始质量，g；m_1 为腐蚀试验后带有腐蚀产物的试样质量，g。

对于质量损失法：

$$v_- = \frac{K \times \Delta m}{A \cdot T \cdot D} \qquad (3.2)$$

式中，K 为常数，见表 3.2；T 为试验周期，h；A 为试样初始面积，cm^2；Δm 为腐蚀试验中试样的质量损失，g；D 为试验材料密度，g/cm^3；当 T、A、Δm 和 D 使用上述规定的单位时，可利用下列相应 K 值计算出以不同单位表示的腐蚀速度。

表 3.2　K 值对应表

所需要的腐蚀速度的单位	式（3.2）中的常数 K
密耳/年（mil/a）（$1mil=2.54\times10^{-2}mm$）	3.45×10^6
英寸/年（in/a）（$1in=2.54cm$）	3.45×10^3
英寸/月（in/mouth）	2.87×10^2
毫米/年（mm/a）	8.76×10^4
微米/年（μm/a）	8.76×10^7
皮米/秒（pm/s）	2.78×10^6
克/（米²·时）[$g/(m^2\cdot h)$]	$1.00\times10^4\times D$
毫米/（分米²·天）[$mg/(dm^2\cdot d)$]	$2.40\times10^6\times D$
微克/（米²·秒）[$\mu g/(m^2\cdot s)$]	$2.78\times10^6\times D$

如果需要，还可以利用这些常数将腐蚀速度从一种单位转变成另一种单位。由质量损失法计算获得的腐蚀速度通常只表示在试验周期内全面腐蚀的平均腐蚀速度。根据质量损失法获得的腐蚀侵入深度可能会严重低估由于局部腐蚀（如孔蚀、开裂、缝隙腐蚀等）所导致的实际腐蚀深度。在质量损失测量中应该注意选择合适的天平，对其校准和标准化，避免可能导致的测量误差。一般来说，用现代分析天平测量质量很容易达到±0.2mg 的精度，也有测量精度达到±0.2mg 的天平。由此可见，质量测量并不是引起误差的决定性因素。在去除腐蚀产物操作中，如果腐蚀产物去除不充分或过度清洗都会影响精度。

3.1.3.3　失厚测量与孔蚀深度测量

测量腐蚀前后或腐蚀过程某两时刻的试件厚度，可直接得到腐蚀所造成的厚度损失。单位时间内的腐蚀失厚即为侵蚀率，常以 mm/a 表示。但是对于不均匀腐蚀来说，这种方法是很不准确的。可用一些计量工具和仪器装置直接测量试件的厚度，如测量内外径的卡钳，测量平面厚度的卡尺、螺旋测微器、带标度的双筒显微镜，测量试件截面的金相显微镜等。由于腐蚀引起的厚度变化常常会导致许多其他性质的变化。根据这些性质变化发展出许多无损测厚的方法，如涡流法、超声波法、射线照相法和电阻法等。

在实际应用中，孔蚀危害很大，但对孔蚀的测量与表征却十分困难。通常应用"孔蚀密度"、"孔蚀直径"和"孔蚀深度"表征孔蚀的严重程度。其中前两项指标表征孔蚀范围，而后一项指标则表征孔蚀强度。相比之下，后者具有更重要的实际意义。为此，经常测量面积为 $1dm^2$ 的试件上 10 个最深的蚀孔深度，并取最大蚀孔深度和平均蚀孔深度来表征孔蚀严重程度。此外，也可以用孔蚀系数表征孔蚀。孔蚀系数是最大孔蚀深度 (P) 按全面腐蚀计算平均侵蚀深度 (d) 的比率，见图 3.2，孔蚀系数数值越大，表明孔蚀程度越严重，而在全面腐蚀的情况下，孔蚀系数为 1。

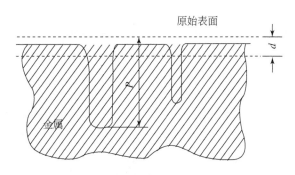

图 3.2　孔蚀系数的定义

常用的测量孔蚀深度方法有：用配有刚性细长探针的微米规测量孔深；在金相显微镜下观测横切蚀孔的试样截面；以试样的某个未腐蚀面为基准面，通过机械切削达到蚀孔底部，根据进刀量确定孔深；用显微镜分别在未受腐蚀的蚀孔外缘和蚀孔底部聚焦，根据标尺确定孔蚀深度等。

3.1.3.4　滴定法

析氢腐蚀时，如果氢气析出量与金属的腐蚀量成正比，则可用单位时间内单位表面积析出的氢气量来表示金属的腐蚀速率（孔小东等，2016）：

$$v_容 = V_0 / (S \cdot t) \tag{3.3}$$

式中，$v_容$ 为氢气容积表示的腐蚀速率，$cm^3/(cm^2 \cdot h)$；V_0 为换算成 0℃、760mmHg 时的氢气体积，cm^3；S 为试样表面积，cm^2；t 为腐蚀时间，h。

3.1.3.5　电阻性能指标

根据腐蚀前、后试样的电阻变化评定腐蚀程度。电阻测量法属于非破坏性测量，测量过程中不仅不破坏被测量试样，对腐蚀条件也无明显影响。电阻性能指标（K_R）为

$$K_R = \frac{R_1 - R_0}{R_0} \tag{3.4}$$

式中，R_0 为腐蚀前的电阻；R_1 为腐蚀后的电阻。

3.2　电化学腐蚀

不纯的金属跟电解质溶液接触时，会发生原电池反应，比较活泼的金属失去电子而被

氧化，这种腐蚀称为电化学腐蚀。金属的腐蚀原理有很多种，其中电化学腐蚀是最为广泛的一种。将金属放置在水溶液中或潮湿的大气中，金属表面会形成一种微电池，也称腐蚀电池（其电极称阴、阳极）。阳极上发生氧化反应使阳极溶解，阴极上发生还原反应发挥传递电子的作用。腐蚀电池的形成原因主要是由于金属表面吸附了空气中水分，形成一层水膜，因而使空气中的 CO_2、SO_2、NO_2 等溶解在这层水膜中，形成电解质溶液，而浸泡在这层溶液中的金属又总是不纯的，如工业用的钢铁，实际上是合金，即除铁之外，还含有石墨、渗碳体（Fe_3C）及其他金属和杂质，它们大多没有铁活泼。这样形成的腐蚀电池阳极为铁、阴极为杂质。由于铁与杂质紧密接触，使得腐蚀不断进行（易丹青等，2012）。

3.2.1　电化学腐蚀工业背景

金属材料腐蚀广泛存在于工业生产和生活设施的几乎所有领域，由于金属材料腐蚀而造成的损失是巨大的。根据英美两国全面的腐蚀调查报告，腐蚀的直接经济损失分别占其国民生产总值的 4.2% 和 3.5%。据美国及俄罗斯估计，世界上每年由于腐蚀而报废的金属设备和材料相当于金属年产量的 20%~40%，而 10% 则因腐蚀而无法回收（王凤平等，2008）。

含硫天然气油田油管使用仅 1 年半就会被腐蚀得形若筛孔，而且油管断裂跌落到井底，破坏了油气田的正常生产。某海洋采油平台在使用不到十年就因严重腐蚀而不得不封井报废，即使是下海使用 4~5 年的新海洋采油平台，在阴极保护条件下，平台的管节点普遍发生明显的小孔腐蚀和腐蚀开裂。这些因腐蚀破坏的失稳扩展造成巨大的经济损失和严重的社会后果。

腐蚀往往给油气田造成重大经济损失、灾难事故和环境污染。对于各行各业来说，腐蚀造成的损失平均约占国民经济的 3%，对于石油与石化行业约占产值的 6%。随着原油开发进入中后期，越来越多的腐蚀问题已凸显出来。腐蚀已成为制约油田安全生产、降本增效的重要问题之一（雍兴跃和林玉珍，2002）。随着埋地管道在能源输送方面的广泛应用，土壤腐蚀导致埋地管道腐蚀失效引起的生命财产损失日益增加。污染土腐蚀性评价与治理问题是国际上尚未完全解决的热点问题。研究和评价污染土壤环境对埋地管道腐蚀影响具有非常重要的意义，直接关系到国家经济建设和能源输送安全等问题（何斌，2016）。

目前，我国石油天然气产量不断增加，并且伴随着中俄管道、中缅管道的建成投产，在一定程度上促进了输气管道的发展。在油气开发中，油气管道已经成为至关重要的部分。与水、陆等运输方式相比，管道运输具有众多的优点，如运输量较大、便于管理、安全可靠等。同时也存在着一定的局限性，如面临着内外介质的腐蚀作用。近些年来，由于油气管道腐蚀造成油气泄漏以及燃烧、爆炸等事故的情况经常出现，对我国社会造成了较大的危害。

通常条件下，油气管道会受到各种类型的腐蚀，其中化学腐蚀是最为严重的一种。在我国油气管道的运输当中，该腐蚀方式也是最普遍的。化学腐蚀通常来源于以下两个方面，一个是管道外部，另一个则是管道内部。在油气运输过程中会含有一些腐蚀性气体，而这些气体则会对管道内部造成腐蚀。在遭受化学腐蚀的同时，管道也会伴随着电化学腐蚀。这种腐蚀包括以下几种类型：微生物造成的电化学腐蚀、土壤电池腐蚀等。在土壤之中，因为电化学局部分布不均匀而产生微电池，与其接触的金属管道因此受到腐蚀。土壤介质具有多相性而导致电化学宏观不均匀，继而造成腐蚀。除此之外，土壤以下几种变化也会导致腐蚀电池的形成：含盐量、pH、透气性等。值得注意的是，微生物也非常容易导致电化学腐蚀产生。因为它是管道金属上的生成物，会引起管道表面物理化学性质发生改变，形成腐蚀电池。至于杂散电流腐蚀，指的是不在原有路径上流动的干扰电流，与普通的电流腐蚀相比，这种电流所引起的腐蚀要更加剧烈（张军和彭晓雄，2019）。

3.2.2　电化学腐蚀原理

按照电化学原理，原电池的反应如下：

$$负极（阳极）:Zn\rightarrow Zn^{2+}+2e（氧化反应）\qquad(3.5)$$

$$正极（阴极）:2H^++2e\rightarrow H_2（还原反应）\qquad(3.6)$$

图 3.3 装置是电化学中常见的铜锌原电池。锌片不断溶解，而铜片表面不断有氢气泡析出。电化学反应分别在两个电极表面上发生，互不干扰，而且必须满足这一条件，原电池才能维持。反应交换电子产生电流，经过外电路形成回路。在硫酸电解质溶液内部，没有电子流动，只有离子做定向移动。负极形成 Zn^{2+}，向溶液内部扩散，同时吸引带负电荷的 SO_4^{2-} 向负极迁移；H^+ 不断由内部向正极扩散补充反应的消耗。由此可见，电解池内部是依靠离子的定向移动来维持电流的，原电池的特点可以总结为：两个电极上分别进行氧化反应和还原反应，形成稳定的电流。

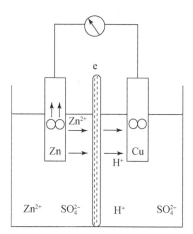

图 3.3　腐蚀原电池示意图

化学腐蚀和电化学腐蚀也存在区别，电化学腐蚀是通过形成原电池被氧化，而化学腐蚀是通过金属直接与空气接触而发生氧化反应（表 3.3）。

表 3.3　化学腐蚀与电化学腐蚀的区别和联系

项目	化学腐蚀	电化学腐蚀
反应类型	氧化还原反应	氧化还原反应

项目	化学腐蚀	电化学腐蚀
腐蚀介质	干燥气体或非电解质溶液	电解质溶液
过程推动力	化学位不同的反应相相互接触	电位不同的导体物质组成电路
过程规律	多相化学反应动力学	电极过程动力学
电子传递	在同一地点直接碰撞传递电子	在金属表面不同区域间得失电子
反应区域	反应物在碰撞点处直接碰撞完成	在相对独立的阴、阳极区域同时完成
产物及特征	腐蚀产物膜	腐蚀产物膜（疏松）
温度	一般在高温下	通常在室温，少数在高温条件下

3.3　电化学腐蚀测量技术

　　基于大多数腐蚀的电化学本质，电化学测试技术在腐蚀机理研究、腐蚀试验及工业腐蚀监控中均得到广泛应用。电化学测试技术是一种"原位"（*in-situ*）测量技术，并可以进行实时测量，给出瞬时腐蚀信息和连续跟踪金属电极表面状况的变化。电化学测试技术通常是一类快速测量方法，测试的灵敏度也较高。但是，由于实际腐蚀体系经常变化并十分复杂，因此使用电化学测试技术时应对所研究的腐蚀体系、所采用的测试技术的原理和适用范围等有比较清晰的认识。此外，当要把实验室的电化学测试结果应用到实际问题时，须格外小心谨慎，往往还需要借助其他的定性或定量的试验研究方法予以综合分析评定（李久青和杜翠薇，2007）。

3.3.1　电化学工作站

　　电化学工作站（electrochemical workstation）是电化学测量系统的简称，是电化学研究常用的测量设备（图3.4）。其主要有两大类，单通道工作站和多通道工作站。常常应用于生物技术、物质定性定量分析等。传统研究金属腐蚀的实验，是将金属样品放入一定的

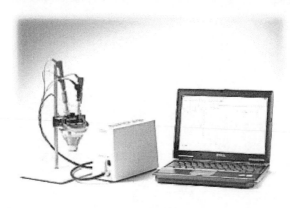

图 3.4　电化学工作站

溶液中进行腐蚀，然后通过失重法，测量金属的平均腐蚀速度，这样的测量存在误差大、数据分析不准确的特点。近年来，随着电化学测量技术快速发展，越来越多科技工作者，将电化学工作站引入金属腐蚀研究领域。通过电化学工作站为媒介，选定一个电压扫描速度，可以在一定介质（金属样品）的一定面积上，测定金属腐蚀阴极和阳极极化曲线和交流阻抗曲线（郑凯等，2014）。

3.3.2　极化曲线

极化曲线可以证明材料是活化、钝化、还是活化-钝化。因此，电极腐蚀行为可应用极化曲线来表征。例如，恒电位和电位动力学测量方法可以得到极其类似的结果；但是后者的方法要求较慢的扫速（mV/s），以保持稳定的腐蚀电位和稳态性质（佩雷斯，2013）。

电极反应过程中的电极电位随极化电流密度的变化，可以说明电极反应过程中的一些特点。腐蚀电化学中，需要测量腐蚀电极的 E-i 图，即极化曲线。极化曲线一般采用外加极化电流的方法，给被测电极一个人为控制的电流信号，记录其电极电位随极化电流的变化。实际的电极体系中，单个电极表面不可能只进行单个达到平衡的电极反应（其理论起点是电极的平衡电位 E_e），实际测量的极化曲线通常是电极表面各个电极反应达到平衡时综合变化曲线（其起点是电极的开路电位 E_k），称为表观极化曲线，一般将它作为主要电极反应的极化曲线来处理。在研究金属腐蚀的过程中，常用外加电流方法来测定金属阳极、阴极极化曲线。金属电极接在恒电位仪的工作电极上，分别通阳极和阴极电流，测得的极化曲线分别为阳极和阴极极化曲线。通过测定金属电极表观极化曲线可以确定电化学保护参数，研究晶间腐蚀、相提取，测定孔蚀点位，确定应力腐蚀破裂电位等，同时也能通过测得的极化数据确定腐蚀电流以及分析腐蚀过程机理、控制因素等。

极化曲线的测定可以分为稳态法和暂态法。暂态法极化曲线的形状与时间有关，测试频率不同，极化曲线的形状也不同。暂态法具有能反映电极过程全貌，便于实现自动测量等优点。稳态法是指测量时与每一个给定电位对应的响应信号（电流）完全达到稳定的状态，是最基本的研究方法。稳态法按照其控制方法可分为恒电流法和恒电位法（王凤平等，2008）。

恒电流法是以电流为自变量，测定电位与电流的函数关系 $E=f(i)$；恒电位法是以电位为自变量，测定电流与电位的函数关系 $I=f(E)$。恒电位法和恒电流法有各自的适用范围。恒电流法使用仪器较为简单，也易于控制，主要用于一些不受扩散控制的电极过程，或电极表面状态不发生很大变化的电化学反应。但当电流和电位间呈现多值函数关系时，则测不出活化向钝化转变的过程（孔小东等，2016）。

图 3.5 是 SAF2906 超级双相不锈钢在 3.5wt%（质量百分数）NaCl 溶液中的极化曲线（陈祺和刘东，2014）。从极化曲线的形状可以分析出电极极化的程度，判断电极反应过程中的难易。例如当极化曲线较陡时说明电极的极化率较大，电极反应过程的阻力也较大；反之极化曲线较平坦时，则表明电极的极化率较小，电极反应过程中的阻力较小，因而反应较易进行。

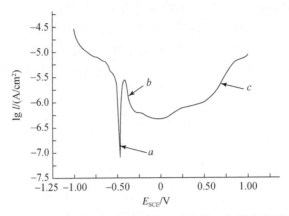

图 3.5　SAF2906 在 3.5wt% NaCl 溶液中的极化曲线（据陈祺和刘东，2014）

E_{SCE} 为以饱和甘汞电极为参考的电位

3.3.3　电化学阻抗谱

电化学阻抗谱（electrochemical impedance spectroscopy，EIS）方法包含两个部分，EIS测量和 EIS 解析，二者缺一不可。首先需要测量包含体系腐蚀过程可靠信息的 EIS。电化学阻抗谱方法是灵敏度极高的交流方法，可以测定高达 $10^{10}\Omega$ 高阻抗体系的微弱响应信号，也容易受到环境和工频电磁噪声的干扰而发生畸变，影响数据解析的可靠性。腐蚀过程通常由多个平行过程和连续过程组成，且主响应过程会随进程演化而转移。测量期间需要增强主响应，减弱干扰信号，同时选择合适的时机，在主响应腐蚀过程出现期间实施测量，才能获得目标过程的响应数据。例如，点蚀诱导期处于钝化期和发展期之间的点蚀萌生期间，测定其电化学阻抗谱响应必须把握好测量时间，既不能早，也不能晚，才能测量到如图 3.6 所示诱导期阻抗谱。

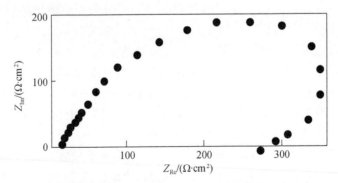

图 3.6　碳钢点蚀诱导期电化学阻抗谱响应（据曹楚南和张鉴清，2002）

Z_{Im} 为阻抗虚部；Z_{Re} 为阻抗实部

常用的腐蚀 EIS 数据解析有两种方法：电化学动力学模型方法和模拟等效电路模型方法。电化学动力学模型方法是根据腐蚀过程特征建立电化学阻抗响应动力学方程，解析和验证后获得腐蚀电化学动力学过程数学模型，进而计算腐蚀电化学参数和预测腐蚀行为。虽然这一直是传统电化学中基本的数据解析方法，但要求研究者具备一定的数学物理方程和电化学动力学基础。曹楚南和张鉴清（2002）在《电化学阻抗谱导论》中采用这一解析方法对腐蚀电化学阻抗谱原理进行了严谨深入的分析论证，并介绍了其在典型腐蚀过程中的应用，是使用这一方法的重要参考（王佳等，2017）。等效电路模型方法是电化学阻抗分析的主要手段，基本思路是将界面反应过程用电阻（R）、电容（C）、电感（L）等基本电学元件按串联或并联等不同方式进行组合，得到满足测试结果的等效电路，具体见4.2.4 节介绍。

3.3.4　电化学噪声法

电化学噪声（electrochemical noise，EN）是指电化学动力系统演化过程中，其电学状态参量（如电极电位、外测电流密度等）的随机非平衡波动现象。这种波动现象提供了系统从量变到质变的丰富的演化信息。鉴于电化学噪声研究方法特点，自 1967 年首次提出电化学噪声概念以来，人们对它的应用研究和理论研究就从未间断过。近年来，由于用于电化学系统的仪器灵敏度的显著提高以及计算机在数据采集、信号处理与快速分析技术的巨大进步，电化学噪声技术已逐渐成为腐蚀研究的重要手段，并已成功用于工业现场腐蚀监测。与传统腐蚀试验方法和监测技术相比，电化学噪声法具有明显优点。首先，它是一种原位无损检测技术，在测量过程中无需对系统施加可能会改变腐蚀过程的外界扰动；其次，它无需预先建立被测体系的电极过程模型；再次，它极为灵敏，可用于薄液膜条件下的腐蚀监测和低电导环境；最后，所需检测设备简单，可实现远距离监测（李久青和杜翠薇，2007）。

3.3.4.1　电化学噪声分类

根据所检测电学信号不同，可将电化学噪声分为电流噪声和电压噪声。根据噪声的来源不同又可将其分为热噪声、散粒效应噪声和闪烁噪声。

1. 热噪声

热噪声是自由电子的随机热运动引起的，是最常见的一类噪声。电子的随机热运动造成一个大小和方向都不确定的随机电流，它们流过导体则产生随机的电压波动。但在没有外加电场的情况下，这些随机波动信号的净结果为零。实验与理论研究结果表明，电阻中热噪声电压的均方值（E_N^2）正比于其本身阻值（R）的大小及体系的绝对温度（T）：

$$E_N^2 = 4 K_B T R \Delta v \qquad (3.7)$$

式中，E 是噪声电位值；Δv 是频带宽；K_B 是 Boltzmann 常数，$K_B = 1.38 \times 10^{-23}$ J/K，式（3.7）在直到 10^{13} Hz 的频率范围内都有效，超过此频率范围后量子力学效应开始起作用，功率谱将按量子理论预测的规律衰减。

热噪声谱功率密度一般很小，在电化学噪声测量过程中，热噪声影响通常可以忽略不计。热噪声值决定了待测体系的待测噪声下限值，因此当后者小于检测电路的热噪声时，就必须采用前置信号放大器对被测信号进行放大处理。

2. 散粒效应噪声

散粒效应噪声又称散弹噪声或颗粒噪声。在电化学研究中，当电流流过被测体系时，如果被测体系的局部平衡仍没有被破坏，此时被测体系的散粒效应噪声可以忽略不计。然而，在实际工作中，特别是当被测体系为腐蚀体系时，由于腐蚀电极存在着局部阴、阳极反应，整个腐蚀电极的吉布斯自由能（ΔG）为

$$\Delta G = -(E_a + E_c)ZF = -E_{外测}ZF \tag{3.8}$$

式中，E_c 和 E_a 分别为局部阴、阳极的电阻电位；$E_{外测}$ 为被测电极的外测电极电位；Z 为局部阴、阳极反应所交换的电子数；F 为 Faraday 常数。所以，即使 $E_{外测}$ 或流过被测体系的电流很小甚至为零，腐蚀电极的散粒效应噪声也不能忽略不计。

散粒效应噪声类似于温控二极管中由阴极发射而达到阳极的电子在阳极产生的噪声。从理论上可以证明该噪声符合下列公式：

$$E\left[I_N^2\right] = 2e\,I_0\Delta v \tag{3.9}$$

式中，e 为电子电荷，$e = 1.59\times10^{-19}$C；I_0 为平均电流。在电化学研究中，应该用 q 代替 e，而 q 是远大于电子电荷的电量。例如，在电极腐蚀过程中，q 相当于一个孔蚀的产生或单位钝化膜的破坏所消耗的电量。式（3.9）在频率小于 100MHz 的范围内成立。

3. 闪烁噪声

闪烁噪声又称为 $1/f^\alpha$ 噪声，α 一般为 1、2、4，也有取 6 或更大值。与散粒噪声一样，它同样与流过被测体系的电流有关，与腐蚀电极的局部阴、阳极反应有关。所不同的是，引起散粒噪声的局部阴、阳极反应所产生的能量耗散掉了，且 $E_{外测}$ 表现为零或稳定值，而对应于闪烁噪声的 $E_{外测}$ 则表现为具有各种瞬态过程的变量。局部腐蚀（如点蚀）会显著改变腐蚀电极上局部阳极反应的电阻值，从而导致 E_a 的剧烈变化。因此，当电极发生局部腐蚀时，如果在开路电位下测定腐蚀电极的电化学噪声，则电极电位会发生负移，之后伴随着电极局部腐蚀部位的修复而正移。如果在恒电位情况下测定，则会在电流–时间曲线上出现一个正的脉冲尖峰。

3.3.4.2　电化学噪声测定

电化学噪声（EN）测定可以在恒电位极化或电极开路电位的情况下进行。当在开路电位下测定 EN 时，检测系统一般采用双电极体系，可以分为两种方式，即同种电极系统和异种电极系统。

（1）传统测试方法一般采用异种电极系统，即一个研究电极和一个参比电极。参比电极一般为饱和甘汞电极或 Pt 电极，也有采用其他形式的参比电极（如 Ag-AgCl 参比电极等）。测量电化学噪声所使用的参比电极除了满足一般参比电极的要求外，还需要满足电阻小（以减少外界干扰）和噪声低等要求。

（2）同种电极测试系统的研究电极与参比电极均用被研究的材料制成。研究表明，电极面积影响噪声电阻，采用具有不同研究面积的同种材料双电极系统有利于获取有关电极过程机理的信息。图 3.7（a）是同种材料双电极系统，外加了一个参比电极（reference electrode，RE），图中两个工作电极（working electrode，WE）为同种材料双电极（WE1

和 WE2），其中 WE2 接地，WE1 连接运算放大器（operational amplifier，OP）的反相输入端，构成零阻电流计（zero resistance ammeter，ZRA）。RE 连接运算放大器的同相输入端，构成电压变换器（VTT）。电流与电位信号经 A/D 转换后由计算机采集。由于 EN 信号较弱，所以一般采用高输入阻抗（>$10^{12}\Omega$）和极低漂移（<10Pa/周）的仪用运算放大器进行信号放大，并且 A/D 转换器的精度最好为 16 ~ 18bit。由于 EN 变化频率较低（一般在 100Hz 以下），所以对采样速率要求不高。

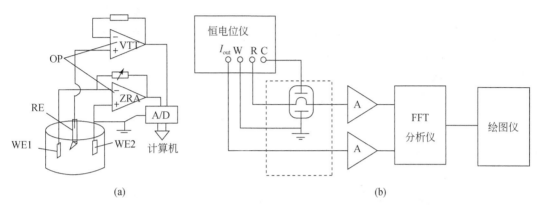

图 3.7　EN 测试装置示意图（a）及恒电位极化条件下测定 EN 的装置（b）

　　当在恒电位极化情况下测定 EN 时，一般采用三电极测试系统。图 3.7（b）是恒电位条件下测定 EN 的装置原理图。系统中选用低噪声恒电位仪。使用了双参比电极，其中之一用于电位控制，另外一个用于电位检测。采用双通道频谱分析仪存储和显示被测腐蚀体系电极电位和响应电流的自相关噪声谱，以及它们的互相关功率谱。通过电流互功率谱可以从电流响应信号中辨别出由电极图 3.7（b）恒电位极化条件下测定 EN 的装置特征参数的随机波动所引起的噪声信号。这样有利于消除仪器的附加噪声。在上述系统中频谱分析仪是关键装置，它具备 FFT 的数学处理功能，能自动完成噪声时间谱、频率谱和功率密度谱的测量、显示和存储。现有的具备噪声检测功能的电化学工作站往往将图中的组件置于仪器内部，在使用时要方便许多。同时，对基本的噪声信号数据分析方法，如快速傅里叶变换（FFT）和最大熵值法（maximum entropy method，MEM）等其分析软件均有所涵盖。

　　此外，由于噪声信号的微弱性使其极易在测量过程中受外界信号干扰，因此电化学噪声测试系统工作时应置于屏蔽盒中。与此同时，应采用无信号漂移的低噪声前置放大器，特别是其本身的闪烁噪声应该很小，否则将极大程度地限制仪器在低频部分的分辨能力。关于电化学噪声具体的解析此处不再做讲述，详情可查阅《腐蚀试验方法及监测技术》（李久青和杜翠薇，2007）中的相关描述。

3.4　冲蚀磨损测量技术

　　冲蚀磨损是指流动物质对材料表面冲击后造成破坏磨损的现象。冲击过程中，流动物质从不同角度撞击、犁划、研磨工件表面，导致工件表面不断被去除，从而加速工件损坏、失效，属于低应力磨损范畴（Hager et al.，1995）。根据颗粒及其携带介质的不同，冲蚀磨损可以分为流体冲蚀磨损、气-固冲蚀磨损、气蚀和液滴冲蚀等。在工业生产中，冲蚀磨损消耗大量的能源与资源，它在所有磨损破坏中占比高达8%，广泛存在于工业领域，不仅造成巨大的经济损失，而且存在严重的安全隐患，威胁人民生命安全。

由液体介质携带固体颗粒冲击材料表面而造成的冲蚀磨损在工业生产中普遍存在。例如，工作在含沙水域中的工件（水轮机叶片、轴流泵、管道、阀门、螺旋桨等）表面易受到冲蚀磨损破坏导致材料损失。液-固两相流冲蚀磨损是运行在恶劣工况条件下的一种比较复杂的物理化学过程，此过程中影响因素很多，主要包括环境因素（冲击角度、冲击速度、冲击时间、环境温度等）、颗粒特性（颗粒形状、大小、颗粒密度等）及涂层表面特性（粒度分布、材料显微组织、表面硬度、级配效应、协同效应）等。为了有效减少流体冲蚀磨损造成的破坏，提高材料的利用率、减少经济损失，通常对零件表面进行强化或局部防护处理，传统处理方式有热处理、时效强化、化学镀、电镀、热喷涂等（于晶晶等，2019）。

3.4.1 磨损背景

目前，在输送原油、天然气、水等的石油工业管道中存在着严重的冲刷腐蚀问题，这是由流体和接触壁面之间的相对运动引起的，其中机械运动是最主要的原因。流质冲击管道壁面会导致壁面形成冲蚀凹槽，严重的会造成管道及相应的管道过流部件失效，造成管道穿漏，甚至破裂，引发管道泄漏等危害（赵联祁，2016）。例如，天然气在集输过程中，携带微小颗粒和水滴撞击管道弯头，会在弯头处产生冲蚀磨损，长期运行会引发管道失效（黄诗鬼，2016）。目前，核电以其清洁、经济、安全等显著优越性，被视为未来能源产业发展的主流方向之一，是能源体系中技术程度高，但发生事故后却具有极大危害性的能源方式。提高核电运行系统材料的安全性是核电长期可持续发展的重要保障。核电站水路管道在长期高温高压流体的冲刷作用下会慢慢腐蚀变薄。在反应堆运行时，由于燃料棒、堆内构件等部件受高温高压腐蚀冲刷、磨蚀－腐蚀、流动加速腐蚀（flow accelerated corrosion，FAC）效应等的影响，会产生很多细小颗粒物，若这些颗粒物随着冷却剂一同进入一回路，将会对该回路管路产生物理磨损、化学腐蚀、磨蚀-腐蚀、FAC效应等多重损害，大大降低回路管路性能，导致管道壁厚减薄甚至破裂，带来严重安全隐患。因此对多相环境下材料冲刷腐蚀后的损伤机理进行测量研究对提高核电系统运行安全性具有重要意义（姚军等，2015）。

3.4.2 物理实验设备介绍

3.4.2.1 恒温水浴箱

恒温水浴箱（图3.8）广泛应用于干燥、浓缩、蒸馏、浸渍化学试剂、浸渍药品和生物制剂，也可用于水浴恒温加热和其他温度试验，是生物、遗传、病毒、水产、环保、医药、卫生、生化实验室，分析室教育科研的必备工具。箱外壳用冷轧钢板，表面烘漆，内胆采用不锈钢制成，中层用聚氨酯隔热，并装有恒温控制器、电热器。

使用时必须先加水于水箱内，再接通电源，然后将温度选择开关拨向设置端，调节温度选择旋钮，同时观察数显读数，设定所需的温度值（精确到0.1℃）。当设置温度值超过水温时，加热指示灯亮，表明加热器已开始工作，此时将选择开关拨向测量端，数显即显示实际水温。在水温达到所设置温度时，恒温指示灯亮，加热指示灯熄灭。此时加热器停止工作，由于水箱内水是静止的，故水温上下之间有一定差异，需经过加热，恒温转换后水温才能恒定的状态。

图 3.8　数显恒温水浴箱

3.4.2.2　实验室超纯水机

实验室超纯水机（ultrapure water system；图3.9）是一种实验室用水净化设备，是通过过滤、反渗透、电渗析器、离子交换器、电子数据交换（electronic data interchange，EDI）、紫外灭菌等方法去除水中所有固体杂质、盐离子、细菌病毒等的水处理装置。工作原理是自来水经过精密滤芯和活性炭滤芯进行预处理，过滤泥沙等颗粒物和吸附异味等，让自来水变得更加干净，然后再通过反渗透装置进行水质纯化脱盐，纯化水进入储水箱储存起来，其水质可以达到国家三级水标准，同时反渗透装置产水的废水排掉。反渗透纯水通过纯化柱进行深度脱盐处理就得到一级水或者超纯水。

图 3.9　实验室超纯水机

3.4.2.3 研磨抛光机

UNIPOL-802（图 3.10）自动精密研磨抛光机是用于晶体、陶瓷、金属、玻璃、岩样、矿样等材料的研磨抛光制样，是科学研究、生产实验的磨抛设备。本机设置了 $\Phi 203mm$ 的研磨抛光盘和两个加工工位，可用于研磨抛光 $\leqslant \Phi 80mm$ 的平面。

图 3.10　UNIPOL-802 自动精密研磨抛光机

3.4.2.4 电子天平

电子天平（图 3.11）一般采用应变式传感器、电容式传感器、电磁平衡式传感器。根据实验需要，电子天平的分度值和量程也有不同，实验室配备了型号为 METTLER TOLEDO、精度为万分之一，以及上海花潮电器有限公司的型号为 UTP-313、精度为百分之一的两种天平，低精度的称量实验药品，高精度的用于样片失重磨损率的测量。

图 3.11　电子天平

天平使用方法：①调水平：天平开机前，观察天平后部水平仪内的水泡是否位于圆环中央，可以通过天平的地脚螺栓进行调节，左旋升高、右旋下降。②预热：天平在初次接通电源或长时间断电后开机时,至少需要 30min 的预热时间。通常情况下,电子天平不要经常切断电源。③称量:按下 ON/OFF 键,接通显示器;等待仪器自检;当显示器显示零时,自检过程结束,天平可进行称量;此时可以放置称量纸,按显示屏旁的按键去皮,待显示器显示零时,在称量纸上加所要称重物品;待称量完毕,按 ON/OFF 键,关断显示器。

3.4.2.5　电磁流量计

电磁流量计(eletromagnetic flowmeters,EMF;图 3.12)是根据法拉第电磁感应定律制造的用来测量管内导电介质体积流量的感应式仪表。优点是压损极小,可测流量范围大;最大流量与最小流量的比值一般为 20∶1 以上,适用工业管道管径范围宽,最大可达 3m;输出信号和被测流量成线性,精确度较高,可测量电导率≥5μs/cm 的酸、碱、盐溶液、水、污水、腐蚀性液体,以及泥浆、矿浆、纸浆等的流体流量。但是,它不能测量气体、蒸汽及纯净水的流量,适用于冲刷腐蚀实验所用的液-固两相流。

图 3.12　电磁流量计

3.4.2.6　冲刷腐蚀实验装置

冲刷腐蚀实验装置如图 3.13 所示,主要由 4 个部分组成:高压柱塞泵水源系统、供砂系统、冲刷腐蚀单元和辅助系统。冲刷腐蚀实验过程中,该装置可精确控制冲击角度、砂含量和系统压力参数(唐春燕,2021)。

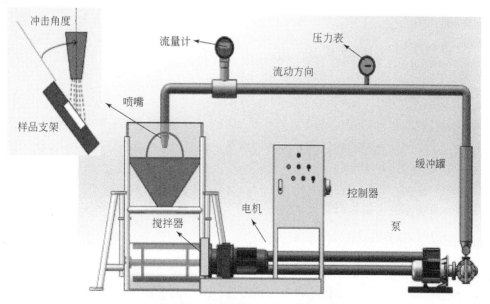

图 3.13　冲刷腐蚀实验装置示意图(据唐春燕,2021)

3.4.3　影响材料磨损的主要因素

3.4.3.1　冲击角度

　　流体入射方向与材料表面的夹角称为冲击角度。当流体冲击材料表面上时，会产生水平作用和垂直作用。材料切削或犁削损伤主要是由冲击流体水平分量产生，而材料撞击或冲击损伤是由冲击流体垂直分量造成。两种损伤机制交互作用，随着冲击角度变化而此消彼长（图3.14），当冲击角度较小时，水平分量产生的切削作用是材料磨损的主要原因；当冲击角度较大时，材料损伤主要由冲击造成。对于任意材料，材料损伤最大时存在一个或多个冲击角度。材料性质（塑形或脆性）、环境（流体黏度、颗粒大小、颗粒形状）等因素均会影响到最大冲击角度（熊家志，2019）。

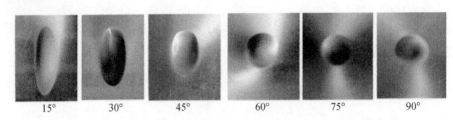

|15°|30°|45°|60°|75°|90°|

图3.14　不同角度下的冲击坑相貌（据 Zhang *et al.*, 2016）

　　冲蚀率和冲击角度之间的关系可用下式表示

$$\varepsilon = A * \cos 2\alpha \cdot \sin(n\alpha) + B * \sin 2\alpha \tag{3.10}$$

式中，ε 为冲蚀率；n、A、B 为常数。当材料全部为脆性磨损时，则 $A=0$；当材料全部是韧性磨损时，则 $B=0$。当 $\alpha > \alpha_0$ 时，$\alpha = \pi/(2\alpha_0)$。当冲击角度 $\alpha = 0°$ 时，主要是韧性磨损；冲击角度 $\alpha > 0°$ 时，主要是脆性磨损；改变式中 A、B 值便可满足要求。

3.4.3.2　颗粒硬度

　　根据颗粒硬度和材料表面硬度之比（H_p/H_t）可以判断颗粒硬度对冲蚀磨损的影响。根据比值，可将塑性材料的冲蚀率分为两种情况：比值大于1.2时，冲蚀率随比值的增大而增大，增大到一定程度后趋于饱和；比值小于1.2时，冲蚀率随比值的减小而减小。研究表明，颗粒硬度和材料表面硬度比为1时，材料冲蚀率会大幅度减小；颗粒硬度小于材料硬度时，颗粒在冲击材料时会发生破碎。

3.4.3.3　颗粒尺寸

　　当颗粒粒径在某一范围内时，塑性材料的冲蚀率和粒径呈线性关系，但当粒径增加到峰值（M）时，塑性材料的冲蚀率则会保持不变。M 值随着冲蚀磨损工况不同而变化，不同材料的 M 值也不相同，这种现象称作"粒度效应"。有关粒度效应的形成有很多解释，主要受以下因素的影响：应变率、表面晶粒尺寸、氧化层、变形区大小等。目前较公认的解释为：材料基体被一层很硬薄层所包裹，当颗粒粒径很小时，颗粒无法穿透该薄层，当

颗粒粒径大于 M 值时，颗粒可以穿过该硬质层直接作用在材料基体上，从而发生冲蚀磨损。

当材料为脆性材料时，其冲蚀率会随着粒径增大而增大。在实际工况中，多相流质有很多颗粒对材料进行冲击，颗粒在流场中分布显得非常重要。有试验证明（熊家志，2019），颗粒分布对脆性材料的冲蚀率有非常显著的影响，但对塑性材料的影响目前还没有研究。

3.4.3.4　颗粒形状

一般来说，多角颗粒比球状圆滑颗粒的冲蚀磨损破坏能力要强。当冲击角度为 45°时，对于同一种材料，圆滑颗粒的冲刷腐蚀能力约为多角颗粒的 1/4。比较两种形状颗粒对材料冲刷腐蚀的破坏形式，也发现很不相同：多角颗粒是犁削方式，球状圆滑颗粒则为切削方式。多角颗粒的冲蚀率主要决定于颗粒宽长比以及颗粒周长平方与面积之比。

3.4.3.5　冲击速度

颗粒以大于某一速度冲击材料表面，才会发生冲蚀磨损，该速度称为引发冲蚀磨损的最小速度。颗粒速度小于该最小速度时，颗粒和材料之间发生弹性碰撞，无冲蚀磨损发生；颗粒速度大于该最小速度时，颗粒冲击速度与冲蚀率的关系可用下式表达。

$$\varepsilon = Kv^n \tag{3.11}$$

式中，v 为颗粒冲击速度；K 为材料常数；n 为常数。一般材料当冲击角度较小时，n 为 2.2 ~ 2.4；冲击角度为 90°时，n 为 2.55；陶瓷材料 n 为 3.0。研究表明，颗粒冲击速度和材料最大冲击角度之间不存在一定关系，即颗粒冲击速度对材料的冲蚀磨损机制无影响（王凯，2012）。

3.4.3.6　冲击温度

毛志远等（1993）研究发现超细晶粒硬质合金的抗冲蚀磨损性能随温度升高而下降，在高角度冲击时下降速度尤为明显。在高角度冲击下，横向断裂强度对疲劳断裂有直接影响，随着温度升高，硬度和横向断裂强度二者同时下降，因此导致材料的冲蚀磨损特性下降。

研究表明，304 不锈钢的冲蚀磨损率随着温度升高先增大后减小，再增大（陈川辉等，2012）。起初，材料的断裂韧性、屈服强度和硬度都会随温度上升而下降，冲蚀磨损率增大；当温度升至 400℃时，304 不锈钢表面形成氧化膜，氧化膜中的高硬度氧化物（如 Cr_2O_3）阻止了高速磨粒对基体的损伤，冲蚀磨损率下降；随着温度的进一步升高，氧化膜破碎，基体失去保护作用，冲蚀磨损率逐步增大。

3.4.3.7　材料种类

材料硬度对冲蚀磨损影响很大，但并不是材料硬度越高，其抗冲刷腐蚀能力就越强。例如，陶瓷材料硬度非常高，但其抗冲蚀性能较低，只有当颗粒动能较小时，陶瓷材料才表现出较好的抗冲蚀性能。工业上常用 304、316L 不锈钢及 X80 管线钢等材料也因所含成分含量不同而表现出不同的抗冲蚀性能。李建庄等（2013）研究3种材料的抗冲蚀磨损时发现，Cr_{26}白口铸铁最好、Cr_{20}白口铸铁次之、$ZGCr_{13}SiMo$铸钢最差。其中，Cr_{26}白口铸铁中的碳化物以板条形式分布于基体上；Cr_{20}白口铸铁中的碳化物呈菊花状均匀分布在基体上；$ZGCr_{13}SiMo$铸钢的显微组织为马氏体、残留奥氏体和晶粒内及原奥氏体晶粒边界间的碳化物。可见，碳化物的多少及分布形式对材料的抗冲刷腐蚀性能有一定影响。

3.4.4　冲蚀磨损测量方法

3.4.4.1　失重法

质量损失（又称失重量）定义为样品初始质量与冲刷腐蚀后样品质量之差（赵彦琳等，2018）：

$$m = M_c - M_h \tag{3.12}$$

式中，M_c为样品冲刷腐蚀前质量，g；M_h为样品冲刷腐蚀后质量，g。

失重率定义为样品质量损失与原始样品质量之比：

$$E = \frac{m}{M_c} \tag{3.13}$$

式中，E为失重率；M_c为样品冲刷腐蚀前质量，g；m为样品的质量损失，g。

通过失重曲线和磨损率的变化趋势可以分析实验材料的耐冲击性能。

3.4.4.2　扫描电子显微镜

图3.15　扫描电子显微镜

扫描电子显微镜（SEM；图3.15）是用聚焦电子束在试样表面逐点扫描成像。试样为块状或粉末颗粒，成像信号可以是二次电子、背散射电子或吸收电子，其中二次电子是最主要的成像信号。电子枪发射能量为5~35keV的电子，以其交叉斑作为电子源，经二级聚光镜及物镜缩小形成具有一定能量、一定束流强度和束斑直径的微细电子束。在扫描线圈驱动下，于试样表面按一定时间、空间顺序作栅网式扫描。聚焦电子束与试样相互作用，产生二次电子发射以及其他物理信号，二次电子发射量随试样表面形貌而变化。二次电子信号被探测器收集转换成电信号，经视频放大后输入显像管栅极，调制与入射电子束同步扫描的显像管亮度，得到反映试样表面形貌的二次电子像。电子扫描显微镜是一种多功能的仪器、具有很多优越的性能，是用途最为广泛的一种仪器。经电子扫描显微镜观测试样，可以进行如下基本分析：①三维形貌观察和分析；②在观察形貌同时，进行微区的成分分析。

利用扫描电子显微镜可以观察到比金相显微镜更精细的表面磨损形貌图，有助于进一步地对冲刷腐蚀机理进行分析。

3.4.4.3　表面轮廓测量仪

表面轮廓测量仪采用高精度激光位移传感器 ZLDS100，非接触实时监测被测物轮廓的变化数据，可应用于生产线各种规格产品的轮廓实时测量。对冲刷腐蚀后样片表面轮廓分析可以发现（图 3.16），气-固和液-固两相流的冲刷腐蚀样貌会有"V"形［图 3.16（a）］和"W"形［图 3.16（b）］的区别。

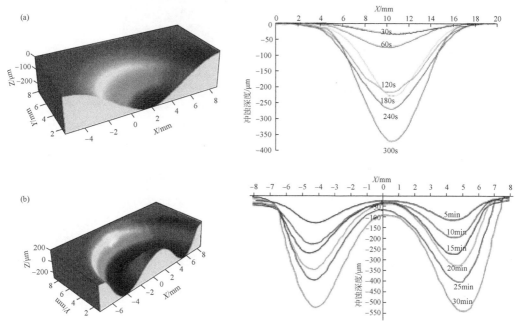

图 3.16　"V"形轮廓图（据 Nguyen *et al.*，2014b）（a）及"W"形轮廓图
（据 Nguyen *et al.*，2014a）（b）

3.4.4.4　X 射线衍射仪

X 射线波长和晶体内部原子面之间的间距相近，晶体可以作为 X 射线的空间衍射光栅，即一束 X 射线照射到物体上时，受到物体中原子的散射，每个原子都产生散射波，这些波互相干涉，结果就产生衍射。衍射波叠加的结果使射线的强度在某些方向上加强，在其他方向上减弱。分析衍射结果，便可获得晶体结构。当待测晶体与入射束呈不同角度时，那些满足布拉格衍射的晶面就会被检测出来，体现在 X 射线衍射仪（XRD）图谱上就是具有不同的衍射强度的衍射峰（马礼敦，2003；图 3.17）。

3.4.4.5　能谱仪

能谱仪（EDS）是用来分析材料微区成分元素种类与含量，配合扫描电子显微镜与透射电子显微镜使用。当 X 射线光子进入检测器后，在 Si（Li）晶体内激发出一定数目的电子空穴对。产生一个空穴对的最低平均能量（ε）是一定的（在低温下平均为 3.8eV），而由一个 X 射线光子造成的空穴对的数目为 $N=\Delta E/\varepsilon$。因此，入射 X 射线光子的能量越高，

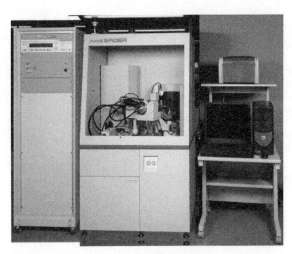

图 3.17　X 射线衍射仪

N 就越大。利用加在晶体两端的偏压收集电子空穴对，经过前置放大器转换成电流脉冲，电流脉冲的高度取决于 N 的大小。电流脉冲经过主放大器转换成电压脉冲进入多道脉冲高度分析器，脉冲高度分析器按高度把脉冲分类进行计数，这样就可以描出一张 X 射线按能量大小分布的图谱（工业和信息化部电子第五研究所组，2015）。图 3.18 为实验中 316L 不锈钢加涂层冲刷腐蚀后的元素能谱分析图，可以清楚地看到各个元素的峰值高低及含量多少，将冲刷腐蚀前后的能谱峰值进行对比分析就可得到各元素变化量（方信贤，2011）。

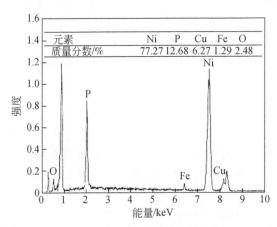

图 3.18　316L 不锈钢镀层能谱图（据方信贤，2011）

3.5　管道缺陷检测技术

　　长输油气管道在国民经济发展中起着重要的作用，同时又常有安全事故发生。近年来随着管道运营时间增长，条件复杂恶劣，管道因腐蚀、老化、裂纹、自然泄漏等原因导致的泄漏事件逐渐成为管道安全检测领域的主要问题（郭世旭，2015）。

3.5.1　管道外检测

　　管道外检测技术主要是检测管道外防腐涂层是否完整及管体外腐蚀情况（图 3.19）。管道外检测就是在管道外部对管道的腐蚀和防腐系统状况进行检测和评价。根据是否需要与管体直接接触，管道外检测技术又可分为开挖检测和不开挖检测。不开挖检测包括管道外防腐涂层检测和管道阴极保护检测。其中，外防腐层检测技术是油气输送管道外检测技术中发展最成熟的，已有很多检测方法；管道阴极保护检测技术现在仍多采用传统管地电位测试。开挖检测技术是在管道的历史检测数据和考虑管道的风险因素及危害程度的基础上，对管道最危险管段进行挖掘检测。通常所说油气输送管道外部检测主要是指不开挖检测（王红波，2014）。

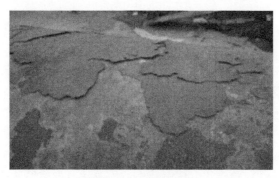

图 3.19　管道外腐蚀

　　目前，实际工程中使用最多的油气输送管道外检测手段：标准管地电位法、密间距测量（close interval survey，CIS）法、密间距电位测量（close interval potential survey，CIPS）法、交流电位梯度（alternating current voltage gradient，ACVG）法、直流电位梯度（direct current voltage gradient，DCVG）法、皮尔逊法（PS）、多频管中电流（pipeline current mapper，PCM）法、交流电流衰减（AC current attenuation，ACCA）法等。以上管道外部检测方法都有其侧重点和适用范围。国外检测部门曾对常见的几种管道外检测方法做了实验对比，发现：ACVG 法和 DCVG 法的检测结果相似，对单一防腐层破损点能够很好定位；电流衰减 C 型扫描显示（C-SCAN）和 PCM 法对防腐层破坏不严重的地方检测最为快捷。实际外检测工程中，通常会结合使用两种或者多种方法，保证检查结果的准确性。结合 ACCA 法与 ACVG 法，以及 CIPS 法与 DCVG 法，在工程应用中非常普遍。国外部分管道外检测技术已在实际工程中得到普遍应用，技术水平非常成熟，并在此基础上形成了外腐蚀直接评价（external corrosion direct assessment，ECDA）方法。为了验证 ECDA 方法的有效性，国外的管道研究机构将同一管道高分辨率的漏磁检测及现场开挖检测结果与使用 ECDA 方法得出结果进行了对比分析，结果发现，ECDA 方法与另外两种检测结果基本相同，验证了其有效性。近年来，一些研究机构已开始结合使用地理信息系统（geographic information system，GIS）与 ECDA 方法，取得了一定成果。我国自 20 世纪 80 年代中期开始使用管道外检测技术，由于自主研发时间周期较长，国外的管道外检测技术又已经成熟,于是我国通过世界银行贷款及进口国外的管道外检测技术和设备的方法,大力发展我国的管道外检测技术。到目前为止,我国油气输送管道的涂层检测已广泛使用管道外检测技术,并且在管道外检测技术上达到先进发达国家水平。然而,由于我国油气输送管道外检测技术发展时间短,在损伤准确定位、合理检测方面尚有差距。在 ECDA 技术方面,由于我国油气输送管道具有一定特殊性,在向国外学习和借鉴外,还要探索适合我国管道特点的 ECDA 技术,目前,已取得了一定成果。自 2006 年开始,我国使用 ECDA 技术对西气东输管道、秦铁线管道、京陕线管道、长郑兰线管道、兰宁涩管道、西部管道、忠武线管道等总长超过 2 万 km 的油气输送管道进行了管道外部评价,取得了显著成果。

目前,虽然管道外检测技术已经非常成熟,但仍需要不断完善和发展。尤其是我国与国外仍有一些差距,需要更多的管道检测研究机构继续研发适合我国管道特点的检测与评价方法,建立自己的管道外部检测评价体系。

3.5.2　管道内检测

管道内检测(图 3.20)是指不对管道运行产生影响的情况下,通过装有无损检测设备以及数据采集、传输、处理和存储系统的智能移动机械或清管器,检测油气输送管道内部的腐蚀、变形及焊缝裂纹等管道的损伤缺陷。目前,工程上使用最多内检测方法有:激光检测法、涡流检测法、电势检测法、漏磁通过检测(magnetic fluxleakage testing, MFL)法、电磁超声(electromagnetic acoustic, EMA)检测法、电磁超声换能器(electromagnetic acoustic transducer, EMAT)检测法、压电超声波检测法及超声导波检测法等。

国外一些发达国家对油气输送管道的内检测技术非常重视。自 20 世纪 60 年代至今,英国、加拿大、美国、德国等发达国家已投入了数十亿美元对管道检测技术进行研究,成果显著。到目前为止,已经研制出超声法、漏滋法、电磁超声法、涡流法等不同原理的智能管道检测装置达 30 多种。国外一些发达国家普遍采用第二代漏磁检测方法及超声波管道检测方法对管道进行内检测。美国 Tuboscopc GE PII、加拿大 Corrpro、德国 Pipetronix、英国 British Gas 公司在管道内检测方面都有很大成果,其生产的检测器已基本上达到了系列化和多样化。美国管道数据采集与监视控制(supervisory control and data acquisition, SCADA)系统也初步达到专业和智能化水平,可以自动检测管线泄漏并确定泄漏位置。结合 GIS 可以将管道沿线地质、地貌、水文、气象、人文环境等信息纳入其中。

图 3.20　管道内检测

　　管道内检测对技术水平要求高。我国发展管道内检测技术时间短，并且很多内检测技术被英、美等发达国家少数公司垄断。此外，管道内检测设备的价格较为昂贵，并且对操作设备人员技术水平要求较高，所以虽然目前国内一些管道公司引进了管道内检测设备，但由于未形成系列化，应用效果并不理想。到目前为止，我国的漏磁检测技术已经达到发达国家水平，漏磁检测技术主要成果有：何辅云和孙明如（1999）研制了承压铁磁性管道高速检测系统，检测速度为 25~45m/min，灵敏度达到壁厚 5%；西气东输二线甘肃灵台段管道运用直径 1219mm 的高清漏磁检测器成功完成管道检测，意味着我国在漏磁检测方面达到世界先进水平，能够对管道的径向、轴向和周向 3 个方向进行同时检测，实现了管道内部全方位检测；陶瓷探头耐磨划片技术出现，使得管道检测器探头耐磨强度不再成为限制管道检测的难题。2013 年，中国石油管道局在漏磁检测器方面取得重大突破，自主研发出直径 711mm、1016mm 的三轴高清漏磁检测器在西南油气田、西气东输管道的试验检测中取得成功。但在其他管道内检测技术领域，我国与发达国家差距还很大。总之，目前我国除漏磁检测技术外，其他内检测技术还处于较低水平。

第4章 多相流流动电化学测量方法

在多相流输运系统广泛存在的石油化工、水力资源开发等领域中，存在着严重的管壁金属材料腐蚀失效问题。随着对多相流系统材料失效问题研究的深入，人们逐渐意识到它不同于一般的单相介质环境中的腐蚀行为，多相流动系统因存在相与相之间的交互影响，输运工质自身的化学性质和相对于壁面材料表现出来的运动状态都极大地增加了其腐蚀损耗的复杂性与严重性。电化学测量是针对金属腐蚀行为测量的一种传统手段，也是得以广泛应用的一类测量方法。

本章将对多相流流动中的电化学测量方法进行理论陈述与实验分析。包括对电化学分析中的基本系统概念和经典支撑理论进行介绍，并侧重于对常用的几种测量手段（电化学阻抗谱、极化曲线、电化学噪声等）的使用方法和测量原理进行阐述。熟练掌握这些内容，就具备了一定的在多相流动系统中运用电化学知识进行现象分析的能力。

4.1 电化学测量基础

4.1.1 多相流流动电化学测量基本概念

将电化学测量方法应用于多相流领域，需要先对电化学本身有基本的认知。电化学是研究化学载流子运动规律的一门学科，而载流子（电流的载体），可以是离子、电子，也可以是电子流失后的空穴。此处所说的电化学测量，是指利用载流子运动规律而开展的针对测试对象电化学特性的测量（胡会利和李宁，2007）。

电化学作为一学科门类，有着自成一家的理论基石和框架。因此在方法应用之前，需要对一些特有的专业名词及术语进行一定的说明。通过了解这些基本概念和原理，能帮助读者厘清这一"电化学"分析手段在多相流动系统中得以应用的依据和出发点。

相与电极：不同领域对"相"一词有着不同的解释，多相流中的"相"与电化学测量系统中"相"有着显著差异。一般可以粗略地认为，一个系统中物理化学性质完全相同的部分是一"相"（张鉴清，2010）。但在电化学体系中常有如"离子导体相"和"电子导体相"出现，它们可以由不同性质的材料（导体）组成，而上述两类"相"的命名，依据的是其中载流子类型。"电极"在电化学领域中也有其约定俗成的内涵，它可作为一种导体材料出现，如铂电极、石墨电极，也可能指代一个反应或一个"独立"的系统，如最为典型的"参比电极"（在4.1.3节中详细介绍）。虽然对电化学系统中的相和电极很多时候没有统一的定义，但区分相与相，电极与其他组件的内核是确定的。

电极系统、电极反应：如果一个系统由两个"相"组成（图4.1），其中一个为电子导体相（石墨-导线-锌块），而另一个为离子导体相（硫酸铜溶液）。当有得失电子的化学反应发生时，这个系统将有电荷（电子）从一个相通过相界面转移到另一个相。这种在两类导体界面（"相"界面）之间发生的伴随电荷转移的化学反应就被称为电极反应，而这个系统，称为电极系统。

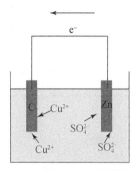

正极：$Cu^{2+}+2e^-{\rightarrow}Cu$
负极：$Zn-2e^-{\rightarrow}Zn^{2+}$
电子导体相——石墨、锌、导线
离子导体相——$CuSO_4$溶液

图 4.1　金属锌和在硫酸铜溶液中的原电池系统

电极电位：电极电位是实物相之间电位差的一个特例。借引真空中点电荷的电位定义，将电极电位（以金属电极为例）分为内电位和外电位。其中外电位指将单位正电荷自无穷远移向金属表面所做的功，用 ψ 表示；但电荷要进入金属内部还需克服表面偶极子层做功，引入表面电位，用符号 χ 表示，可以得到

$$\phi = \psi + \chi \tag{4.1}$$

式中，ϕ 为金属的内电位。需要指出的是，电位是一种电化学状态量，它虽然在一定程度上映射着电极材料的活泼程度，但单一的电极电位信息并不具备反映电化学反应特性的能力，具备这项能力的是电位差，差值越大意味着电化学反应动力愈足。因此在电化学测试过程中更关注的是电位差，这在后续章节中会有体现。

双电层：当两导体相相互接触时，如两相中的荷电粒子具有不同的电化学位，荷电粒子就会在两相间发生转移或交换，界面两侧便形成符号相反的两层电荷，这个电荷层便被称为双电层。从结构上可以分成离子双电层、表面偶极子双电层和吸附双电层等 3 种类型，但对电化学反应影响最大的是离子双电层。

另外，在电化学测量过程中需要保证整个体系的电中性。氧化还原反应两个（或更多）半反应向相反的方向进行（氧化↔还原）。反应过程中涉及化学能与电能的转换过程，反应过程为化学能转化为电能时，该系统称为**电池系统**；当系统电能转化为化学能时，称为**电解系统**。

介绍完上述基本概念后，不难发现带电粒子（载流子）是关键核心，电化学关注的也就是带电粒子的运动或转变过程。当多相流流动系统中存在带电粒子（载流子）的生成、运动过程，则其与电化学就有着必然的联系，也就可以通过电化学的手段，对这一过程进行解析。金属材料的腐蚀行为本质是电化学反应，在多相流流动系统中广泛存在的腐蚀问题也就必然可以借助电化学手段进行分析。实践证明，诸多电化学检测手段在多相流流动介质中有着很好的应用前景，立足电化学方法对多相流动介质中的腐蚀行为分析也是当下一个独特的应用研究领域。

4.1.2　电化学测量思路

　　将电化学测量思路比拟于对一黑箱内物体性质的测试，可以方便我们对其应用模式的理解。常用的方法是通过给予一定外部扰动，根据产生的响应信号判断黑箱内的"未知"具备何种特性（图4.2）。在电化学测量过程中，这种由外界给予的扰动往往通过施加电信号（电流或电势）的方式进行。在施加信号扰动之后，通过接收测试对象在该信号下产生的响应并对关联信号进行分析，理论上便能得到测试对象的部分电化学相关性质。

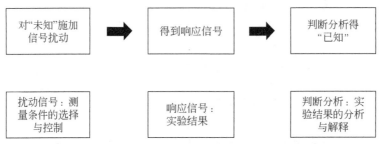

图4.2　电化学测量思路

　　外加信号测试思路的优势在于其稳定性，但难免对真实的测试体系有一定的干扰。在教材的后续内容中，还会介绍一些无需施加干扰信号的电化学测量方法。它们通过监测系统自身产生的特征信号来实现测量，那将是原位无损无干扰的数据测量，当然也更为完整地反映了自然状态下"黑箱"物体表现的特性，但数据往往冗杂，如何筛去无关信息是这一类原位检测方法的难点。

　　此外，电化学测量除了根据测量思路进行区别外，还可以根据不同的理论基础或应用模式进行分类。如：

　　（1）针对电化学体系自身反应性质测量：主要基于 Nerst 方程、pH-电势、法拉第定律等电化学基本理论；

　　（2）单纯依靠电极电势、极化电流的控制和响应分析，从而研究电极过程的反应机理和动力学参数；

　　（3）在电极电势、极化电流的控制和测量的同时，结合光谱技术、扫描探针等其他测量方法进行配合测量。

4.1.3　三电极测量体系

　　三电极系统是一种经典且实用的电化学测量体系。所谓三电极，即工作电极（WE）、参比电极（RE）和对电极（counter electrode，CE；或辅助电极），这3个电极在按照如图4.3所示连接后形成两个回路，左侧为测量回路（无极化电流通过）、右侧为极化电路（有极化电流流过）。通过三电极测试体系，既可以对研究电极的电极电势进行控制，进而研究电极界面上通过的极化电流；也可以反过来控制电流信号研究电势变化规律。可见，三电极系统很好地满足了对电流和电势的控制和测量。

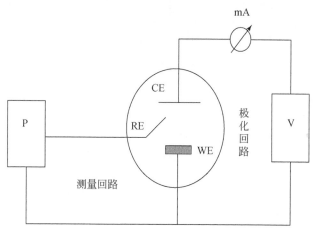

图 4.3　三电极测量体系原理

WE. 工作电极，实验研究对象；RE. 参比电极，电极电势的比较标准；CE. 对电极（或辅助电极），通过极化电流；
极化回路：有极化电流通过，可以对极化电流进行测量和控制；测量回路：对研究电极的电势进行测量和控制，
只有极小的测量电流，不会对研究电极的极化状态、参比电极的稳定性造成干扰

　　虽然三电极体系具有较高的测量精度，但实际测量的误差必不可免。误差主要来源于参比电极管口至研究电极表面之间的溶液电阻，即在极化回路中产生的电压降，也被称为溶液欧姆降。为保证更好的测量效果，必须消除或降低溶液欧姆压降及其带来的影响，主要方法（张鉴清，2010）有①加入支持电解质，改善溶液的导电性；②使用鲁金毛细管；③控制电流极化时，采用桥式补偿电路进行补偿；④恒电位仪正反馈补偿。

　　鲁金毛细管：将参比电极溶液端玻璃管拉成的毛细管。测试中使之尽量靠近工作电极，从而使得参比电极的测量回路中几乎没有电流通过，降低溶液欧姆压降。

　　工作电极：在腐蚀体系中，电化学检测所使用的工作电极多为目标金属材料，测量结果所反映的亦为工作电极材料所具备的电化学特性。

　　参比电极：参比电极作为测量系统的电位参考（表 4.1），对测量准确性起着至关重要的作用，甚至决定着测量是否成功。在理论上，参比电极的使用应具备如下条件：

　　（1）参比电极电极过程可逆（实验中电极液浓度不变，电位参数不变）；

　　（2）控制流经参比电极的电流密度十分小，小于 10^{-7} A/cm^2；

　　（3）电极自身具有好的恢复特性（当断电或温度恢复原值后，电势应很快恢复原值，不发生滞后）；

　　（4）良好的稳定性（化学温度性好，温度系数小）；

　　（5）恒电位测量中要求低内阻，响应速度快。

　　除此之外，在使用参比电极时也应注意对电极的保护，必须针对不同的测量环境选择合适的参比电极。测量过程中参比电极溶液不能与测试环境介质发生化学反应而对测结果造成影响。为避免测试溶液与电极溶液间的相互污染，还应尽量控制测试溶液环境与电极溶液离子相同。

表 4.1　常用参比电极使用参数参考表

电极种类	界面反应式	适用条件	相较标准氢电极电位（参考）/V
饱和甘汞电极	$Hg_2Cl_2+2e^-\leftrightarrow 2Hg+2Cl^-$	中性体系，<70℃	0.242
汞–硫酸亚汞电极	$Hg_2SO_4+2e^-\leftrightarrow 2Hg+SO_4^{2-}$	酸性体系，<40℃	0.65
汞–氧化汞电极	$HgO+H_2O+2e^-\leftrightarrow Hg+2OH^-$	碱性体系，较稳定	0.14
银–氯化银电极	$AgCl+e^-\leftrightarrow Ag+Cl^-$	中性体系	0.199

对电极：对电极在三电极测量体系中作用在于提供极化电流的通路，为了避免电极自身对电流信号的干扰，电极材料应选择惰性材料（铂、石墨），同时要求电极面积大于工作电极以保证研究电极表面电位分布均匀。通常而言，铂片电极因其良好的惰性（稳定性）适用于绝大多数测试体系，而石墨电极在使用时应确保实验环境与石墨自身的适应性，充分考虑石墨自身吸附性和在含有机物介质溶液中的稳定性。

4.1.4　稳态法和暂态法

稳态和暂态是两个相对的概念，它们描述的是一个电化学系统所处的状态。从暂态到稳态是逐渐过渡的，在电极过程刚开始的一段时间内，被研究对象的电化学系统参量（如电流、浓度、电极表面状态）会不断随时间变化，这样的状态称为暂态；但在不加外部扰动情况下，经过一段时间后，系统参量往往不再随时间变化（变化甚微或基本上可以认为不变，稳态），因此划分标准是被测体系中的参量变化是否显著。稳态扩散：$dt/dt=0$，$dC/dt=$常数；暂态扩散：$dC/dt\neq0$，$dC/dt\neq$常数。

绝对稳态是不存在的，在实际测量中时常采用准稳态来代替稳态前提。衡量的标准是开路电位信号的稳定性，当电极表面开路电位变化趋势充分稳定（电位变化率小于 0.1mV/s，或根据经验判断曲线趋势是否已经达到要求）。

4.2　电阻抗谱方法测量方法

4.2.1　电化学阻抗谱概述

电化学阻抗谱（EIS）在早期的电化学文献中称为交流阻抗（AC impedance）。阻抗测量原本是电学中研究线性电路网络频率响应特性的一种方法，引用到研究电极过程中，成为电化学研究的一种实验方法（曹楚南和张鉴清，2002）。

电化学阻抗在测量时，需要向电化学系统施加一个频率不同的小振幅交流信号（电势或电流），检测交流信号电压与电流的比值（阻抗或导纳）、信号的相位角 φ 及复函数模值等随 ω 的变化，进而分析电极过程动力学、双电层特性和电极界面扩散等行为。可以看出，这是一种检测不同频率条件下的材料信号响应的测试方法，故可认为在测试过程中，阻抗及是研究对象关于电信号的一种频响函数（其表达式在 4.2.3 节中进行详细讨论），通过它可以进行电极材料、固体电解质、导电高分子及腐蚀防护等领域的研究。

4.2.2　阻抗与阻抗复平面图

所谓阻抗，可以类比于直流测试中的电阻，同样是电压和电流的比值关系。如一电流信号 $f(\omega)$ 为角频率为 ω 的正弦波信号，$g(\omega)$ 同为角频率为 ω 的电势信号，则定义阻抗为

$$Z = \frac{g(\omega)}{f(\omega)} \tag{4.2}$$

可以看出，阻抗也表征着对电流的阻碍作用。当然，如同电导，在交流电中也有对应的以阻抗的倒数（阻纳：$Y = 1/Z$）命名的电学概念，称为导纳。阻抗是一个随频率变化的矢量，通常用角频率的复变函数表达：

$$Z(\omega) = Z'(\omega) + jZ''(\omega) \tag{4.3}$$

式中，$j = \sqrt{-1}$;

$$Z'(\omega) = \frac{-\omega R^2 C}{1 + (\omega RC)^2} \tag{4.4}$$

$$Z''(\omega) = \frac{R}{1 + (\omega RC)^2} \tag{4.5}$$

同时引入阻抗模值：

$$|Z| = \sqrt{(Z')^2 + (Z'')^2} \tag{4.6}$$

相位角：

$$\tan\varphi = \frac{-Z''}{Z} \tag{4.7}$$

将阻抗复函数在复平面图中绘制出来，便得到了 Nyquist 图 [图 4.4（a）]；将不同频率下对应的相位角和阻抗模值信息绘制于同一图中，即得到了 Bode 图 [图 4.4（b）]。

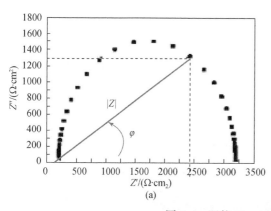
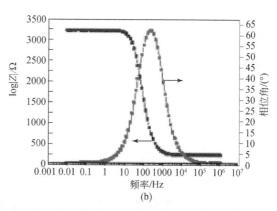

图 4.4　阻抗 Nyquist 图（a）及 Bode 图（b）

通过分析 Nyquist 图和 Bode 图，可以获得研究对象界面反应的电阻抗特性，对这两幅图的测量与分析也是电化学阻抗谱测量方法的核心内容。

4.2.3　电化学阻抗谱测量条件

电化学阻抗作为一种无损测量方法，其施加信号扰动小，这使得测量时对象的界面状态对检测的可靠性极为重要。要进行电化学阻抗测试，系统必须满足因果性、线性及稳定性条件。

（1）**因果性条件**：要保证检测到的输出响应信号只是由输入的扰动信号引起。

（2）**线性条件**：输出响应信号应与输入扰动信号之间存在线性关系。一般可以认为当采用小幅度（电势或电流）扰动信号进行测量时，电势和电流之间即可以近似看作呈线性关系。

（3）**稳定性关系**：扰动不会引起系统内部结构发生变化，当扰动信号停止后，系统能够恢复到原先的状态。当扰动幅度小、作用时间短，扰动停止后，系统也能够恢复到离原先状态不远的状态，则可以近似认为满足稳定性条件。

为检测系统是否满足以上 3 个条件，引入 K-K 测试，即 Kramers-Kronig 转换。对于一个随频率变化的物理量，在数学上应满足 Kramers-Kronig 转换关系，具体如下：

设有

$$P(\omega) = P'(\omega) + jP''(\omega) \tag{4.8}$$

则其实部、虚部满足：

$$P'(\omega) - P'(0) = -\frac{2\omega}{\pi} \int_0^m \frac{\dfrac{\omega}{x} P'(\omega) - P'(\omega)}{x^2 - \omega^2} dx \tag{4.9}$$

$$P'(\omega) - P'(\infty) = -\frac{2\omega}{\pi} \int_0^\infty \frac{x P'(\omega) - \omega P'(\omega)}{x^2 - \omega^2} dx \tag{4.10}$$

$$P''(\omega) = -\frac{2\omega}{\pi} \int_0^\infty \frac{P'(\omega) - P'(\omega)}{x^2 - \omega^2} dx \tag{4.11}$$

一般对测试结果进行 K-K 测试时，误差小于 10^{-4} 则认为测试结果满足 3 个必要测试条件。而 K-K 测试其本身还包含另一个有限性条件，即随频率变化物理量在（0，∞）频率范围内均为有限值，但实际测量过程中所选频率范围不可能取得这样一个大的测试区间，而时常默认该条件满足。K-K 测试本质是一个纯数学上的问题，是为了验证阻抗测试结果而引入的一种数学验证手段。需要注意的是，满足三个测试条件的物理量必然满足 K-K 测试，但反之不必然。

4.2.4　EIS 数据处理与解析

通过实验记录的 EIS 测点是分散的，在理论上应能通过理想的电路元件进行拟合。但想要将结果通过量化手段进行分析则需借助数学拟合方法获得连续的阻抗曲线。

就电化学阻抗谱分析而言，通常根据测量得到的 EIS 谱图，首先进行 EIS 等效电路的初步判断，随后结合一定数学方法和电化学理论，推测电极系统中包含的动力学过程及其相应机理；但如果已经建立了一个合理的数学模型或等效电路，那么就要确定数学模型中相关参数或等效电路中各元件的参数值,从而估算相关过程的动力学参数或该体系的物理参数。

在计算等效电路元件时,同样需要借助数学手段根据数据测点进行曲线拟合,而其中最为常见的是最小二成数拟合(曹楚南和张鉴清,2002),方法如下所述。

阻抗(Z)是角频率(ω)和 m 个参量 C_1,C_2,$\cdots$,C_m 的非线性复变函数:

$$Z(\omega,Z_k) = Z'(\omega,Z_k) + jZ''(\omega,Z_k), k = 1,2,\cdots,m \tag{4.12}$$

在复平面上,阻抗是一个矢量,对它进行拟合是为了进行下一步的拟合电路分析。最小二乘数拟合即是让拟合结果的计算值与实际测量值矢量差的平方取最小,于是有

$$S = \sum_{i=1}^{n} (q_i' - Z_i')^2 + \sum_{i=1}^{n} (q_i'' - Z_i'')^2 \tag{4.13}$$

式中,n 为阻抗谱测点,$n>m$。

由统计分析的原理可知,这样求得的估计值 C_1,C_2,$\cdots$,C_m 为无偏估计值,而求各参量最佳估计值的过程就是拟合过程。

在拟合数据完成后,就是通过等效电路对界面过程进行解析。等效电路法是电化学阻抗分析的主要手段,基本思路是将界面反应过程用电阻(R)、电容(C)、电感(L)等基本电学元件按串联或并联等不同方式进行组合,得到满足测试结果的等效电路,基本元件如图4.5所示。基本电学元件在复平面中的参数特征说明见表4.2。

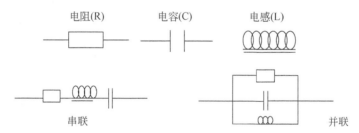

图4.5　等效电路法基本电学元件示意图

表4.2　等效电路元件复平面示意图

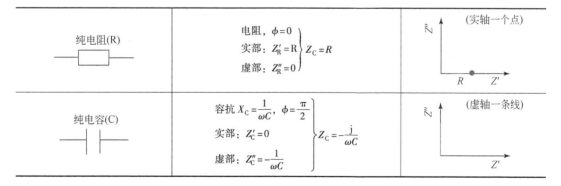

通过数据拟合,可以得到等效电路中各元件参数继而表征电极反应过程的性质。本小节将从理论层面对典型的拟合电路模型进行讨论,而在后续章节中,将会根据案例对实际测试分析结果做进一步阐述。

1. 等效电路法一般性要求

(1) 拟合电路图每个元件具有明确的物理意义，应能逐一对应于材料表面结构或界面过程。

(2) 在误差范围允许的情况下，拟合电路图应尽量简单。

(3) 同时发生的界面过程对应电路图应为并联连接，先后发生的界面过程应为串联。

2. 基本等效电路组成形式

1) 电阻和电容串联 （—▭—┤├—）

电阻（R）和电容（C）串联，阻抗为各串联元件阻抗之和，表达式：

$$Z = Z_R + Z_C = R - j\frac{1}{\omega C} \tag{4.14}$$

实部：R；虚部：$-\frac{1}{\omega C}$。

Nyquist 图和 Bode 图见图 4.6：

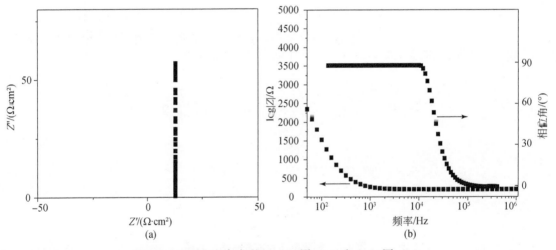

图 4.6　电阻和电容串联 Nyquist 图（a）和 Bode 图（b）

2) 电阻和电容并联 （—▭—┬—）

电阻（R）和电容（C）并联电路阻抗的倒数是合并连元件阻抗倒数之和，表达式：

$$\frac{1}{Z} = \frac{1}{Z_R} + \frac{1}{Z_C} = \frac{1}{R} + j\omega C = \frac{R}{1 + (\omega RC)^2} - j\frac{\omega R^2 C}{1 + (\omega RC)^2} \tag{4.15}$$

实部：$Z' = \frac{R}{1 + (\omega RC)^2}$；虚部：$Z'' = -j\frac{\omega R^2 C}{1 + (\omega RC)^2}$。

则有

$$\left(Z' - \frac{R}{2}\right)^2 = \left[\frac{R}{2} \cdot \frac{1 - (\omega RC)^2}{1 + (\omega RC)^2}\right]^2 \tag{4.16}$$

$$Z''^2 = \left[-j\frac{\omega R^2 C}{1 + (\omega RC)^2}\right]^2 \tag{4.17}$$

整理可得一个圆心为 $(R/2, 0)$，半径为 $R/2$ 的圆：

$$\left(Z' - \frac{R}{2}\right)^2 + Z''^2 = \left(\frac{R}{2}\right)^2 \tag{4.18}$$

Nyquist 图和 Bode 图见图 4.7：

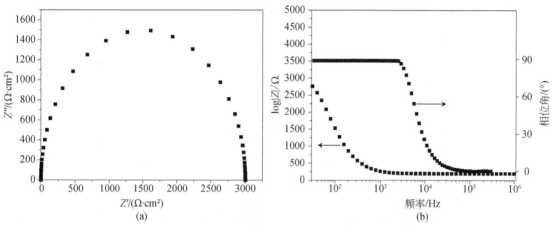

图 4.7　电阻和电容并联 Nyquist 图 (a) 和 Bode 图 (b)

3）电阻和电容串联+并联（R_{s} ▭ R_{ct} C_{d}）

电荷传递过程控制的 EIS　如果电极过程由电荷传递过程（电化学反应步骤）控制，扩散过程引起的阻抗可以忽略，则电化学系统的等效电路表达式可以简化为

$$Z = R_{\mathrm{s}} + \cfrac{1}{\mathrm{j}\omega\, C_{\mathrm{d}} + \cfrac{1}{R_{\mathrm{ct}}}} \tag{4.19}$$

式中，R_{s} 为溶液电阻；R_{ct} 为电荷转移电阻；C_{d} 为双电层电容。

整理可得

$$Z = R_{\mathrm{s}} + \frac{R_{\mathrm{ct}}}{1 + (\omega\, C_{\mathrm{d}}\, R_{\mathrm{ct}})^2} - \mathrm{j}\, \frac{\omega\, C_{\mathrm{d}}\, R_{\mathrm{ct}}^2}{1 + (\omega C_{\mathrm{d}}\, R_{\mathrm{ct}})^2} \tag{4.20}$$

进一步有

$$\left(Z' - R_{\mathrm{s}} - \frac{R_{\mathrm{ct}}}{2}\right)^2 + Z''^2 = \left(\frac{R_{\mathrm{ct}}}{2}\right)^2 \tag{4.21}$$

故而得到圆心为 $\left(R_{\mathrm{s}} + \dfrac{R_{\mathrm{ct}}}{2}, 0\right)$，半径为 $\dfrac{R_{\mathrm{ct}}}{2}$ 的圆方程

Nyquist 图和 Bode 图见图 4.8。

4）电极过程控制的 EIS

电极过程的控制步骤为电化学反应步骤时，Nyquist 图为半圆（图 4.9），据此可以判断电极过程的控制步骤。

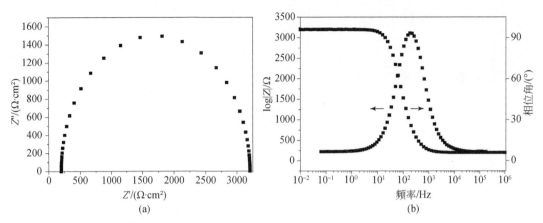

图4.8　电阻和电容串联+并联 Nyquist 图（a）和 Bode 图（b）

$$\left(Z' - \frac{R}{2} \right)^2 = \left[\frac{R}{2} \cdot \frac{1 - (\omega RC)^2}{1 + (\omega RC)^2} \right]^2 \tag{4.22}$$

$$Z''^2 = \left[-j \frac{\omega R^2 C}{1 + (\omega RC)^2} \right]^2 \tag{4.23}$$

整理可得一个圆心为（$R/2$, 0），半径为 $R/2$ 的圆：

$$\left(Z' - \frac{R}{2} \right)^2 + Z''^2 = \left(\frac{R}{2} \right)^2 \tag{4.24}$$

$$Z' = R_s + \frac{R_{ct}}{1 + (\omega C_d R_{ct})^2} \tag{4.25}$$

当 $\omega \rightarrow 0$ 时，$Z' = R_{ct} + R_s$；

当 $\omega \rightarrow \infty$ 时，$Z' = R_s$。

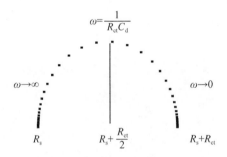

图4.9　电极过程控制过程 Nyquist 图

　　通过式（4.22）~ 式（4.25）可以发现，在测得容抗弧后通过高频区与实轴焦点（得到 R_s）、顶点即可以求出 R_{ct}，再由 R_{ct} 配合频率信号求解界面电容（C_d），从而将全部拟合电路元件所对应的数值求出。这也是求解 EIS 拟合元件参数值的一种基本思路，但随着参数模型的复杂化，这个过程的求解难度也会加大，实际结果分析中这一过程往往需要借助专业的电化学分析软件进行。

　　需要说明的是，实际的测量结果与理论值总是存在偏差。在固体电极的 EIS 测量中发现，曲线总是或多或少地偏离半圆轨迹，而表现为一段圆弧，称为"容抗弧"，这种现象称为"弥散效应"。原因一般认为同电极表面的不均匀性、电极表面的吸附层及溶液导电性有关。这种现象一定程度上反映了电极双电层偏离理想电容的性质。

另外，实际中溶液电阻除了溶液的欧姆电阻（R_s）外，还包括体系中的其他可能存在的欧姆电阻，如电极表面膜的欧姆电阻、电池隔膜的欧姆电阻、电极材料本身的欧姆电阻等。因此数据拟合时还需要注意针对环境特征对元件的数值范围做限定，以免得到不符合实际物理意义的拟合结果，如在一般的溶液体系中 R_s 应大于零。

5)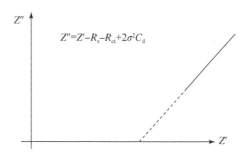

电荷传递和扩散过程混合控制的 EIS，电极过程由电荷传递和扩散过程共同控制，电化学极化和浓差极化同时存在时，其系统的等效电路及表达式可简化为

$$Z = R_s + \cfrac{1}{j\omega C + \cfrac{1}{R_{ct} + \sigma\omega^{-1/2}(1-j)}} \tag{4.26}$$

$$Z' = R_s + \frac{R_{ct} + \sigma\omega^{-1/2}}{(C_d\sigma\omega^{1/2}+1)^2 + \omega^2 C_d^2(R_{ct} + \sigma\omega^{-1/2})^2} \tag{4.27}$$

$$Z'' = R_s + \frac{\omega C_d(C_d\sigma\omega^{1/2}+1)^2 + \sigma\omega^{-1/2}(C_d\sigma\omega^{1/2}+1)}{(C_d\sigma\omega^{1/2}+1)^2 + \omega^2 C_d^2(R_{ct} + \sigma\omega^{-1/2})^2} \tag{4.28}$$

当 ω 足够低时，对应的系统的实部和虚部可简化为

$$Z' = R_s + R_{ct} + \sigma\omega^{-1/2} \tag{4.29}$$

$$Z'' = 2\sigma^2 C_d + \sigma\omega^{-1/2} \tag{4.30}$$

进一步有（图 4.10）

$$Z'' = Z' - R_s - R_{ct} + 2\sigma^2 C_d \text{（斜率为 1 的一次函数）} \tag{4.31}$$

图 4.10 电荷传递和扩散过程混合控制下低频段 Nyquist 图

当 ω 足够高时，系统阻抗可简化为

$$Z = R_s + \cfrac{1}{j\omega C + \cfrac{1}{R_{ct}}} \text{（忽略含有 } \omega^{-1/2} \text{ 相）} \tag{4.32}$$

此时可类比电荷传递过程控制时等效电路阻抗，Nyquist 图为半圆（图 4.11）。高频区为电极反应动力学（电荷传递过程）控制，低频区由电极反应的反应物或产物的扩散控

制。综上可知，体系 R_s、R_{ct}、C_d，以及参数 σ 与扩散系数有关，利用它可以估算扩散系数 （D）。由 R_{ct} 可计算 i_o 和 k_o（通过法拉第定律）。

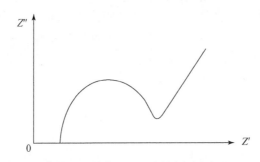

图 4.11　电荷传递和扩散过程混合控制下高频段 Nyquist 图

EIS 测量一般过程：

（1）选择机理信号范围，对目标系统进行 EIS 测量；

（2）观察测量结果，结合电化学相关知识估计系统中可能存在的等效电学元件，提出等效电路模型；

（3）通过专业 EIS 分析软件对测试结果进行等效模型的电路拟合，并通过拟合度来考察拟合结果，如拟合度较好，则模型很可能是正确的；

（4）最后利用电化学分析软件进行拟合并求解，可得到体系 R_s、R_{ct}、C_d 及其他参数，再结合电化学知识赋予这些等效电路元件以实际的物理意义，并计算动力学参数。

值得注意的是，EIS 测量结果和等效电路之间不存在唯一对应关系，同一个 EIS 往往可以用多个等效电路来很好的拟合。具体选择哪一种等效电路，要考虑等效电路在被侧体系中是否有明确的物理意义，能否合理解释物理过程。

另外，实际测量的 EIS 曲线往往在形式上更加复杂多样，在等效电路拟合时要考虑的元件也更为复杂。出于对体系解析的考虑，建议在进行等效电路拟合时参考更多相关的文献资料做作为参考。

4.3　静态腐蚀测量与表征

研究静态条件下的材料腐蚀行为是为了给流动条件下的腐蚀现象做好铺垫。4.1、4.2 节中对电化学的一些基本概念，测量方法原理和分类有了较详细的介绍，也详细阐述了稳态测量方法中的电化学阻抗谱的使用和分析方法。从本节开始，将侧重于测量方法的实际测量流程和结果分析，并将补充介绍动电位极化曲线、莫特-肖特基（Mott-Schottky，M-S）曲线、电化学噪声等方法在金属腐蚀测量中的分析和应用。

4.3.1　静态腐蚀电化学测量与表征

动电位极化曲线：极化曲线是表征电极反应过程中外测电流密度和电极电位之间关

系的曲线（图 4.12）。对于整个电解池而言，电极上同时发生了两种电极反应——金属材料的阳极溶解反应及去极化剂的阴极还原反应，它们分别对应着极化曲线中阳极曲线和阴极曲线。

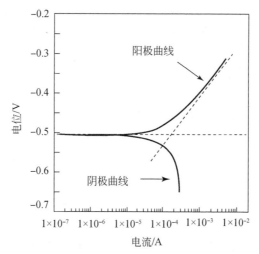

图 4.12　动电位扫描下阴、阳极极化曲线测试结果

假设发生在金属表面反应的阳极和阴极过程均由电荷转移动力学控制（这是腐蚀反应的通常情况），反应将遵循等式：

$$I = I_0\ \mathrm{e}^{\left(\frac{2.3(E-E_0)}{\beta}\right)} \tag{4.33}$$

式中，I 为反应电流；I_0 为交换电流；E 为电极电位；E_0 为平衡电位；β 为 Tafel 常数，V。在腐蚀系统中，发生正逆反应——腐蚀系统中阳极和阴极反应的 Tafel 方程可结合成 Butler-Volmer 方程得到外测电流与腐蚀电流关系：

$$I = I_a - I_c = I_{corr}\left[\ \mathrm{e}^{\frac{2.3(E-E_{oc})}{\beta_a}} - \mathrm{e}^{\frac{-2.3(E-E_{oc})}{\beta_c}}\right] \tag{4.34}$$

式中，I 为外测电流；I_a 为阳极电流；I_c 为阴极电流；I_{corr} 为腐蚀电流；E 为电极电位；E_{oc} 为腐蚀电位；β_a 为阳极 Tafel 斜率；β_c 为阴极 Tafel 斜率。从式（4.34）可以得到外侧电流为阳极电流与阴极电流之差，且与腐蚀电流之间存在定量的转换关系。

将式（4.34）中的指数用幂级数展开项的前两项近似替代并简化，可以得到 Stern-Geary 公式：

$$I_{corr} = \frac{\beta_a \beta_c}{2.3R_p(\beta_a + \beta_c)} \tag{4.35}$$

通过式（4.35）进一步求得腐蚀速率计算公式：

$$腐蚀速率 = \frac{A \times I_{corr}}{n \times F \times \rho} \times 87600 \tag{4.36}$$

式中，A 为测试面积；I_{corr} 为自腐蚀电流密度，A/cm^2；n 为电化学反应过程中转移的电子量；F 为法拉第常数；ρ 为金属密度，g/cm^3。

阳极曲线代表着金属材料阳极溶解反映特性，图 4.13 为一阳极曲线示例，实际样品极化曲线未必包括图中所示趋势。但随着电势信号的增大，在一定范围内电流信号相应会表现出部分区域特征。

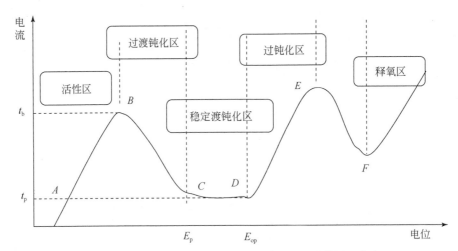

图 4.13　金属阳极极化曲线不同区域变化特征图（据吴荫顺和曹备，2007）

图 4.13 为金属阳极极化曲线不同区域变化特征图。从 A 点开始，随着电位向正方向移动，电流密度也随之增加，电势超过 B 点后，电流密度随电势增加迅速减至最小，这是因为在金属表面生成了一层电阻高，耐腐蚀的钝化膜。B 点对应的电势称为临界钝化电势，对应的电流称为临界钝化电流。电势到达 C 点以后，随着电势的继续增加，电流却保持在一个基本不变的很小数值上，该电流称为维钝电流，直到电势升到 D 点，电流才有随着电势的上升而增大，表示阳极又发生了氧化过程，可能是高价金属离子产生也可能是水分子放电析出氢气，DE 段称为过钝化区。图 4.14 阴极极化曲线 $E_{corr}GQBB'$ 是由实验测得的（吴荫顺和曹备，2007），曲线由 3 个部分组成 $E_{corr}B$、BT 和 TB'。由图 4.14 可知，随着外加负电流逐渐增大，金属的极化电位也不断地负移。

当外加阴极极化电流能够使金属的电极电位负移至阳极反应的平衡电位（E_{ea}）时，即外加电流等于阴极电流时金属的腐蚀速率就为零。而当进入 TB' 段后，将发生析氢反应（文丽娟，2014）。

Mott-Schottky（M-S）曲线：该曲线主要是为了测定材料表面钝化膜的半导体性质。当钝化膜浸于电解液时，半导体钝化膜空间电荷处于耗尽状态（从空间电荷区适量取出多数载流子，并且少数载流子不存在的状态）时，空间电荷电容（space charge capacitance，C_{sc}）与测量的电位（measured voltage，V_m）存在如下的线性关系（Morrison，1980）：

N 型半导体：
$$\frac{1}{C^2} = \frac{2}{\varepsilon\varepsilon_0 eN_d}\Big(E - E_{fb} - \frac{K_B T}{e}\Big) \tag{4.37}$$

P 型半导体：
$$\frac{1}{C^2} = \frac{2}{\varepsilon\varepsilon_0 eN_a}\Big(E - E_{fb} - \frac{K_B T}{e}\Big) \tag{4.38}$$

式中，E_{fb} 为平带电位（flat band potential）；N_d、N_a 分别为施主（donor，仅适用于 N 型半导体）、受主（accepter，仅适用于 P 型半导体）载流子浓度；K_B 为 Boltzmann 常数；ε 代

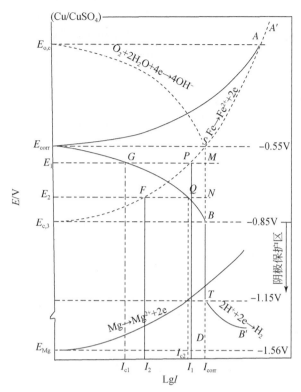

图 4.14　阴极极化曲线不同区域变化特征图（据吴荫顺和曹备，2007）

表介电常数钝化膜；ε_0 为自由空间介电常数，$\varepsilon_0 = 8.854 \times 10^{-16}$ F/cm；T 为开尔文温度；e 为电子电荷。

　　至此，在理论上已将两种在腐蚀电化学测量中常用的方法（EIS 和极化曲线）做了较详细的介绍。对于这两种方法：一种能将腐蚀过程中复杂的界面过程，用等效电路元件的形式进行描述，帮助理解腐蚀过程中的微观过程和不同结构作用机理，且测量过程中不会对材料本身造成影响，是很好的腐蚀机理分析工具（EIS）；另一种方法则反映了诸多腐蚀动力学相关参数，能将腐蚀损失量化，提供了如开路电位、点蚀电位、腐蚀电流密度等关键参数，对理论研究和材料应用都有很高的价值（极化曲线）。

　　与此同时，也介绍了一种用于表征金属表面钝化膜性质的测试方法。后将结合实际测量案例对方法的测试结果做更多的分析比较。

4.3.2　静态腐蚀实验案例分析

4.3.2.1　316L 不锈钢高温静态腐蚀实验

（1）**实验安排**。温度条件：150℃、175℃、200℃、225℃、250℃；实验材料：316L 不锈钢；实验时长：48h；溶液环境：纯水。

（2）**高温腐蚀实验**(李琳，2020)。实验前，使用纯水机配置实验所需的纯水配置溶液。同时，清洗高压釜加热炉的炉壁，用棉球将水擦干后用酒精再擦拭一遍，避免釜内有杂质及残余溶液，等加热炉的壁面干后再将配置好的溶液倒入高压釜中。将高压釜盖盖上并用螺母拧紧密封。最后调节控制箱设定釜内温度并启动开关。运行至104℃左右时打开放气阀放气5min，将釜内氧气排放掉，关闭放气阀继续加热到设定温度。实验结束后，关闭加热开关，等到釜内温度降至室温后再打开高压釜。将样品取出放入无水乙醇中清洗，再将其放入真空干燥箱去除水分，最后放入真空袋封存备用（图4.15）。

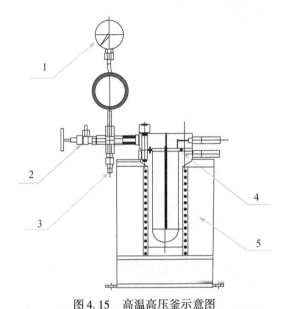

图 4.15　高温高压釜示意图
1. 压力传感器；2. 针阀；3. 爆破阀；4. 垫环；5. 加热炉

（3）**电化学实验**。使用三电极测量装置，316L不锈钢作为工作电极，工作面积为 1cm^2，其余部分用环氧树脂封上。饱和甘汞电极作为参比电极，铂片（尺寸：15mm× 15mm×0.5mm）作为辅助电极。

①电化学阻抗谱（EIS）。本实验中，选取质量分数为3.5wt%的NaCl溶液作为电解液。先将被测样品放于电解池内静置30min，然后测量其开路电位（open circuit potential，OCP）。设置电阻抗频率测量范围为0.01~10000Hz，从高频区向低频区扫描，交流激励信号幅值为10mV。使用NOVA 2.0软件对阻抗图进行等效电路拟合，得到对应电路中各部分阻值。

②动电位极化曲线。本次测试设定扫描速率为1mV/s，扫描范围为-0.1~0.3V（OCP）。使用NOVA 2.0对极化曲线进行数据处理，得到自腐蚀电位和点蚀电位，并通过拟合手段得到腐蚀电流，通过式（4.36）可算出年腐蚀速率。

（4）**实验结果分析**。图4.16给出了316L不锈钢在不同温度纯水中高温腐蚀的电化学阻抗谱（EIS）图。容抗弧的半径大小在一定程度上象征着该条件下被测样品的抗腐蚀性能强弱。Bode图中频率与阻值的变化同样可以表征抗腐蚀性的变化，并且Bode图中相位角的变化峰值个数代表着时间常数的个数。从图4.16中可以看到，相对于其他温度，150℃纯水环境下的试样其容抗弧半径最大，表明其耐蚀性最强。200℃和225℃容抗弧半径比较接近，需要采取进一步拟合确定试样的腐蚀性强弱，其拟合数据如表 5.3 所示，电阻抗拟合电路如图 4.17 所示，其中，R_S 表示溶液电阻，R_1 表示外层氧化膜电阻，R_2 代表内层氧化膜电阻，CPE 代表电阻对应的常相位角原件。假设亥姆霍兹双层和最外层氧化膜可以具有低电阻（高频电弧，R_1），并且内氧化膜可以具有相对高的电阻（低频电弧，R_2）。一般认为，腐蚀速率控制主要取决于富铬（Cr）内层，这与表 4.3 中 EIS 数据的拟合值一致，即 R_2 比 R_1 大得多。通常认为外层氧化膜上的氧化物分布松散，氧化物的间隙成为离子进出氧化膜与外界环境的通道。对于内层，它被认为是富铬尖晶石，腐蚀速率的控制主要取决于该层。

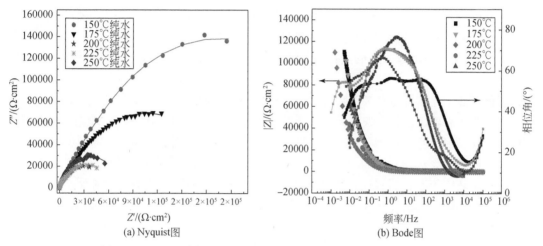

(a) Nyquist图　　　　　　　　(b) Bode图

图 4.16　316L 不锈钢在不同温度纯水中的 EIS 图（据李琳，2019）

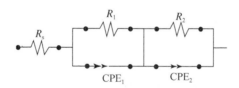

图 4.17　电阻抗拟合电路图（据李琳，2019）

由表 4.3 可知，随着反应温度上升，内层氧化膜电阻（R_2）先降低再增加，对应的 CPE_2 先增大后减小，外层氧化膜电阻（R_1）和对应的 CPE_1 与内层具有同样变化趋势，因此总阻值也是先减小后增大。这说明 316L 的耐腐蚀性能先减弱再增强，当反应温度达到 200℃时，耐腐蚀性最差。腐蚀速率控制主要取决于富铬内层，所以在 150℃时形成的氧化膜最耐腐蚀。通常认为外层上间歇地散布氧化物颗粒，离子可以自由地进出外层氧化膜。所以尽管外层氧化膜厚度增加很快，但是对降低腐蚀发生没有显著的作用。相反，在温度为 250℃时，由于温度的提升使得化学能活性提高，内部氧化层上的缺陷通过不断聚集和结晶化而减少，进而提高了材料的耐腐蚀性。

表 4.3　316L 不锈钢在不同温度纯水内浸泡后的阻抗等效电路拟合数据（据李琳，2019）

温度 /℃	R_s /($\Omega \cdot cm^2$)	R_1 /($\Omega \cdot cm^2$)	R_2 /($\Omega \cdot cm^2$)	CPE$_1$ /($\Omega^{-1} \cdot cm^{-2} \cdot s^{nf}$)	N_1	CPE$_2$ /($\Omega^{-1} \cdot cm^{-2} \cdot s^{nf}$)	N_2	χ^2
150	33.7	8030	6.07×10^4	7.94×10^{-5}	0.848	1.45×10^{-3}	0.905	0.0113
175	38.6	7320	5.65×10^4	6.32×10^5	0.823	1.26×10^{-3}	0.832	0.0201
200	42.7	5400	5.40×10^4	2.05×10^{-4}	0.794	9.15×10^{-4}	0.817	0.0221
225	40.5	5640	5.48×10^4	3.40×10^{-4}	0.797	8.98×10^4	0.813	0.0234
250	36.9	6100	5.51×10^4	3.94×10^{-4}	0.801	5.01×10^{-4}	0.808	0.0281

由此可初步得出，200℃可能是 316L 不锈钢的临界温度。在 150 至 250℃的温度范围内，氧化膜生长的动力学由水相离子的扩散过程变为富铬阻挡层的生长，200℃氧化膜最厚（Wang et al.，2018）。但形成的氧化膜不致密极易被破坏，所以在 200℃时最不耐腐蚀。

氧化膜的半导体特性直接影响着材料在所处环境的耐腐蚀性。这些性质可以通过分析作为电容曲线来确定，其反映了无源膜中的电荷分布。根据 Mott-Schottky 理论，半导体性质可分为 N 型和 P 型。在 Mott-Schottky 图中，最大斜率为正时，表明钝化膜具有 N 型半导体行为（张鉴清，2010）。Mott-Schottky 分析的有效性依赖于空间电荷层的电容（C_{sc}）远小于亥姆霍兹层的电容的假设。在高频率下，本实验中使用的 1kHz，无源层与电解质的界面处的电容用 C_{sc} 表示，亥姆霍兹电容对测量电极的电容可忽略不计（Morrison，1980）。因此，Mott-Schottky 图中 C_{sc}^{-2} 与平带电位（E）的关系描述了耗尽区的半导电行为。利用施加电位与载流子浓度的式（4.37）来确定 N 型半导体（Morrison，1980），N_d 由实验 C_{sc}^{-2} 对 E 曲线的斜率确定（即 $\frac{2\varepsilon\varepsilon_0}{eN_d}=0$），$E_{fb}$ 是电位截距。

图 4.18（a）为 316L 不锈钢在不同温度纯水腐蚀两天的 M-S 曲线，计算曲线最长部分的斜率，然后画出如图 4.18（b）所示的 316L 不锈钢在 3 种温度下纯水浸泡后的载流子浓度。载流子浓度越高代表样品受到的腐蚀越大，因为施加电压的不同会使得样品释放的自由电子不一样，载流子浓度越大，说明自由电子越多，此时的环境中导电性增强，也就是样品受到的破坏越大。从图 4.18 中可以看到，200℃时施主载流子浓度最大，表明钝化膜的导电性最强，耐腐蚀性最弱。

同样，从图 4.18（b）可以发现，在 150℃时，施主载流子浓度最小，逐渐增长的顺序是 175℃、225℃、250℃，最后是 200℃。结果说明 200℃时，316L 不锈钢耐蚀性最差，这与从阻抗图 [图 4.18（a）] 中得到的结果相一致。一般来说，当温度升高时，金属和溶液反应会得到增强，反应速率加快，所以 150℃时腐蚀速率最低。然而，随着温度升高，316L 不锈钢的腐蚀速率并不是会一直上升，可能是因为 Cr 在不同温度下的扩散速率的差异导致内部氧化物层的结构和组成发生变化（Wang et al.，2018）。Robertson（1989）研究表明，如果 Cr 的浓度低于内氧化层中金属原子的 33%，则 Cr 不能抑制基体的非选择性氧化，因为 Ni 的氧化物会比 Cr 的氧化物先生成，变相阻碍 Cr 的氧化。在 200℃下，316L 不锈钢形成的内氧化物层中 Cr 的原子含量可能会低于 250℃中的从而形成更加不耐腐蚀的氧化层。

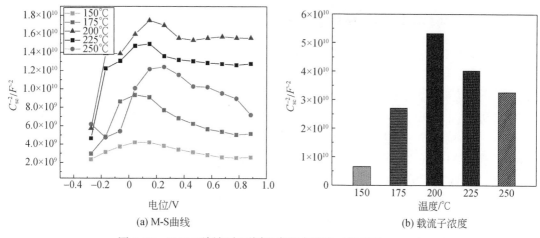

(a) M-S曲线　　　　　　　　　　　　　　(b) 载流子浓度

图 4.18　316L 不锈钢在不同温度纯水浸泡（据李琳，2019）

　　图 4.19 为 316L 不锈钢在不同温度 0wt% NaCl 溶液内的极化曲线。对比 3 种温度下的极化曲线，可以发现，在氯离子浓度为 0.03wt% 时，随着反应温度的增加，样品的自腐蚀电位先降低再增大，钝化区维钝电流值和点蚀电位与自腐蚀电位具有同样的变化趋势。在反应温度为 200℃ 时，自腐蚀电位、钝化区维钝电流值还有点蚀电位均为最小。这说明200℃ 时，样品在 0.03wt% NaCl 溶液内的腐蚀最严重，这和阻抗图得到的结果相同。由样品材料在 150℃ 的 0.03wt% NaCl 溶液中浸泡两天后的极化曲线可以看出，当施加电位大约为 -0.10V 后，材料的电流密度有比较明显的增长。这可能是由于氯离子在材料的局部位置发生点蚀作用造成的，导致样品表面粗糙度显著增大。同样，对于样品材料在 250℃ 的0.03wt% NaCl 溶液中实验浸泡两天结果来说，当施加电位达到 -0.05V 时，材料的电流密度有比较明显的增长。而当样品在 200℃ 的 0.03wt% NaCl 溶液中实验浸泡两天时，钝化区内电流值与施加电位呈正相关关系。这可能是由于在 200℃ 时，样品表面所形成的氧化膜极易被氯离子破坏从而产生众多较小的坑洞导致材料溶解。

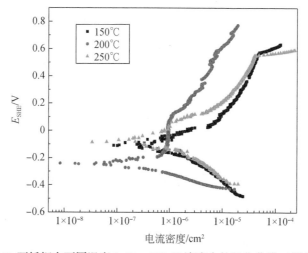

图 4.19　316L 不锈钢在不同温度 0.03wt% NaCl 溶液中的极化曲线（据李琳，2019）

E_{SHE} 为相对于标准氢电极的电位

4.3.2.2　304 不锈钢不同静态腐蚀时长实验

（1）**实验安排**。温度条件：室温；实验材料：304 不锈钢；实验时长：分别浸泡 24h、48h、72h 和 1 年。

（2）**实验操作**。动电位极化曲线由 CHI660 电化学工作站完成，采用三电极体系，参比电极为饱和甘汞电极（$Hg/Hg_2Cl_2/Cl^-$），辅助电极为铂电极，动电位极化扫描速率为 1mV/s，扫描范围为 $-0.15 \sim 0.15V$（OCP）和 $-0.15 \sim 1V$（OCP）。电化学阻抗谱由 Autolab PGSTAT30（ECO Chemie B. V.，荷兰）工作站完成，电化学阻抗谱测量频率范围为 100kHz～10mHz，交流激励信号幅值为 5mV。

（3）**结果分析**。图 4.20 是 304 钢在 3.5wt% NaCl 溶液中静态腐蚀的动电位极化曲线（周芳，2016）。从图 4.20 中可以看出，5 种样品的阴极曲线趋势是相似的，但它们的阳极曲线是不同的。静态腐蚀时间为 24h、48h 和 72h 的样品的阳极曲线都由 3 个部分组成：活性溶解、钝化和点蚀引起的电流密度突然上升。3 种样品都有一个较宽的电流密度恒定区间，即钝化区间，表明其钝化能力很强。而腐蚀 1 年后的样品没有钝化区间，只有活性溶解，且电流密度明显大于其他 4 种样品，这表明腐蚀 1 年后的样品活性溶解速度更快。随着腐蚀时间增加，304 钢的点蚀电位降低。随着腐蚀时间增加，304 不锈钢的腐蚀电流密度增加。综合腐蚀电位、腐蚀电流密度和点蚀电位 3 组数据，表明腐蚀时间越长，304 不锈钢的表面破坏越严重，钝化膜保护作用越小。

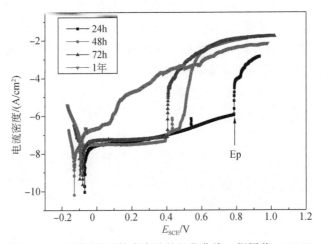

图 4.20　不同时长下静态腐蚀的极化曲线（据周芳，2016）

E_{SCE} 为以饱和甘汞电极为参考的电位

4.4　多相流流动电化学测量方法

多相流动介质中的材料腐蚀行为，不同于静态腐蚀，流动系统中的状态参数本身就处于不断变化中，加上异相之间的干扰，使得电极表面的电化学腐蚀过程长时间处于暂态的。因此，使用电化学阻抗谱（EIS）这样的稳态测量方法，需要根据实际情况多做考量

（可视为"准稳态"）。

本节主要围绕暂态方法（电化学噪声、极化曲线等）展开对多相流流动系统中的金属材料腐蚀行为进行测量和分析。

4.4.1　电化学噪声及测定

电化学噪声（EN；李久青和杜翠薇，2007）是指电化学动力系统演化过程中，其电化学状态参量（如电极电位、外侧电流密度、电容等）的随机平衡波动现象。相较其他电化学方法（如交流阻抗、动电位极化等），电化学噪声仍是一种新的，未得到充分发展和广泛应用的测量方法。

作为一门新兴的实验手段，它是 Iverson（1968）第一次发现，而至今已取得了一定的发展。不同于其他检测方法，它是一种原位无损的电化学测量方法，无需施加任何外界扰动、无需建立电极过程模型，无需满足阻纳的 3 个基本条件，且设备简单，可实现远距离监测。

根据所检测的电学信号的不同，可将电化学噪声分为电流噪声和电压噪声。根据噪声的来源不同又可将其分为热噪声、散粒效应噪声和闪烁噪声，详细内容请见 3.3.4.1 节，电化学噪声测定方法见 3.3.4.2 节。

4.4.2　电化学噪声分析

作为一种原位无损的测试手段，电化学噪声捕捉的信号往往数据量庞大（相对其他电化学方法）且价值密度低，需要根据一定的算法对数据结果进行筛选，这种复杂的处理方式，相应地提高了对测试数据结果的分析难度。现阶段，针对噪声信号的分析方法，主要围绕时域和频域分析两方面进行（Xia et al.，2020）。

时域分析（Ramos-Negrón et al.，2019）。时域分析根据电流（或电势）噪声信号随时间变化曲线展开，一般认为，EN 数据的波动幅度对应于腐蚀的强度，幅度越大、腐蚀越强；且 EN 的波形对应于腐蚀模式，均匀腐蚀表现为 EN 数据点在 EN 平均两侧近似对称分布，点蚀则表现为连续突峰，如图 4.21 所示（Wood et al.，2002）。

此外，时域分析常引入如下参数来表征腐蚀：

标准偏差：
$$\sigma = \sqrt{\frac{\sum\limits_{i=1}^{n}\left[x_i - \dfrac{\sum\limits_{i=1}^{n}x_i}{n}\right]^2}{n-1}} \tag{4.39}$$

均方根：
$$\mathrm{IRMS} = \sqrt{\frac{\sum\limits_{i=1}^{n}x^2}{n}} \tag{4.40}$$

噪声电阻：
$$R_{\mathrm{n}} = \frac{\sigma_{\mathrm{V}}}{\sigma_{\mathrm{I}}} = \frac{\text{电位的标准差}}{\text{电流标准差}} \tag{4.41}$$

点蚀指数：
$$\mathrm{PI} = \frac{\sigma_{\mathrm{I}}}{I_{\mathrm{RMS}}} \tag{4.42}$$

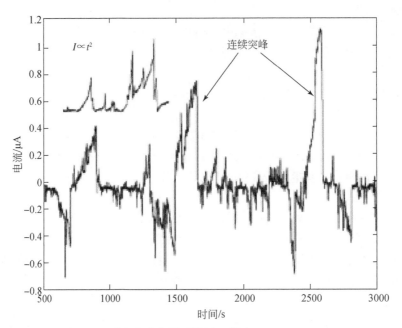

图 4.21　噪声电流信号时域图（据 Wood *et al.*，2002）

这些参数都在一定程度上反映了噪声信号自身的变化特征，如信号的标准偏差和均方根直接表征了信号数据间的差距，而噪声电阻和点蚀指数则是在此基础上提出的参数概念，有研究证明噪声电阻在一定条件下可以类比于极化电阻，点蚀指数也较好地匹配了材料局部腐蚀的发生（Wood *et al.*，2002；张鉴清等，2001）。其他关于时域信号的特征参数还有许多，但在相关研究领域并未得到充分的认可或推广。

频域分析。在电化学噪声分析中，频域分析是指通过一定算法将信号随时间的变化规律转变为随频率的规律。在转换方式上，应用最为广泛的是快速傅里叶变换（FFT）和最大熵值法（MEM）。经过频率转换后电位、电流信号被称为谱功率密度（spectral power density，SPD）。从 SPD 曲线上，同样可以获得许多特征参数用来表征金属腐蚀状态和腐蚀模式。主要包括：低频段白噪声（W）、高频线性部分斜率（k）和最终截止频率（f_e）。它们在一定程度上反映了电极界面变化程度（如点蚀程度）。在点蚀发生时，3 个指数会呈现下降的趋势，甚至有时会观察不到 SPD 曲线（图 4.22）。

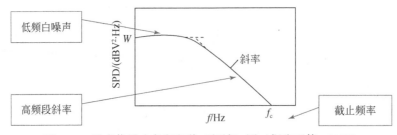

图 4.22　噪声信号功率密度谱（频域）图（据张昭等，2001）

其实，电化学噪声方法除了应用在金属腐蚀过程测量外，国内外还有一些学者将电化学噪声测量的应用形式进行了延伸，并使它得到一定的扩展。如 Sasaki 和 Burstein（2010）通过噪声技术捕捉到了液-固两相流动中由于颗粒撞击造成金属钝化膜破坏的关键信息，并发现了一个"撞击动能阈值"，在颗粒动能小于阈值的情况下，撞击将不会造成表现钝化膜结构的破坏。

4.5　多相流动腐蚀电化学测量案例分析

4.5.1　镀锌涂层冲刷腐蚀性能实验

4.5.1.1　实验条件

镀锌涂层冲刷腐蚀性能实验条件为：射流速度：2m/s；冲击角度：90°；实验温度：室温；冲刷腐蚀溶液：0.5wt% 的石英砂（150~200μm）；3.5wt% NaCl；实验材料：420 不锈钢；实验时长：1h、2h、3h、4h、5h。

在动态实验中，实验样品固定在样品夹上，用浓度为 3.5wt% NaCl 和石英砂（0.5wt%）混合溶液冲击实验样品。冲击角度选取为 90°，冲刷腐蚀平均流速为 2m/s。本案例研究了镀锌涂层和基体 420 不锈钢在含氯溶液内受到冲刷腐蚀后的性质变化。通过不同冲刷时间，对镀锌涂层和基体 420 不锈钢腐蚀机理进行探究。

通过对镀锌涂层和基体 420 不锈钢进行冲刷腐蚀时长为 0~5h 的冲击射流实验，表征镀锌涂层对基体的保护作用及分析腐蚀过程机理。

4.5.1.2　实验结果分析

图 4.23（a）、（b）（唐春燕，2021）别为镀锌涂层冲刷腐蚀不同时间（1~5h）后的电势噪声频域（PSD_V）图及电流噪声频域（PSD_A）图。对图 4.23 中曲线进行线性拟合得到如表 4.4 所示噪声频域参数表（唐春燕，2021），表中红色标注的为 PSD_V 图拟合数据，绿色标注的为 PSD_A 图拟合数据。

拟合截距代表噪声强度，PSD_V 图强度越小，抗腐蚀能力越弱；PSD_A 图强度越小，抗腐蚀能力越强（Meng et al.，2017；Naderi and Attar，2009）。4h 时 PSD_V 图中截距突然变大，表明其抗腐蚀能力突然增强，这也验证了镀锌涂层冲刷腐蚀 4h 时单位时间质量损失突然减小的现象。拟合斜率表征腐蚀机理，PSD_V 图斜率越小表面发生点蚀越严重，PSD_A 图则相反。4h 时 PSD_V 图中的斜率突然增大，表明表面点蚀情况在冲刷腐蚀到 4h 时反而相比于冲刷腐蚀 3h 时得到减弱，认为是冲刷腐蚀过程中沙粒及腐蚀产物将部分腐蚀小孔堵塞，提供了一定的保护作用。

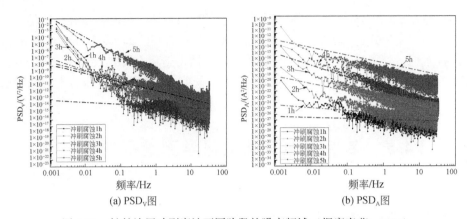

(a) PSD$_V$图　　　　　　　　　　　　(b) PSD$_A$图

图 4.23　镀锌涂层冲刷腐蚀不同阶段的噪声频域（据唐春燕，2021）

表 4.4　镀锌涂层冲刷腐蚀不同阶段的噪声频域参数表

参数＼冲刷腐蚀时间		1h	2h	3h	4h	5h
截距	PSD$_V$	−11.725	−12.245	−13.480	−11.468	−9.460
	PSD$_A$	−26.919	−25.859	−21.630	−23.292	−17.090
斜率	PSD$_V$	−0.840	−1.295	−1.788	−1.295	−2.862
	PSD$_A$	−0.183	0.499	−2.087	−1.309	−1.342

　　图 4.24 为镀锌涂层冲刷腐蚀不同阶段的噪声电阻曲线图。可以看出镀锌涂层冲刷腐蚀 1~4h 表面电阻均大于基体，但冲刷腐蚀 5h 后表面噪声电阻与未冲刷腐蚀样品基体电阻几乎重合。认为这是由于冲刷腐蚀 5h 后，吸附于材料表面镀锌涂层出现大量脱落，使得镀锌涂层抗腐蚀侵蚀能力减弱，从而导致了阻抗值大幅度下降。

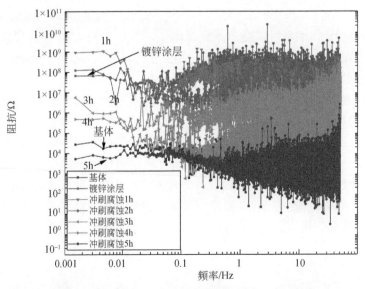

图 4.24　镀锌涂层冲刷腐蚀不同阶段的噪声电阻图（据唐春燕，2021）

4.5.2 金属材料的电化学噪声测量实验

4.5.2.1 实验条件

金属材料的电化学噪声测量实验条件为：采样频率：电流或电势 2~20Hz；数据记录长度 200~4096s；电解质：3.5wt% NaCl 溶液；温度：20~25℃；流速：3m/s；颗粒：石英砂（800μm，5wt%）；金属材料：AISI 1020 碳钢，HVOF 喷涂商业纯铝和 304L 不锈钢。

4.5.2.2 测试结果分析

从图 4.25（a）可以看出，碳钢电化学噪声信号表现为基本无规律的电流-时间曲线，而 304L 不锈钢则有较为明显的瞬变特征。HVOF 商业纯铝的性能中等。碳钢的 PSD 图是典型的"白噪声"信号，十分平坦，意味均匀腐蚀为主要的腐蚀模式。相反，304L 不锈钢的 PSD 曲线是线性的且十分陡峭（斜率大约-40dB/十倍频），说明点蚀或亚稳态点蚀在钝化表面的发生。在这 3 种材料中，纯铝材料信号波动和功率密度谱均介于碳钢和不锈钢之间，意味着它的腐蚀性能介于二者之间。

如图 4.26（a）所示，在颗粒碰撞条件下，测得的噪声数据波动明显更为剧烈，这与金属表面钝化膜的破坏有必然的相关性。图 4.26 中的噪声信号已去除直流偏移干扰，图 4.26（a）比较了 2048s 的流动腐蚀和侵蚀-腐蚀结果，而图 4.26（b）显示了 100s 时间内的比较结果。从 100s 信号中可见，冲刷腐蚀的噪声信号与流动腐蚀信号相比有更高的振幅振荡。这些振荡可能是由于不锈钢钝化膜表面无法维持稳定导致，由于冲击磨损在表面留下痕迹（缺陷），使其进入活化状态并引起了更大的电流信号波动。不过这种振荡行为时不确定的，在表观上通常也不具备规律性。另外，也有文献表明，在金属表面存在裂纹和点蚀地腐蚀过程也观察到类似的振荡响应（Yang *et al.*, 1998），即说明噪声信号中往往掺杂着各类腐蚀信号，这使得其在腐蚀模式的辨识度上有所折扣。

图 4.26（c）显示了相似条件下进行的试验结果，但氯化物含量从 3.5wt% 降低到了 1.5wt%。数据结果显示，氯化物浓度的减少降低了曲线的振荡幅度，说明电解液腐蚀性的降低往往对应着更小的信号波动。

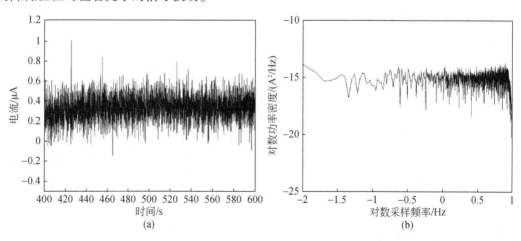

(a)   (b)

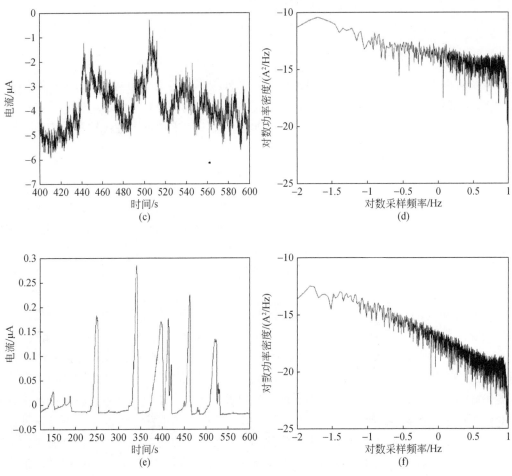

图 4.25　不同材料电化学噪声方法测量结果（据 Wood *et al.*，2002）

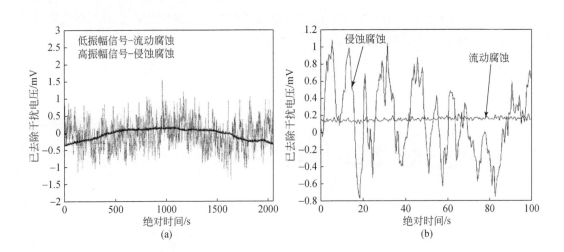

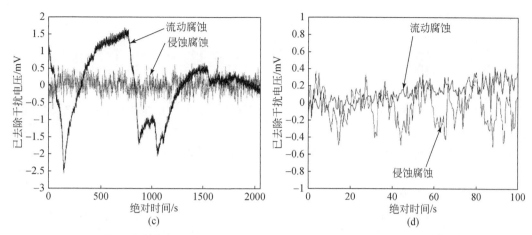

图 4.26　电化学噪声测量结果流动腐蚀和冲刷腐蚀电位噪声曲线（据 Wood *et al.*，2002）

4.5.3　结论

　　本章内容主要围绕电化学测量方法在多相流流动系统中的测量应用展开，偏重于对常用的几种电化学测量方法（电化学阻抗谱、极化曲线、电化学噪声等）的使用和测量原理的讲述。

　　多相流研究领域本是一个多学科交叉的综合领域，有着丰富而复杂内涵。对多相流动中的电化学特性研究虽偏向于腐蚀行为分析，但存在于流动介质中的腐蚀过程，本质也是随多相流流动伴生的一类特殊的流动参数。虽不同于多相流中一些传统参数（流速、流态、相含量等）的测量，电化学参数测量的重要性在实际应用中是毋庸置疑的。开展这一方向的测量研究，同样具有很强的实际应用价值。

　　受限于篇幅，本章对许多电化学相关知识多简笔带过，如有兴趣读者可根据参考文献中提及的电化学著作进行自主学习，更好地将电化学方法应用在理论研究和实际测量过程中。

第5章 气–固两相流静电发生与测量

本章对气力输送颗粒系统中静电发生及其对气流输送颗粒系统中的颗粒流行为的影响进行了实验测量与理论分析。其中，用于定量现象特征的主要参数，包括感应电流、颗粒电荷密度与带电颗粒流的等效电流分别用数字静电计、法拉第杯与模块化参数电流互感器（modular parameters current transformer，MPCT）测量获得。实验过程中观察到气力输送颗粒系统中静电效应作用下导致3种不同的颗粒流动模式，根据颗粒流动特征分别命名为分散流、半环流与环形流。研究发现随着颗粒流动速度的减小，感应电流、颗粒电荷密度与等效电流均增大。静电影响随着时间的推移变得更强，它导致即使在颗粒流动速度大时的分散流也会因为静电作用发生颗粒团聚现象。本章根据静电测量结果分析了管壁材料、颗粒组分、相对湿度与抗静电剂等因素影响静电的发生。

5.1 气–固两相流静电发生

气力输送颗粒系统广泛应用于能源、化工、制药等行业，以及材料加工中颗粒物料的运输。在气力输送颗粒系统中由于颗粒与管壁不同材料表面间的碰撞、摩擦，颗粒与系统管道壁面因此获得静电（Masuda et al.，1976）。系统组件上静电积累伴随着随时放电的危险，同时系统中静电的存在严重影响了颗粒物的传输效率。因此，研究气力输送颗粒系统中静电对颗粒物料流动的影响具有非常重要的意义。

静电效应与静电产生机制是一个非常复杂的问题，它依赖于多种因素的影响，如物理、化学、材料与环境条件，导致研究相关因素时较差的再现性与重复性。因此，与静电有关的测量及颗粒静电计算受到很大限制。Zhang 等（1996）研究了静电力对颗粒黏附作用的影响。基于稀相气–固两相系统中页岩颗粒瞬时速度实验数据的测量，发现混乱模式中颗粒在平均值附近振荡，速度分布可以由麦克斯韦分布函数表示，动力学理论是描述气–固两相流系统很有前途的方法。Matsusaka 和 Masuda（2003）建立了颗粒反复撞击壁面静电变化的计算公式，并用此公式计算在气力输送颗粒系统中每个颗粒携带不同数量的静电，理论分析颗粒静电分布。Nieh 和 Nguyen（1988）研究了接地铜管（2in，1in = 2.54cm）回路中玻璃颗粒流动产生的静电，考虑了气流湿度、颗粒输送速度及颗粒粒径对静电发生与分布的影响。研究证明气流湿度对颗粒静电有重要的影响。当系统中水分含量超过临界相对湿度76%时，玻璃颗粒电荷被有效中和。Kanazawa 等（1995）研究了颗粒传输串联系统中颗粒在管道内表面产生静电与电荷积累。研究发现管道壁面表面静电电荷密度与电荷极性分别取决于连续实验次数与管道材料。此外，管道壁面在玻璃颗粒与工业颗粒输运过程中的带电特性依赖于管道材料和输运方法。Diu 与 Yu（1979）分析了带电气溶胶颗粒在穿过二维弯管时由于惯性力与静电力同时作用而产生的沉积。由此获得理想旋转流的收集效率，与现有实验数据结果进行了定性比较，结果发现带电颗粒受静电力作用而产生的颗粒轨迹变化将导致弯管收集颗粒效率的变化。Al-Adel 等（2002）测试了上升气–固两相流静电特性与横向分离作用，分析了垂直上升管流中稳定与充分发展的气–固两相流动。Wolny 与 Opalinski（1983）研究了流化床中添加颗粒用于消除静电的机理。根据此机理，这些颗粒改变流化床中颗粒之间的接触条件，并在颗粒间转移电荷，以至于整个流化床中的静电得到中和。例如，Zhang 等（1996）、Chang 和 Louge（1992）使用 Larostat-519 抗静电粉末消除静电，但它的作用机理没有澄清。静电对颗粒流动的影响已经得到一些研究者的关注（Smeltzer *et al.*, 1982；Joseph and Klinzing, 1983；Nieh and Nguyen, 1988；Gajewski, 1989），但在气力输送颗粒系统中静电对颗粒流动的影响还鲜见报道。Tsuji 与 Morikawa（1982）在水平输送颗粒管道中发现，气–固两相流流量不同决定 5 种不同的颗粒流形，但没有分析静电对颗粒流流形的影响。Rao 等（2001）、Zhu 等（2003，2004）中发现，垂直气力输送颗粒系统中的静电决定着颗粒流形。本节内容报道了在垂直和水平气力输送颗粒管道中观察到颗粒流动 3 种流形（Yao *et al.*, 2004），分别命名为分散流、半环流与环形流。这些颗粒流形是由静电力与气相与固相之间常见的流动力之间的相对重要性而决定的。

5.2　气–固两相流系统中静电测量

　　本节中实验装置如图 5.1 所示，实验条件见表 5.1。颗粒在重力及气力作用下引入旋转阀，再在压缩机产生的压力空气作用下在系统中运动。旋转阀（生产商：明尼苏达州通用资源公司）有 8 个腔，转速 30 转/min（rpm）。管道内径为 40mm，两个 90°弯管（$R/r=2$）之间的垂直管段长为 2.97m，水平管段长约为 4.12m。实验所用管道材料为聚氯乙烯（polyvinyl chloride，PVC），管道壁厚 5mm。静电感应电流测量装置安装在距底部弯头 1.36m 的垂直管处。静态压力传感器（生产商：Gems，型号：K054205，产地：英格兰贝辛斯托克）与微分压力传感器（生产商：星球技术有限公司，型号 STI510-15G-000Stellar，产地：美国纽约）分别安装在垂直管道离底部弯头 1.22m 和 1.49m 处。压力数据收集 30s 后确定不同条件下的平均压力梯度。实验中使用两种材料的颗粒，一种为聚丙烯（polypropylene，PP）颗粒，另一种为 PP 颗粒+玻璃珠颗粒（3wt%）混合物。实验中还使用一种抗静电粉末。因为 PVC 管道透明，所以实验过程中可观察到不同的颗粒流流形。整个实验装置使用金属铸件固定，用连接段支撑连接，不同管段使用硅凝胶加固（Yao *et al.*, 2004）。

　　具有一定压力的气流从压缩机中出来后经旋转阀，驱动颗粒从进料斗进入输送系统。控制阀（图 5.1 中标号分别为 1、11、14）用来调节颗粒流量与气流流量。气流流量还可以通过转子流量计控制，其最大流量为 2000L/min。气流湿度由干燥剂（图 5.1 中标号 2）控制，相对湿度 RH=5%，并在每次实验前后使用高性能数字温湿度计核实（型号：RH411；生产厂家：欧米茄技术有限公司）。当 PP 颗粒循环回至料斗（图 5.1 中标号 12），需要经过一个手动阀（图 5.1 中标号 11）。关闭阀 11 就能用电子重量指示器（图 5.1 中标号 13）测量颗粒重量。阀 14 是用来控制颗粒由料斗进入输送系统的速率。环境温度控制在 28~30℃，其他实验条件可由表 5.1 所示。

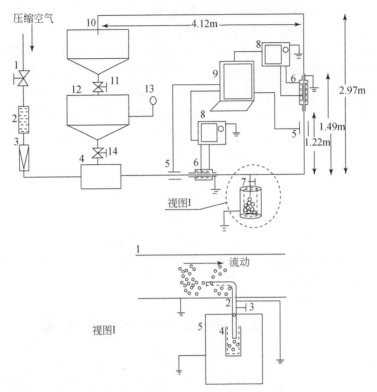

图 5.1　实验装置 A（据 Yao et al., 2004）

1. 气流控制阀；2. 气流干燥器（带蓝色指示硅胶）；3. 转子流量计；4. 旋转阀；5. MPCT；6. 感应电流测量；
7. 法拉第杯（详见视图I）；8. 静电仪；9. 计算机；10. 进料回收料斗；11. 进料控制阀；12. 中间料斗；13. 电子称重器；
14. 进料控制阀。视图 I：1. PVC 管；2. 颗粒取样管（铜）；3. 控制阀；4. 法拉第杯；5. 电磁屏蔽

表 5.1　实验条件（据 Yao et al., 2004）

参数	实验装置 A（图 5.1）	实验装置 B（图 5.14）
颗粒输送方式	循环	无循环
颗粒直径/mm	2.8	2.8
颗粒材料	PP	PP
颗粒密度/(kg/m³)	1123	1123
管道材料	PVC	铜
管道内径/mm	40.0	50.0
管壁厚度/mm	5.0	1.0
相对湿度/%	5	5
气流流量/(L/min)	860~1600	1600
颗粒质量流量/(g/s)	10.0±2~44.4±4	44.4±4
气体压力/psi	75	75
气流表观速度/(m/s)	11.6~21.2	21.2

续表

参数	实验装置 A（图 5.1）	实验装置 B（图 5.14）
温度/℃	28～30	28～30
薄膜材料	—	PVC/PE
薄膜厚度/mm	—	5.0/0.04

在气动输送颗粒过程中，颗粒与管壁之间的碰撞产生静电，管壁上静电电荷产生的感应电流可以根据时间来测量。测量方式是将铝箔纸紧紧地缠绕在聚氯乙烯（PVC）管外壁上（图 5.1 中标号 6）。金属同轴导线（连接至 Advantest R8252 数字静电仪的高输入端）连接至铝箔片外表面。为了屏蔽外界对静电信号测量的影响，用聚合物膜紧紧地缠绕在内铝箔片上，目的是与另一张连接到同轴导线低输入端的外铝箔片分开。外铝箔片接地可作为一个额外的电屏蔽。管道壁面静电不同时间所产生的感应电流可以通过数字电流表测得，测量数据每 0.5s 在电脑中存贮一次。此外，用分辨率为 1μA 的无接触直流束流模块化参数电流互感器（MPCT；生产商：Bergoz，产地：法国）测量感应电流。颗粒电荷密度可以用法拉第杯测量获得（图 5.1 中标号 7，型号 TR8031），法拉第杯中颗粒质量可用精度为 10^{-4}g 的电子天平测量获得，因此可以计算获得单位质量的静电荷（荷质比）。

5.2.1　静电发生

如上所述，在气力输送颗粒系统垂直管道中观察到的颗粒流动模式可以分为分散流，半环流和环形流。每种流动模式发生的气流表观速度（G_s）及对应的单位长度管道压降如表 5.2 所示。

表 5.2　垂直输送管中的 3 种颗粒流动模式

流动模式	气流流量/(L/min)	气流表观速度/(m/s)	颗粒质量流量/(g/s)	G_s/[kg/(m²·s)]	(ΔP/L)/(Pa/m)
分散流	1600	21.2	44.4±4	35.3±3.2	132.3
半环流	1000	13.3	17.4±3	13.8±2.4	263.7
环形流	860	11.4	10.2±2	8.1±1.6	518.9

注：分散流：气流表观速度>16.2m/s，$\Delta P/L$<182.3Pa/m；半环流：气流表观速度为 12.6～15.7m/s，$\Delta P/L$ 为 235.5～389.7Pa/m；环形流：气流表观速度<11.6m/s，$\Delta P/L$>446.3Pa/m。

5.2.1.1　垂直管中颗粒流静电

1. 颗粒流动模式

（1）**分散流**。当气流量大于 1200L/min 时，颗粒以高速度在垂直管道中输送，不会很快在管壁上聚集 [图 5.2（a）]。经历一段时间后（约 2h），发现一些颗粒不时地聚集在管壁上 [图 5.2（b）、（c）] 形成微团。由于强大气流作用，颗粒微团似乎很不稳定，沿垂直管道方向表现明显波动，颗粒聚集位于垂直管中较高位置并沿管壁向上做曲线运动 [图 5.2（b）]。这些颗粒时而聚集，时而分散为个体颗粒，无法预期。

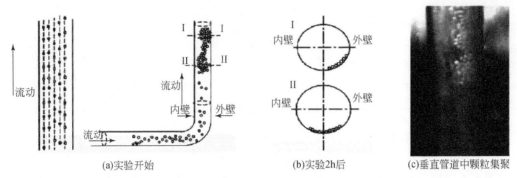

(a)实验开始　　　　　　　(b)实验2h后　　　　　(c)垂直管道中颗粒集聚

图 5.2　颗粒分散流模式（气流流量>1200L/min）

（2）**半环流**。当气流量为 900~1150L/min 时，颗粒在垂直管道内沿曲线轨迹向上移动 [图5.3（a）]。在气力输送颗粒系统中经过半小时循环后，可发现颗粒在垂直管壁高处位置积聚成半环形结构 [图5.3（b）]，该结构距离底部上方 30cm 的位置。

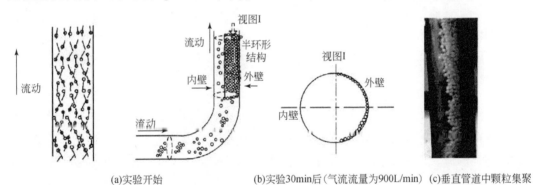

(a)实验开始　　　　(b)实验30min后（气流流量为900L/min）(c)垂直管道中颗粒集聚

图 5.3　颗粒半环流模式（气流流量为 900~1150L/min）

（3）**环形流**。当气流量小于 850L/min 时，重力和静电力影响显得更加重要。开始时颗粒沿管壁表面向上滑动 [图5.4（a）]，15min 后颗粒沿垂直管道壁面呈螺旋状上升，最终导致颗粒附着管壁，形成颗粒沿壁面环形分布而管道中心无颗粒的环形结构 [图5.4（b）、（c）]。该结构同样不稳定，并在垂直位置上沿管道方向波动。当气流量达到 880L/min 时，颗粒流动状态呈现出介于半环流与环形流之间的特征，意味着在该气流量流动区域存在不稳定的振荡转换。

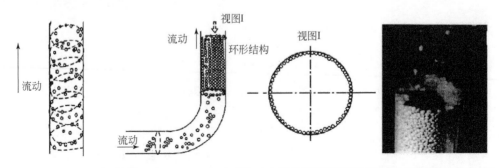

(a)实验开始　　　　(b)实验15min后（气流流量为850L/min) (c)垂直管道中颗粒集聚

图 5.4　颗粒环形流模式（气流流量<850L/min）

2. 颗粒受力分析

在垂直气力输送颗粒管道中，作用于颗粒的主要作用力是曳引力、重力与静电力。如果颗粒在管道壁面上滑动，摩擦力会与其运动方向相反。一般情况下，流体曳引力（F_D）是影响颗粒行为最具有决定作用的因素（Sommerfeld，2003）。

$$F_D = \frac{3}{4} \frac{\rho_g m_p}{\rho_p D_p} c_D (u_g - u_p) |u_g - u_p|$$

如果颗粒形状为球形，上述方程可以简化为

$$F_D = \frac{\pi \rho_g D_p^2}{8} c_D (u_g - u_p) |u_g - u_p| \tag{5.1}$$

式中，ρ_g 为气体密度；ρ_p 为颗粒密度；m_p 为颗粒质量；D_p 为颗粒直径；u_g、u_p 分别为气体与颗粒的平移速度矢量；c_D 为阻力系数，定义为

$$c_D = \frac{24}{Re_p}(1 + 0.15 Re_p^{0.687}) = \frac{24}{Re_p} f_D, \quad Re_p \leqslant 1000 \tag{5.2}$$

$$c_D = 0.44, \quad Re_p > 1000 \tag{5.3}$$

Re_p 可以通过下式获得

$$Re_p = \frac{\rho_g D_p |u_g - u_p|}{\mu_g} \tag{5.4}$$

如果颗粒浓度低，管道壁面静电对颗粒静电力（F_E；Yu，1977）是影响颗粒聚集的主要因素。对于圆柱形：

$$F_E = \frac{q^2 r^2}{16 \pi R^2 \varepsilon_0 (R - r)^2} \tag{5.5}$$

式中，R 为圆柱形容器半径；r 是径向距离；ε_0 是气流介电常数；q 是颗粒表面所带静电电荷。

众所周知，由于管道中气体速度分布不均匀，作用于颗粒上的曳引力随着颗粒与管壁之间距离不同而发生变化。在管壁边界层中，气流速度急剧下降，如式（5.1）所示，作用于颗粒上的曳引力相应减小。在类似问题的基础上（Fan et al.，2002），管壁边界层与核心区域曳引力估计数量级如表 5.3 所示。在分散流中，管道中心区与边界层区，气体流速足够高导致流体曳引力的数量级远远大于重力。当气体流速较低出现半环流与环形流时，壁面边界层内气体曳引力降低到与重力相同的数量级，使得两种力达到动态平衡。结果，其他力如静电力就可能会成为主导颗粒行为的决定因素。静电力如式（5.5）计算获得，当气流速度很低或颗粒静电电荷密度较高，颗粒与壁面距离很近时静电力会显著增大。这表明，静电力可能导致了颗粒黏附在管道壁面上形成半环流或环形流。

表 5.3　颗粒上的作用力

作用力（N）	重力（F_G）	曳引力（F_D）					
		核心区域			边界区域		
		分散流	半环流	环形流	分散流	半环流	环形流
数量级	10^{-4}	10^{-2}	10^{-3}	10^{-3}	10^{-3}	10^{-4}	10^{-4}

3. 感应电流

分析上述实验中得到的 3 种颗粒流动模式 (图 5.2 ~ 图 5.4) 的感应电流。如图 5.5 所示，在垂直管道上使用 Advantest R8252 数字静电计测量感应电流。由图可见，感应电流随时间在正负区域内波动。

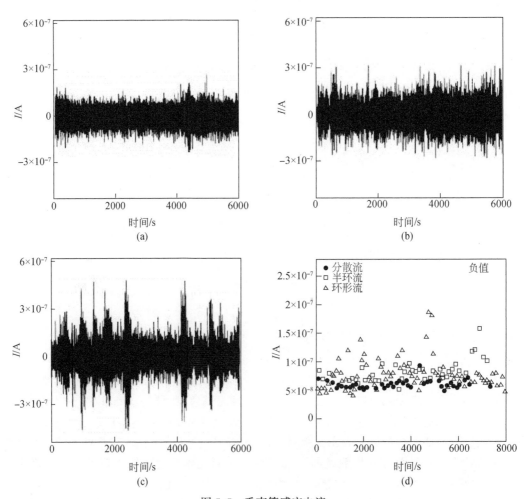

图 5.5 垂直管感应电流

(a) 分散流：气体流量为 1600L/min，颗粒进料速率为 35.3±3.2kg/(m² · s)；(b) 半环流：气体流量为 1000L/min，颗粒进料速率为 13.8±2.4kg/(m² · s)；(c) 环形流：气体流量为 860L/min，颗粒进料速率为 8.1±1.6kg/(m² · s)；(d) 气力输送颗粒系统中 3 种颗粒流动模式静电电流比较 (负值)

气力输送颗粒系统中的颗粒与壁面碰撞导致在颗粒表面以及管道壁面上产生静电 (Masuda et al.，1976)。在前期工作中使用过的 PP 颗粒与 PVC 管道实验基础上 (Zhu et al.，2004) 可以知道，PP 颗粒表面产生正电荷，PVC 管壁积累等量负电荷。在测量段中，一方面，如果颗粒在管壁以半环形或环形方式黏附在管壁上，在管道壁面上的静电电荷与颗粒表面上电荷部分中和而导致感应电流较低。另一方面，当测量段没有颗粒滑动时，因

为管道壁面上仍然有静电保留，会导致感应电流较高。静电电荷量可以由下列公式计算，得

$$q = \frac{w\left(\sum_{i=1}^{i=n} \frac{q_i}{m_{pi}}\right)}{n} = w \cdot \overline{q_m} \tag{5.6}$$

$$dq = \overline{q_m} \cdot dw + w \cdot d\overline{q_m} \tag{5.7}$$

$$I = \frac{dq}{dt} = \overline{q_m} \cdot \frac{dw}{dt} + w \cdot \frac{d\overline{q_m}}{dt} \tag{5.8}$$

式中，w 为测量段的颗粒质量；q_i 为第 i 个颗粒的静电电荷；m_{pi} 为 i 个颗粒的质量；$\overline{q_m}$ 为平均电荷密度。如式（5.6）所示，由静电计测量获得的管道壁面静电电荷等于颗粒质量与测量段的静电电荷密度乘积。如式（5.7）所示，静电电荷变化来自于颗粒质量和静电电荷密度的变化；后者包括初始静电电荷的变化，颗粒与管道壁面之间转移电荷的变化。式（5.8）表明感应电流是通过对式（5.7）时间微分后得到。一般来说，式（5.6）～式（5.8）表明感应电流包括了颗粒质量流量的变化与颗粒碰撞壁面后静电荷转移至管道壁面的变化。感应电流的极性依赖于两种变化的相对大小。

由上分析可知，由 Advantest R8252 数字电流表测量获得的感应电流是颗粒表面与管道壁面静电荷之间平衡后的综合值。感应电流绝对数值表示颗粒静电电流的大小。

图 5.5 显示了感应电流随气流量减小而增大，图 5.5（d）显示以 200s^{-1} 采样感应电流（负值）绝对值。很明显，电流绝对值随气流量降低而增加，意味着静电变强。此外，为了消除正负值造成的波动（图 5.5），感应电流对时间的积分可得到静电荷电荷（Q）为

$$Q = \int_0^t I dt \tag{5.9}$$

图 5.6（a）表明在 5000s 内测量段静电电荷（Q）随时间呈线性增加，且 3 种颗粒流形的静电电荷随时间增长率都是恒定的（表 5.4）。此外，测量到的负电流值普遍大于正电流值，说明管道壁面带有净电子 [图 5.6（b）]。

表 5.4　静电作用下 3 种颗粒流形模式的平均感应电流　　　　　（单位：A）

颗粒流形模式	垂直管 [图 5.6（a）]	水平管（图 5.11）
分散流	1.77×10^{-9}	2.80×10^{-9}
半环流	6.98×10^{-9}	1.67×10^{-9}
环形流	1.24×10^{-8}	2.79×10^{-9}

4. 颗粒电荷密度

3 种颗粒静电作用下的流形模式中，颗粒荷质比相对于时间变化如图 5.7 与表 5.5 ～表 5.7 所示。可以发现，半环流与环形流的颗粒电荷密度是相似的，二者都大于分散流的颗粒电荷密度。对于 3 种颗粒流动模式，颗粒静电电荷密度随时间增加的趋势表明静电电荷可能不断在颗粒表面积累。这可能是最终导致颗粒与管壁之间发生很强静电作用的直接原因。形成上述如颗粒半环形或环形的颗粒聚集结构。

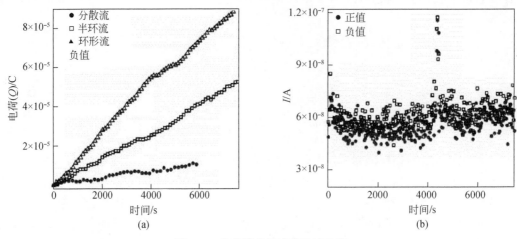

图 5.6　垂直管中的感应电流比较

（a）气力输送颗粒系统中 3 种颗粒流形模式中静电电流 ［图 5.5（a）~（c）］ 积分得到的静电电量图；
（b）颗粒分散流感应电流的正值与负值（绝对值）［气体流量为 1600L/min，颗粒进料速率为 35.3±3.2kg/(m² · s)］

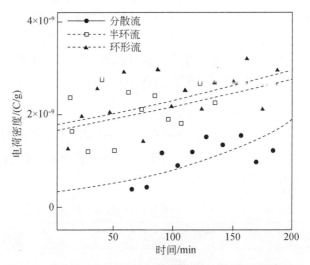

图 5.7　静电作用下 3 种颗粒流动模式的颗粒电荷密度对比

分散流：气体流量为 1600L/min，颗粒进料速率为 35.3±3.2kg/(m² · s)；半环流：气体流量为 1000L/min，
颗粒进料速率为 13.8±2.4kg/(m² · s)；环形流：气体流量为 860L/min，颗粒进料速率为 8.1±1.6kg/(m² · s)

表 5.5　带电颗粒分散流的瞬态等效电流

时间/min	$Q_P/(10^{-10} C/g)$	MPCT 值/10^{-8} A	$I_c/10^{-8}$ A
66	3.761	1.713	1.670
78	4.406	1.746	1.956
91	11.586	1.715	5.144
104	8.908	1.548	3.955

续表

时间/min	$Q_P/(10^{-10}C/g)$	MPCT 值/10^{-8}A	$I_c/10^{-8}$A
116	11.790	1.743	5.235
128	15.076	1.735	6.694
141	13.344	1.944	5.925
157	15.248	1.704	6.770
170	9.705	1.703	4.309
184	12.216	1.763	5.424

注：Q_P. 颗粒电荷密度；I_c. 等效电流，$I_c=Q_P$（SF）；SF=44.4±4g/s。

表 5.6 带电颗粒半环流的瞬态等效电流

时间/min	$Q_P/(10^{-10}C/g)$	MPCT 值/10^{-8}A	$I_c/10^{-8}$A
12	1.258	2.859	2.190
23	1.946	3.124	3.386
36	2.531	3.417	4.404
47	2.022	2.537	3.518
59	2.911	2.841	5.065
75	1.425	2.734	2.479
88	2.968	2.326	5.164
99	2.146	2.096	3.735
110	2.499	1.970	4.349
124	2.108	1.974	3.668
135	2.679	1.881	4.661
151	2.716	2.060	4.725
162	3.190	2.105	5.550
175	2.097	2.058	3.650
187	2.942	2.106	5.118

注：Q_P. 颗粒电荷密度；I_c. 等效电流，$I_c=Q_P$（SF）；SF=17.4±3g/s。

表 5.7 带电颗粒环形流的瞬态等效电流

时间/min	$Q_P/(10^{-10}C/g)$	MPCT 值/10^{-8}A	$I_c/10^{-8}$A
2	1.494	2.444	1.524
14	2.355	2.609	2.402
29	1.189	2.319	1.213
63	2.471	2.573	2.520
74	2.091	2.172	2.133
85	2.387	2.342	2.435
97	1.906	2.351	1.944

时间/min	$Q_P/(10^{-10} \text{C/g})$	MPCT 值/10^{-8} A	$I_c/10^{-8}$ A
107	1.800	2.416	1.836
122	2.653	2.003	2.706
135	2.249	2.894	2.294

注：Q_P. 颗粒电荷密度；I_c. 等效电流，$I_c=Q_P$（SF）；SF=10.2±2g/s。

5. MPCT 测量

气力输送颗粒系统垂直管段颗粒的 3 种流动模式（分散流、半环流与环形流）的等效电流如图 5.8 所示，图中每个点都是通过对 20s 内 400 个模块化参数电流互感器（MPCT）测得的电流数据根据式（5.9）积分获得。可以看出，半环流与环形流的 MPCT 值非常相似，都明显比分散流大。这与上述测量得到颗粒 3 种流动模式的颗粒电荷密度趋势一致。如图 5.8 所示，颗粒在管道输送过程中带正电，这与 Zhu 等（2003，2004）接触电位差测量结果相吻合。

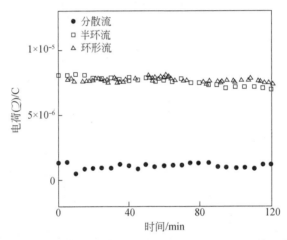

图 5.8　静电作用下 3 种颗粒流动模式垂直管中每 20s，400 个 MPCT 值积分得到的电荷比较图

分散流：气体流量为 1600L/min，颗粒进料速率为 35.3±3.2kg/(m²·s)；半环流：气体流量为 1000L/min，颗粒进料速率为 13.8±2.4kg/(m²·s)；环形流：气体流量为 860L/min，颗粒进料速率为 8.1±1.6kg/(m²·s)

5.2.1.2　水平管中颗粒流的静电

1. 颗粒流形

气力输送颗粒系统垂直管道部分中观察到的 3 种流动模式同样也可以在水平管道中观察到，存在相对应的颗粒 3 种不同流动模式。在高速连续气流作用下，颗粒在管道中呈稀疏相均匀分布［图 5.9（a）］。随着流速下降，颗粒开始间歇性团聚一起［图 5.9（b）］。当气流速度进一步降低时，水平管道中的颗粒就会形成稳定的结构［图 5.9（c）］，以低于气流速度沿着管道前进。值得注意的是，水平管道中颗粒因为静电作用呈现出的流形与垂直管不同，半环流并未在水平段管道中发现颗粒呈"半环形"聚集，环形流也未在水平段管道中发现颗粒呈"环形"聚集。

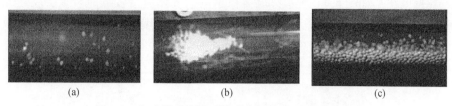

图 5.9 气力输送颗粒系统中水平管段颗粒流动模式

（a）分散流：气体流量为 1600L/min，颗粒进料速率为 35.3±3.2kg/(m² · s)；（b）半环流：气体流量为 1000L/min，
颗粒进料速率为 13.8±2.4kg（m² · s）；（c）环形流：气体流量为 860L/min，颗粒进料速率为 10.2±2. kg/(m² · s)

2. 感应电流

使用 Advantest R8252 数字静电计同样测量水平管段 3 种颗粒流动模式的感应电流。如图 5.10 所示，感应电流波动幅度随着气流量降低而升高，如分散流为 $9.0×10^{-8}$A、半环流为 $1.5×10^{-7}$A、环形流为 $2.8×10^{-7}$A。$200s^{-1}$ 采样速度测量得到感应电流中负值部分也是随着气流量的降低而升高 [图 5.10（d）]，意味着当较低气流流速时颗粒与管壁之间存在着较强的静电相互作用，由图 5.10（a）~（c）可知感应电流随时间积分获得管壁总累积电

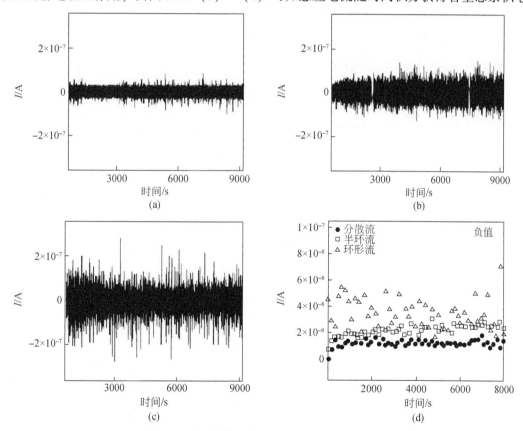

图 5.10 气力输送颗粒系统水平管段感应电流

（a）分散流：气体流量 1600L/min，颗粒进料速率 35.3±3.2kg/(m² · s)；（b）半环流：气体流量 1000L/min，
颗粒进料速率 13.8±2.4kg/(m² · s)；（c）环形流：气体流量 860L/min，颗粒进料速率 10.2±2kg/(m² · s)；
（d）静电作用下 3 种颗粒流动模式感应电流（负值）比较

荷量的变化推断出。如图 5.11 所示，电荷积累量在气体流量较低时较大，反之亦然。这说明经过一段时间积累，颗粒环形流与半环流动模式中管壁上的静电量比颗粒分散流模式中管壁静电量大。

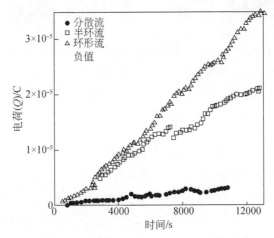

图 5.11　气力输送颗粒系统中水平管道静电作用下 3 种颗粒流动模式静电电量比较

[如图 5.10（a）~（c）所示]

5.2.1.3　垂直管与水平管静电比较

在本节气力输送颗粒系统中，颗粒积聚形式可以分为颗粒团、半环形与环形 3 种，它们可在垂直管道中观察到，但在水平管道中没有出现。比较气力输送颗粒系统垂直管道与水平管道中，可以发现静电在垂直管道中发生更强。该结论可以从电流测量 [图 5.12（a）] 与 MPCT [图 5.12（b）] 电流值经时间积分后得到。研究发现，MPCT 数据在垂直输送段比水平输送段的波动更大 [图 5.12（b）]。此外，与水平输送段相比，垂直输送段

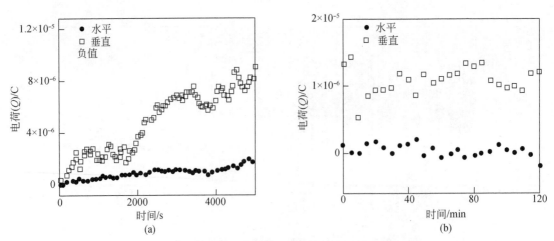

图 5.12　气力输送颗粒系统中垂直管与水平管的静电比较

气体流量为 1600L/min，颗粒进料速率为 35.3±3.2kg/（m² · s）。（a）感应电流积分获得电荷电量，

见图 5.5（a）和图 5.10（a）；（b）每隔 20s 由 400 个 MPCT 值积分得到的电荷电量

中感应电流（负值部分）的绝对值较大（图 5.13）。这些都充分说明，气力输送颗粒系统中垂直输送段发生的静电远远大于水平气力输送段发生的静电。需要指出的是上述分析忽略了连接水平管与竖直管的弯头的影响，可以预见颗粒撞击弯管时速度高，频率大，导致弯管处静电发生强烈。

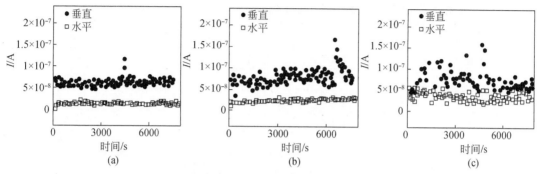

图 5.13　气力输送颗粒系统中垂直管和水平管的感应电流值（负值）

（a）分散流：气体流量为 1600L/min，颗粒进料速率为 35.3±3.2kg/(m²·s)；（b）半环流（气体流量为 1000L/min，颗粒进料速率为 13.8±2.4kg/(m²·s)）；（c）环形流（气体流量为 860L/min，颗粒进料速率为 10.2±2kg/(m²·s)）

5.2.1.4　静电特性对比

颗粒流动系统中由于带电颗粒运动产生的等效电流（I_c）可由下式计算：

$$I_c = Q_p(\text{SF}) \tag{5.10}$$

式中，Q_p 为颗粒电荷密度，可用法拉第杯测量获得；SF 为单位时间内颗粒输运质量。3 种颗粒流动模式产生的等效电流可以根据式（5.10）计算获得，如表 5.5 ~ 表 5.9 所示，计算值与 MPCT 测量值吻合良好，在较低流速下两者吻合度会更好。这可能是因为 MPCT 在以下两种情况下测量更精确，一是在较低气流速度中静电效应较强，另一是其他实验因素如颗粒流量波动在高速流动中变得重要，但该点在式（5.10）中没有考虑。

表 5.8　颗粒混合物：PP 颗粒+玻璃珠颗粒（3wt%）分散流的瞬时等效电流

时间/min	$Q_P/(10^{-10}\text{C/g})$	MPCT 值/10^{-8} A	$I_c/10^{-8}$ A
30	1.181	2.135	5.246
40	1.268	2.772	5.629
50	1.457	2.498	6.466
64	1.055	2.779	4.682
77	1.538	2.740	6.829
90	1.281	2.711	5.688
103	1.142	2.990	5.069
116	1.210	3.366	5.374
129	1.298	3.389	5.765
142	1.032	3.707	4.582

续表

时间/min	$Q_P/(10^{-10}\mathrm{C/g})$	MPCT 值$/10^{-8}$ A	$I_c/10^{-8}$ A
156	1.398	2.895	6.207

注：Q_P. 颗粒电荷密度；I_c. 等效电流，$I_c=Q_P$（SF）；SF=44.4±4g/s。

表 5.9　颗粒混合物：PP 颗粒+玻璃珠颗粒（3wt%）半环流的瞬时等效电流

时间/min	$Q_P/(10^{-10}\mathrm{C/g})$	MPCT 值$/10^{-8}$ A	$I_c/10^{-8}$ A
6	1.358	2.193	2.363
17	2.134	1.673	3.715
28	1.553	2.093	2.703
39	1.283	1.759	2.232
51	1.224	2.056	2.130
63	1.274	2.420	2.216
74	1.436	2.201	2.499
88	1.549	2.009	2.695
99	1.591	1.935	2.769
109	1.969	2.331	3.426
120	1.487	3.260	2.588
131	1.558	3.139	2.711
141	1.909	4.288	3.321
153	1.604	3.517	2.854
165	1.522	4.098	2.648
178	1.582	3.571	2.753

注：Q_P. 颗粒电荷密度；I_c. 等效电流，$I_c=Q_P$（SF）；SF=17.4±3g/s。

5.2.2　静电发生机理

众所周知，颗粒与颗粒或颗粒与管道壁面碰撞产生静电是由于摩擦起电。它依赖于材料性质，在实际中也有很重要的应用，如照片印刷与静电喷涂机等。在已有研究中，常见的绝缘材料根据摩擦起电时带电能力强弱形成带电排序系列，排序在前的材料与排序在后的材料摩擦或接触后倾向带正电。

如图 5.14 所示实验装置是用来研究聚丙烯（PP）颗粒与聚氯乙烯（PVC）、聚乙烯（polyethylene，PE）材料表面碰撞摩擦后的带电特性。输送管道由铜制成，测试段使用聚氯乙烯（PVC）或聚乙烯（PE）材料。图 5.14 显示管道静电测量部分的具体细节，它是参考 Matsusaka 等（Matsusaka et al.，2003）研究设计而成。测量部分有多层材料组成，包括 PVC（5mm）/PE（0.04mm）、导电胶（0.07mm）、电极铜薄板（0.10mm）、导电黏合剂（0.12mm）和电屏蔽铜片（0.10mm）。铜电极连接到数字静电仪（R8252），电屏蔽接地。整个输送系统接地良好，颗粒在与金属壁碰撞时发生静电，实验条件保持不变。当气体压力和流量分别为 75psi 和 1600L/min 时，颗粒连续以 44.4±4.0g/s 的流量通过水平管。试验段产生的静电感应电流用数字静电仪（R8252）测量，实验数据以 0.1s 频率储存在计算机中，颗粒电荷密度由法拉第杯（TR8031）测量获得。所有的颗粒都收集在一个金属容器中，每次实验结束后接地放电。

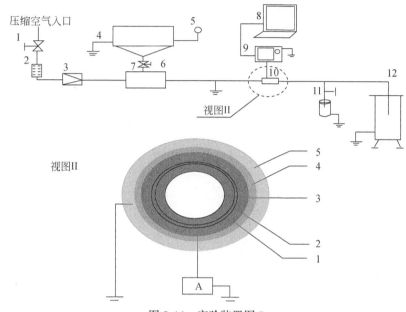

图 5.14　实验装置图 B

1. 气流控制阀；2. 气流干燥器（蓝色指示硅胶）；3. 转子流量计；4. 进料斗；5. 电子称重器；6. 进给控制阀；7. 旋转阀；8. 计算机；9. 静电仪；10. 测试段（详见视图Ⅱ）；11. 法拉第杯（详见图 6.1，视图Ⅰ），12. 金属容器。
视图Ⅱ：测试段横截面（内径 50mm，长 72mm）：1. 薄膜［PVC（5mm）/PE（0.04mm）］；2. 导电胶（0.07mm）；
3. 铜电极（0.10mm）；4. 非导电黏合剂（0.12mm）；5. 铜电屏蔽（0.10mm）

　　图 5.15 为薄膜产生的感应电流，由单颗粒在薄膜上滑动引起感应电流为脉冲形式的，而用静电计测量得到的感应电流是代表众多此类脉冲之和，由大量颗粒运动形成的连续电

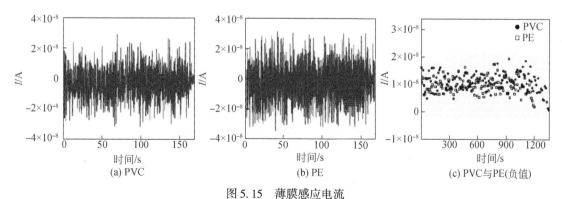

图 5.15　薄膜感应电流

实验装置 B，水平管，气流流量为 1600L/min，颗粒进料速率为 35.3±3.2kg/(m² · s)

流。采样频率为 200s⁻¹ 获得的感应电流负值部分绝对值在图 5.15（c）中进行了比较。可以发现，感应电流发生于 PVC 材料高于 PE 材料。如图 5.16 所示，通过对图 5.15（c）进行时间积分获得的两种材料总积累电荷随着时间以恒定速率增加。由聚丙烯（PP）颗粒与聚氯乙烯（PVC）管壁之间相互作用所产生的静电比聚丙烯（PP）颗粒与聚乙烯（PE）薄膜相互作用产生的静电更多，由法拉第杯测量获得的颗粒电荷密度也证实前者发生的静电要高于后者（图 5.17）。

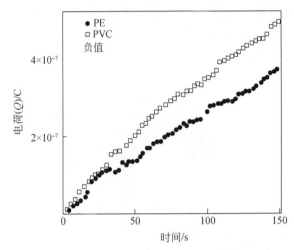

图 5.16　PVC 与 PE 感应电流积分获得静电电荷量

如图 5.15（a）、（b）所示，实验装置 B

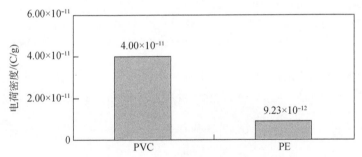

图 5.17　法拉第杯测量获得颗粒电荷密度

实验装置 B，气体流量为 1600L/min，颗粒进料速率为 35.3±3.2kg/（m² · s）

为了表征输送过程中 PP 颗粒与管道内表面之间的机械相互作用程度，应用扫描型电子显微镜检测实验不同长度时间的 PE 膜。图 5.18 分别为使用前、使用 2min 和使用 10min 后放大 1000 倍聚乙烯（PE）薄膜表面的显微照片。清楚发现，薄膜表面使用过程中很快被破坏，薄膜使用 10min 后在膜表面形成很深的沟痕，它证实了颗粒与管壁面之间存在很强的滑动作用及摩擦力。

如前所述，在气力输送颗粒系统中，无论在垂直管段（图 5.2 ~ 图 5.4）还是在水平管段（图 5.9），随着气流量降低将会有更多颗粒在管壁上滑动。由此可知，在气力输送

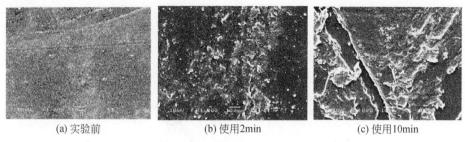

(a) 实验前   (b) 使用2min   (c) 使用10min

图 5.18 PE 薄膜（厚度为 0.04mm）扫描电子显微镜照片

实验装置 B，气体流量为 1600L/min，颗粒进料速率为 35.3±3.2kg/(m²·s)

颗粒系统中的 3 种颗粒流动模式中，颗粒与管壁发生静电的机理主要取决于摩擦起电。

5.2.3 影响颗粒流静电发生的因素

5.2.3.1 静电材料

如图 5.19（a）、（b）所示，使用 PVC 材料所产生感应电流强度（$2.5×10^{-7}$A）要大于 PE 材料产生感应电流强度（$1.0×10^{-7}$A）。如图 5.20 所示，感应电流对时间积分，表示材料表面静电电荷积累量。由图 5.20 可见，PVC 材料积累的静电荷电量要大于 PE 材料。因此，输送系统中的管道材料是影响系统静电产生的重要因素。

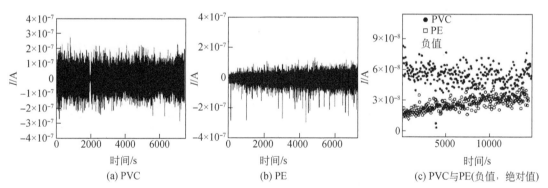

(a) PVC   (b) PE   (c) PVC与PE(负值，绝对值)

图 5.19 气力输送颗粒系统垂直管中薄膜获得感应电流

实验装置 A，分散流气流流量为 1600L/min，颗粒进料速率为 35.3±3.2kg/(m²·s)

5.2.3.2 湿度

环境气流的相对湿度（RH）是任何静电实验中一个重要因素。在本节实验中，使用相对湿度 70% 左右的自然气流与通过硅胶干燥剂获得相对湿度 5% 的干燥气体（图 5.14）。图 5.21 显示，当湿度高时颗粒电荷密度较低，反之亦然。相对湿度 5% 时颗粒电荷密度与管壁感应电流大小都会有较多波动。如图 5.5（a）所示，当相对湿度为 5% 时感应电流测量范围为 $±2×10^{-7}$A，此处研究使用周围气流结果感应电流测量范围为 $±1×10^{-7}$A［图 5.22（a）］。感应电流的绝对值［图 5.22（b）］及总积累的电荷（图 5.23）都呈现出类似趋势。换句话

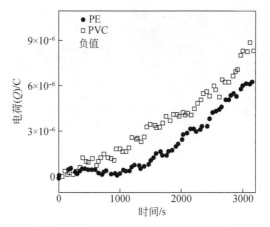

图 5.20　气力输送颗粒系统垂直管中

如图 5.19（a）、（b）所示，感应电流积分所得电荷电量，分散流气体流量为 1600L/min，

颗粒进料速率为 35.3±3.2kg/(m² · s)

说，高湿度输送气体抑制了静电发生。可以证实该结论的另一个现象是，当使用高湿度气流作为气力输送介质时，任何气流流速下都不会出现颗粒聚集的半环形或环形结构。

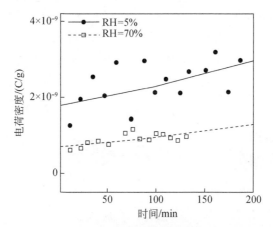

图 5.21　半环流颗粒电荷密度

由法拉第杯测量，气体流量为 1000L/min，颗粒进料速率为 13.8±2.4kg/(m² · s)；RH=5% 和 RH=70%

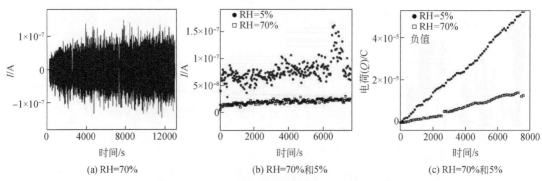

(a) RH=70%　　　　　(b) RH=70%和5%　　　　　(c) RH=70%和5%

图 5.22　气力输送颗粒系统垂直管中的感应电流

半环流，气体流量为 1000L/min，颗粒进料速率为 13.8±2.4kg/(m² · s)

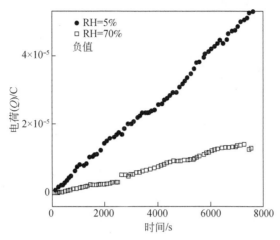

图 5.23　气力输送颗粒系统垂直管中感应电流积分所得电荷

RH=5% 如图 5.5（b）所示，RH=70% 如图 5.22（a）所示

5.2.3.3　颗粒混合物静电

　　本节中，颗粒材料对气力输送颗粒系统中的静电行为影响可以通过比较 PP 颗粒与 PP 颗粒+玻璃珠颗粒（3wt%，平均直径为 3mm）混合物的静电行为。发现混合颗粒的流动行为类似于纯 PP 颗粒。当气体流量为 1600L/min 与 1000L/min 时，混合颗粒电荷密度大于单一材料颗粒的电荷密度（图 5.24）。图 5.25 为 MPCT 测量结果，图中每个数据点都是通过 400 个 MPCT 测量数据在 20s 范围积分后得到，研究证实混合颗粒产生的感应电流大于单一材料颗粒产生的感应电流。因此，气力输送颗粒系统的静电特性可以通过改变输运颗粒物材料成分实现改变。这种方法已被 Wolny 与 Opalinski（1983）使用，他们通过向聚苯乙烯（PS）颗粒（粒径 1.02～1.2mm）中添加少量（体积浓度 0.1%）粉末达到中和静电目的，提高颗粒材料的流动性与传热特性。

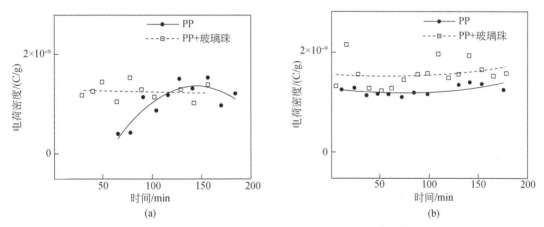

图 5.24　PP 颗粒与 PP 颗粒+玻璃珠颗粒（3wt%）混合的电荷密度比较

　　（a）分散流：气体流量为 1600L/min，颗粒进料速率为 35.3±3.2kg/（m²·s）；

　　（b）半环流：气体流量为 1000L/min，颗粒进料速率为 13.8±2.4kg/（m²·s）

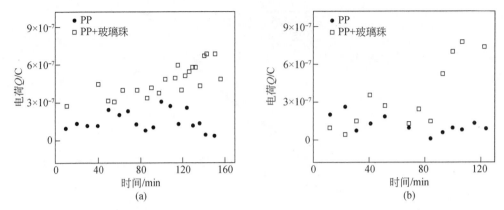

图 5.25　气力输送颗粒系统水平管中［每隔 20s，400 次，PP 颗粒与 PP 颗粒+玻璃珠颗粒（3wt%）

混合的比较］MPCT 测量值积分所得电荷电量

（a）分散流：气体流量为 1600L/min，颗粒进料速率为 35.3±3.2kg/(m² · s)；（b）半环流：

气体流量为 1000L/min，颗粒进料速率为 13.8±2.4kg/(m² · s)

5.2.3.4　抗静电剂

在气力输送颗粒系统中有效地控制和减少静电效应的能力是一个重要但知之甚少的研究领域。一种市场常用抗静电剂 Larostat-519 粉末（Zhang *et al.*，1996）可以达到降低静电效应的目的。它是一种不易燃的白色粉末，体积密度为 520kg/m³，由 60% 磷酸铵和 40% 硫酸乙醇非晶二氧化硅组成。本节研究了该种抗静电剂的有效性。相比之前没有使用抗静电剂的情况，Larostat-519 粉末使用后感应电流减小了约 3 个数量级（图 5.26）。比较图 5.12 与图 5.27 可发现累积电荷同样大幅下降。基于颗粒流动模式而言，Larostat-519 粉末具有抑制颗粒在垂直管段形成半环形与环形结构的作用，但在水平段没有发现该作用。因此表明在水平管道中形成颗粒分布结构不仅是静电作用，还与其他因素有关。

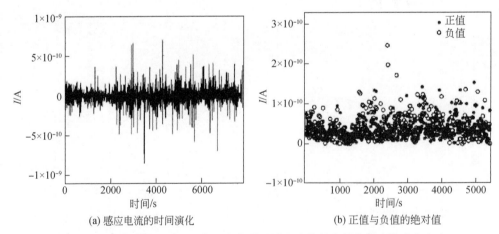

图 5.26　在气力输送颗粒系统垂直管道处测量含抗静电粉分散流的感应电流

气体流量为 1600L/min，颗粒进料速率为 35.3±3.2kg/(m² · s)

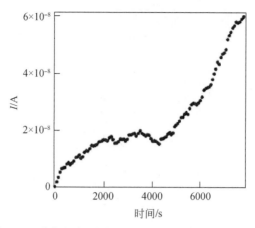

图 5.27　感应电流［图 5.26（a）］积分所得电荷电量

　　如图 5.28 所示，与 Larostat-519 粉末混合前后 PP 颗粒表面的扫描电子显微镜图，由图可见混合后颗粒表覆盖一层薄膜。表面覆盖一层 Larostat-519 粉末的 PP 颗粒与管壁碰撞和一个干净颗粒与由不同材料制成的薄膜覆盖的管壁碰撞，两种情况相类似。前面已经知道，管壁覆盖 PE 膜会导致非常不同的静电现象发生，使用 Larostat-519 粉末同样期望得到类似的结果。可能是由于检测低电流信号时 MPCT 仪器固有不精确性（图 5.29），无论系统中是否存在 Larostat-519 粉末，MPCT 测量结果几乎相同。

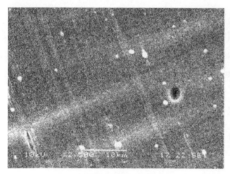
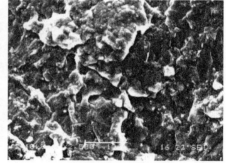

(a) 未使用抗静电粉末　　　　　　　　　(b) 使用 Larostat-519 粉末

图 5.28　气力输送颗粒系统中 PP 颗粒的扫描电子显微镜照片

分散流气体流量为 1600L/min，颗粒进料速率为 35.3 ± 3.2kg/（$m^2 \cdot s$）

5.2.4　小结

　　本节内容可总结如下。第一，气力输送颗粒系统中气流流量是决定颗粒流静电行为的主要因素。气流量越低，感应电流及颗粒荷电密度越高，这导致颗粒在气力输送颗粒系统垂直管处聚集形成半环形或者环形结构。第二，静电随着作用时间而增强，积累在管壁处的静电荷随着时间增多，3 种颗粒流动模式静电增长率相同。颗粒电荷密度也是随着时间

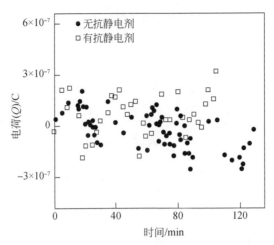

图 5.29　每隔 20s，400 次 MPCT 测量值积分所得电荷电量

普通颗粒流与加抗静电粉末颗粒流动；气力输送颗粒系统垂直管中的分散流气体流量为 1600L/min，

颗粒进料速率为 35.3±3.2kg/(m² · s)

而增大，导致气力输送颗粒系统垂直管道中出现颗粒聚集，即使当气体流量高的颗粒分散流模式中也出现颗粒聚集现象。第三，管道材料对颗粒流静电发生有很大作用。本节中应用不同参数描述静电作用，包括感应电流和电荷积累，发现气力输送颗粒系统管道 PVC 材料比 PE 材料产生更多的静电。静电作用还依赖于颗粒组成，实验中使用 PP 颗粒与玻璃珠颗粒的混合物。此外，实验证明 Larostat-519 粉末具有显著的降低静电发生作用。

气力输送颗粒系统中，高湿度气流将会降低静电发生。当工作环境相对湿度达到 70% 时，半环形与环形颗粒聚集模式对应的强静电效应将不复存在，颗粒不再聚集。研究证实，气力输送颗粒系统中静电发生机理主要依赖于颗粒在管道壁面滑动时对管道壁面很强作用后的摩擦起电。

5.3　单颗粒在滑动过程中的静电发生测量

静电现象常见于颗粒处理过程中。然而，单颗粒静电发生的工作机理，特别是有关静电平衡理论还尚未完善。本节应用单个颗粒滑动发生静电进行实验，研究静电发生机理，以及摩擦起电后的静电平衡。影响静电发生的因素包括颗粒长径比、接触面形状、滑动时间、接触面面积、滑动速度、前冲角、平板倾斜角度等，它们都对颗粒静电发生有显著影响。研究发现颗粒长径比与颗粒接触面积对静电平衡状态有重要影响。平衡电荷能够反映材料静电发生的特性。本节使用不同接触面形状的颗粒发现，在同样条件下，半圆柱形颗粒比矩形颗粒产生更多的静电电荷。

本节工作研究了单颗粒的静电生成，特别是研究了静电平衡的过程。考虑了若干因素对静电发生的影响，包括颗粒长径比、接触面形状、滑动次数、接触面面积、颗粒滑动速度、颗粒前冲角以及平板倾斜角等，并且分析了这些因素对静电发生与静电平衡状态的影响。此外，从接触表面与操作条件方面对静电发生的影响进行了描述。平衡电荷与接触电位差（contact potential difference，CPD）以及样品颗粒摩擦起电排序有关，该排序是通过反复滑动实验得到的。

5.3.1　理论

5.3.1.1　摩擦电荷生成模型

颗粒与壁面间碰撞产生的摩擦起电取决于电荷生成与电荷弛豫。摩擦电荷生成模型（Itakura *et al.*，1996；Zhu *et al.*，2007；Liao *et al.*，2011）如下：

$$\frac{\mathrm{d}q}{\mathrm{d}t} = \frac{1}{\tau_g}(kV_c - q) - \frac{q}{\tau_r} \tag{5.11}$$

$$V_c = -\frac{\phi_P - \phi_M}{e} \tag{5.12}$$

式中，t 为摩擦起电时间；τ_g 为电荷生成时间常数；τ_r 为电荷弛豫时间常数；k 为比例常数；V_c 为颗粒对金属的 CPD 接触电位差；e 为基本电荷；ϕ_P 为颗粒有效功函数；ϕ_M 为金属功函数。对式（5.11）进行积分得

$$q = kV_c \frac{1}{1 + \tau_g/\tau_r}\left[1 - e^{\left(-\frac{\tau_g+\tau_r}{\tau_g\tau_r}\right)t}\right] \tag{5.13}$$

式（5.13）表明，静电量随着摩擦起电次数而增加直到达到稳定状态。该状态下颗粒电荷量保持不变，称为饱和静电状态，其携带电荷称为平衡电荷（q_e）。式（5.11）中 $\frac{\mathrm{d}q}{\mathrm{d}t} = 0$，得

$$q_e = \frac{kV_c}{1 + \tau_g/\tau_r} \tag{5.14}$$

式（5.14）表明平衡电荷与接触电位差是线性的。

在本节工作中，几千个实验颗粒处理后得出结果与模型方程一致。通过拟合方程与数据得到方程，用来比较由滑动次数决定电荷产生的能力。结果与实验设置次数无关，对所有颗粒不同应用都具有可重复性。

5.3.1.2　实验设计

单颗粒静电发生装置见 5.3.4 节。在倾斜角 54° 不锈钢板表面，让颗粒滑动一次或多次，不锈钢板厚度为 2mm、长度为 188mm。实验相对湿度与温度分别控制在（50±5）% 和（20±2）℃。

实验中颗粒与平板摩擦生成静电，颗粒上静电电荷极性与管壁静电电荷极性相反。颗粒质量用精度为 1×10^{-4}g 的电子天平测量，然后计算出颗粒的质荷比。实验中，金属平板（不锈钢板）、法拉第杯及数字静电计均接地。此外，实验后颗粒放置在接地的金属板上，释放颗粒上的残余电荷。实验中将颗粒最大面作为滑动面以实现稳定的（非滚动）滑动模式（图 5.30 中阴影；Yao and Wang，2006）。本节实验共使用了 50 个半圆柱颗粒与 80 个矩形颗粒，实验次数上千次。

5.3.1.3 颗粒特性

本节实验采用聚氯乙烯（PVC）颗粒。颗粒滑行平面（阴影）分为矩形或半圆形 [图 5.30（a）、（b）]。每个颗粒组成平面的基本形状如图 5.30 所示。为了保证颗粒沿着平板滑动稳定，半圆柱形颗粒的平坦一面作为滑动接触面。对于矩形颗粒，最大的矩形面作为滑动接触面。长度（L）和宽度（W）用来表征单颗粒大小，两者均采用精度为10^{-4}m 的千分尺测量，然后计算出滑动接触面积。在本节工作中，颗粒长度是指滑动接触面中 L 与 W 的较大者。矩形颗粒滑动接触面长度范围是从 2.0mm 到 6.0mm，滑动接触面面积从 4.0 mm^2 到 16.0 mm^2；半圆柱形颗粒滑动接触面长度从 3.0mm 到 5.0mm，面积与矩形颗粒范围相似。

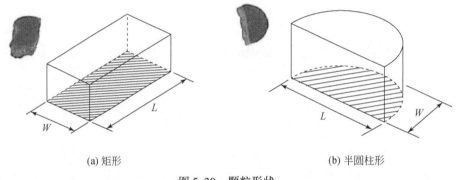

(a) 矩形　　　　　　　　　　　　　　　　　　(b) 半圆柱形

图 5.30　颗粒形状

5.3.1.4 单颗粒重复滑动

每次完成颗粒滑动和数据记录之后，从法拉第杯中取出颗粒。为了防止颗粒在实验过程中失去电荷，使用防静电镊子夹住颗粒并将其放置在平板顶部。小心夹住颗粒一边，不接触滑动面。忽略操作过程中可能有少量的静电电荷遗失。颗粒滑行实验重复多次，直到颗粒上所带电荷达到稳定状态，颗粒上的净电荷量保持不变，如式（5.13）所示，此电荷常量称为平衡电荷。假设每次滑动之间的时间间隔是相同的，基于每次实验操作时间的电荷弛豫是不变的。实验中颗粒会沿着不同的前置边缘滑动，如图 5.31（c）、（d）所示，矩形颗粒的滑动方向为沿着长边或者沿着短边。所有的实验均是在相同的条件下重复进行 3 次，测量结果取 3 次实验的平均值。为了确保颗粒滑动接触始终在同一平面，每个颗粒都以它最稳定的平面作为接触面，避免翻滚（Yao and Wang；2006）。实验后，将颗粒放置在接地金属平板上放电 24h，该时间选择是基于前期研究（Yao et al.，2004，2006；Yao and Wang，2006），实验后颗粒的静电电荷在 24h 内释放完毕。所有实验颗粒，滑动平面具有相同的粗糙度。此外，实验中使用的金属板表面具有较高的光滑度，在颗粒滑动过程中不会改变金属板表面粗糙度。因此，本节实验中颗粒表面粗糙度对静电发生的影响可忽略不计。

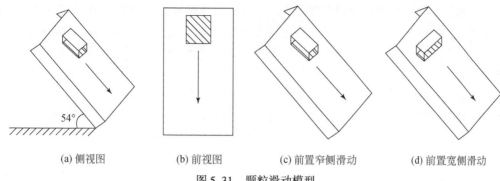

(a) 侧视图   (b) 前视图   (c) 前置窄侧滑动   (d) 前置宽侧滑动

图 5.31 颗粒滑动模型

5.3.1.5 定义

颗粒滑动面长度与宽度的定义如图 5.30 所示。Yao 等（2004）发现细长形状的颗粒比其他形状的颗粒获得更多的净电荷。可以推断，静电荷趋于沿着颗粒的长边发生。因此，为了评估颗粒静电发生能力，引入颗粒长径比（L_r），定义为颗粒长度（L）与宽度（W）之比。

$$L_r = \frac{L}{W}, \; L > W \tag{5.15}$$

影响颗粒静电生成的几个因素，包括颗粒长径比、滑动面形状、滑动次数、滑动面面积、滑动速度、前冲角以及滑板倾斜角度。为了便于比较上述影响静电因素，若干静电参数定义如式（5.16）~式（5.19）所示，如荷质比（q_m，C/g）、荷质比–颗粒长径比比率（q_1，C/g）、荷质比密度 [q_d，C/(g·mm^2)]、荷质比密度–颗粒长径比比率 [q_r，C/(g·mm^2)]。为了排除颗粒质量与颗粒接触表面面积的影响，q_d 与 q_r 用于评估颗粒静电生成能力。q_r 定义中包括了质量（g）与面积（mm^2）以归一化它们的影响。例如，为了获得颗粒前置边缘对颗粒静电发生的影响，必须先排除颗粒滑动接触面以及颗粒长径比的影响，所以使用 q_r 来表征。

$$q_m = \frac{q}{m} \tag{5.16}$$

$$q_1 = \frac{q_m}{L_r} \tag{5.17}$$

$$q_d = \frac{q_m}{S} \tag{5.18}$$

$$q_r = \frac{q_d}{L_r} \tag{5.19}$$

5.3.2 结果与讨论

5.3.2.1 电子转移

颗粒与壁面间的接触或摩擦产生静电，就是被人们所知的摩擦起电。分开后，等量且极性相反的电荷分别分布在颗粒与壁面表面。静电电荷极性主要取决于材料、粗糙度、温度与应变力。静电产生是两个接触表面之间电子转移的结果（Nemeth et al., 2003）。一般情况下，绝缘体如聚氯乙烯（PVC）倾向于接受电子。当 PVC 颗粒从金属管道滑下之后，管道带正电，PVC 颗粒带负电。这是因为聚合物颗粒在聚合物–金属界面上有悬挂键（Yoshida et al., 2006；图 5.32）。因为聚合物表面晶格结构突然断开，在不动的原子上有一个不成对的价电子。这个键极其不稳定很容易得到电子，因此 PVC 颗粒在滑行过程中带上负电。在颗粒滑动过程中［图 5.32（b）］，刚开始（阶段 I），颗粒与倾斜金属平板都是中性的；滑动后（阶段 II），颗粒与平板接触二者表面间会形成一对电荷层（Matsuyama and Yamamoto, 1997；Matsusaka et al., 2010）；随着颗粒滑动距离增加（阶段 III），电荷积累增加。

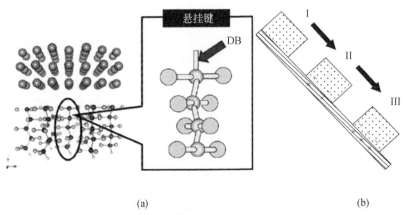

(a)　　　　　　　　　　　　　　　　　　　(b)

图 5.32　悬挂键（聚四氟乙烯–铝）示意图（据 Yoshida et al., 2006）（a）及
颗粒滑动过程中电子转移和积累模型（b）

5.3.2.2　速度影响

对于矩形和半圆柱形颗粒，静电荷（q_r）随着滑动速度增大而增加［图 5.33（a）］。这表明，颗粒滑动速度可以促进静电产生。当滑动速度相同时，半圆柱形颗粒比矩形颗粒产生更多的静电电荷。这可能是因为半圆柱颗粒与矩形颗粒相比，其前置边缘更加狭窄、更加锋利。矩形颗粒与半圆柱颗粒的滑动速度及颗粒长径比［图 5.33（b）］之间的关系表明，颗粒滑行速度随着颗粒长径比增大而增加。该结论与 Yao 和 Wang（2006）研究结果相同。静电发生随着颗粒长径比增大而增加，具有更加锋利边缘角的颗粒会产生更多的静电荷。这是因为当颗粒有较大长径比或更尖锐边缘角时，它们会有较高的滑动速度而导致产生更多的静电荷。实验测量发现，颗粒沿着倾斜斜板滑动时间间隔 0.02~0.2s［图 5.33（c）］，滑动距离除以滑动时间可以得到颗粒滑动速度，范围在 0.6~0.7m/s。在先前实验中已经研究了颗粒滑动速度对静电产生的影响（Masuda et al., 1976；Saleh et al., 2011；Cheng et al., 2012）。"颗粒–壁面碰撞"产生静电研究发现，颗粒–壁面碰撞力随着颗粒冲击速度增大而增加，这是因为颗粒动能增大，进而促进更多的电子在碰撞过程中释放。同理，有理由相信颗粒滑动速度越大导致产生更多的

静电电荷，这是因为具有较高动量的颗粒在滑动过程中也会释放出更多的电子。

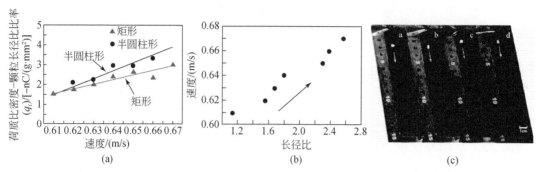

图 5.33 荷质比密度-颗粒长径比比率（q_r）和颗粒滑动速度的关系（a）、7 个典型颗粒在滑动过程中滑动速度与颗粒长径比（L_r）的关系（b）及高速摄像仪拍摄图像（c）

5.3.2.3 平衡电荷

当单颗粒沿着金属平板反复滑动时，产生的静电电荷不断增加直到达到饱和状态（q_e；图 5.34）。静电电荷量随着颗粒接触面的滑动面积而变化。注意 q_l 的定义是静电荷除以颗粒质量与颗粒长径比，进行了质量归一化处理。所以研究经过归一化处理的接触面对不同表面形状颗粒静电发生的影响具有一定的意义。研究发现，小颗粒比大颗粒更快达到静电饱和状态。由此可见，颗粒接触面积对达到静电平衡状态（图 5.34）起到重要作用。此外，饱和静电电荷与颗粒接触面面积成正比，该结果与颗粒撞击电荷实验及数值模拟结论相一致（Matsuyama and Yamamoto，2006），其最大电荷与颗粒接触面积的 1.5 次方成正比。

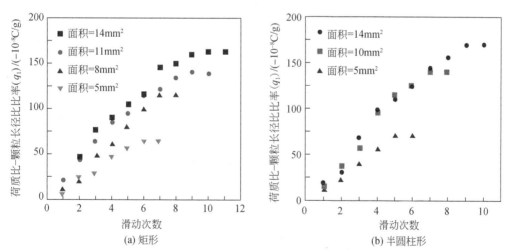

图 5.34 荷质比-颗粒长径比比率（q_l）与重复滑动次数关系

颗粒滑动接触面具有不同的滑动面积

通过拟合以下指数函数和滑动时间、静电荷数据，使用非线性回归法得到每个颗粒的

q_e［式（5.14）］。

$$q_1 = q_e \left[1 - \exp\left(-\frac{t}{\tau} \right) \right] \tag{5.20}$$

式中，q_e 为特定电荷与颗粒长径比的平衡比率；τ 为滑动颗粒静电发生的特征时间。如果颗粒在平板上滑动时间 t 远远大于 τ，则转移电荷将成为平衡电荷。由此，颗粒在平板上滑动接触生成的电荷可以达到饱和。图 5.35 为 3 种典型颗粒拟合 q_1 指数函数相对滑动时间的结果。拟合结果（表 5.10）表明，滑动面积为 14mm² 的矩形颗粒，其特征时间和平衡 q_1 分别为 1.34s 和 1.6×10^{-10} n·C/g。对于具有相同滑动面积的半圆柱颗粒，其特征时间与平衡 q_1 分别为 1.48s 和 1.7×10^{-10} n·C/g。可以得到结论，对于相同滑动面积，特征时间和平衡 q_1 与颗粒滑动面形状无关。相反，对于滑动面积 5mm² 的矩形颗粒，其特征时间和平衡 q_1 分别为 1.64s 和 6.5×10^{-11} n·C/g，这完全不同于滑动面积为 14mm² 的较大矩形颗粒。因此，颗粒滑动面积对颗粒特征时间与平衡特定电荷量确实有一定的影响，它可能比颗粒滑动接触面形状更重要。在图 5.35 中，因为颗粒初始时没有携带电荷，故 q_1 在初始阶段是 0。然而，当与导体接触时，随着实验进行，分散电荷可能通过导体镜像吸引返回至导体接触面，甚至可能会转移到导体上，这种静电发生机理可能因此会随着接触时间增加而导致净电荷转移减少。

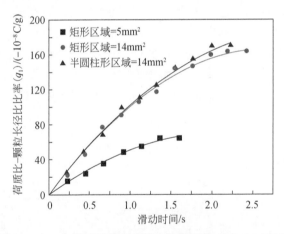

图 5.35　q_1 与滑动次数间的拟合指数函数［式（5.20）］

表 5.10　颗粒特征时间和平衡荷质比-颗粒长径比比率

颗粒滑动面积 (S) /mm²	颗粒形状	特征时间 (τ)/s	平衡荷质比-颗粒长径比比率 (q_1)/(nC/g)
14	矩形	1.34	1.6×10^{-10}
5	矩形	1.64	6.5×10^{-11}
14	半圆柱形	1.48	1.7×10^{-10}

注：q_1 见拟合式（5.20），滑动次数见图 5.34。

在电荷弛豫模型中，通过颗粒反复滑动实验测定的平衡电荷可以解释为"限量电荷"。最大电荷量取决于颗粒滑动面的性质，如颗粒长径比、颗粒滑动接触面积及颗粒材料。颗粒长径比或者颗粒滑动面积与平衡电荷（图 5.36）之间的关系表明，平衡电荷与颗粒长径比及颗粒滑动面积均成正比关系，与前置边缘无关。相同面积的半圆形和矩形颗粒可获得相近数量的平衡电荷。颗粒滑动发生的平衡电荷，其发展趋势与颗粒撞击实验结果一致。使用颗粒撞击带电实验有类似发现（Matsuyama and Yamamoto，1997），即静电发生最大电荷与颗粒接触面积的 1.5 次方成正比。

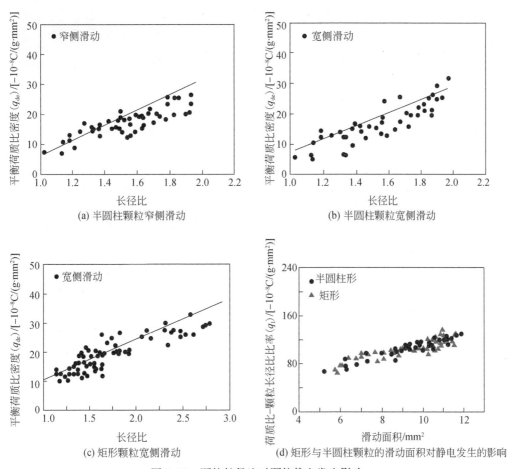

图 5.36　颗粒长径比对颗粒静电发生影响

图 5.37 表示颗粒滑动平板倾斜角度和前置边缘对平衡荷质比密度（q_{de}）的影响。静电发生依赖于颗粒长径比［图 5.37（a）］表明，当板倾角为 30°、54°、70°时，q_{de} 均随着颗粒长径比增加而增加。具体说，当颗粒长径比大于 1.6 时，q_{de} 急剧增加。再次证实，平衡电荷增加与颗粒滑动平板的倾斜角度［图 5.37（a）］与颗粒前冲角［图 5.37（b）］无关。这表明，q_{de} 不依赖于实验操作条件，而是取决于颗粒与其接触平板的材料性质。因此，平衡电荷可以认为是一种表征材料静电特性的关键参数。该结论与 Watanabe 等（2007）的实验结果吻合，该工作研究了不同材料颗粒的平衡电荷与撞击速度的函数关系。研究发现平衡电荷与颗粒撞击速度无关，但与材料有关。如图 5.37（b）所示，相对于颗粒边长，颗粒前冲角对静电发生作用不大，尽管静电随着颗粒长径比增加而明显增加。

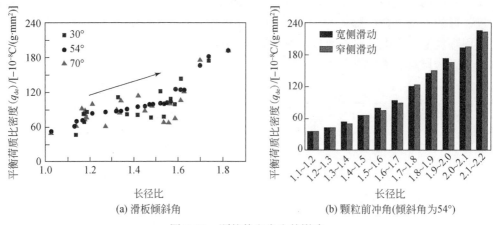

(a) 滑板倾斜角　　　　　　　　　　　(b) 颗粒前冲角(倾斜角为54°)

图 5.37　颗粒静电发生的影响

　　颗粒的接触电位差是评估其静电特性的基本物理参数。因为颗粒与金属接触的功函数是不同的。转移静电量确定后，便于平衡两种材料的能量水平，可应用式（5.12）证明。本节中使用的金属材料功函数的值可以从其他研究成果中获得，如不锈钢、Cu 和 Al 的 ϕ_M 分别是 4.3eV、4.4eV（Wilson，1996）和 4.26eV（Zhu *et al.*，2001）。平衡电荷密度（表 5.11）可通过 4 种聚合物颗粒在不同金属平板上重复滑动实验后获得。假设电荷不变，应用式（5.12）计算得出 ϕ_P。计算结果（表 5.12）与文献中实验值（Matsuyama and Yamamoto，1997；Zhu *et al.*，2001）吻合良好。q_e 值相对于接触电位差呈线性关系（图 5.38），与接触电位差定性相关。接触电位差可认为是电荷转移的驱动力（Guardiola *et al.*，1996）。

表 5.11　平衡电荷密度（q_e/S）的计算值　　　　（单位：10^{-13} C/mm^2）

颗粒材料	板材料		
	不锈钢	Cu	Al
聚氯乙烯（PVC）	−35	−30	−37
聚苯乙烯（PS）	−41	−34	−43
聚甲醛（polyformaldehyde，POM）	47	53	41
丙烯腈-丁二烯-苯乙烯 （acrylonitrile-butadiene-styrenecopolymer，ABS）	−45	−35	−47

表 5.12　现有研究与文献对比

颗粒材料	计算值	文献值
聚氯乙烯（PVC）	4.94	4.85（Davies，1969）
聚苯乙烯（PS）	4.99	4.9（Yamamoto and Scarlett B，1986）
聚甲醛（POM）	3.74	—
丙烯腈-丁二烯-苯乙烯（ABS）	4.86	—

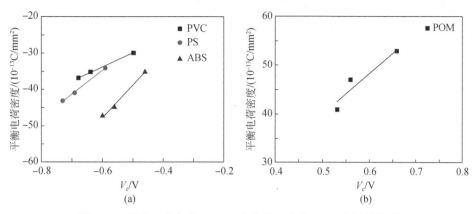

图 5.38　平衡电荷密度（q_e/S）和接触电位差（V_c）之间的关系

4 种聚合物颗粒对不同金属计算得到接触电位差。PVC. 聚氯乙烯；PS. 聚苯乙烯；
ABS. 丙烯腈-丁二烯-苯乙烯；POM. 聚甲醛

5.3.3　小结

本节通过实验测量，研究了单颗粒在金属平板上反复滑动产生的静电，特别是单颗粒摩擦起电平衡。研究中考虑了一些关键因素对静电发生的影响，如颗粒长径比、颗粒滑动接触面形状、颗粒滑行时间、接触面面积、颗粒滑动速度、颗粒前冲边及颗粒滑动接触平板与其倾斜角度。结论可总结如下。

首先，研究发现颗粒滑动速度，颗粒长径比，滑动接触面形状和前冲边都对静电发生具有重要影响。静电发生随着颗粒滑动速度增大而增加，它与颗粒滑动接触面形状无关。颗粒滑动速度随着颗粒长径比增大而增加。相同条件下，半圆柱形颗粒比矩形颗粒产生更多的静电荷。颗粒前置边缘越窄就可以产生更多的静电荷。

其次，研究发现平衡电荷与颗粒长径比成正比，它与颗粒滑行接触平板的倾斜度或前置边缘无关。研究表明，平衡状态下电荷密度不依赖操作条件，但取决于颗粒与颗粒滑动接触平板的材料性质。因此，平衡电荷可视为表征材料静电发生属性的重要参数。当滑动颗粒接触平板面积相等时，特征时间以及电荷密度与颗粒长径比的平衡比率保持不变，这与颗粒接触面形状无关。此外，平衡电荷与颗粒接触面积成正比。小颗粒达到平衡状态更快，这表明颗粒滑动面积确实影响其达到平衡状态。

最后，在相同工作条件下，半圆柱颗粒比矩形颗粒产生更多的静电。当实验平板倾斜角为 30°、54°、70°时，平衡状态电荷密度随着颗粒长径比与平衡电荷增加而变大。

5.3.4　附录：单颗粒静电发生装置及实验设计

单颗粒静电发生装置如图 5.39 所示。在一定倾斜角 θ 不锈钢板表面（图 5.39 中标记 2），让颗粒滑动一次或多次，不锈钢板厚度与长度一定（厚度为 2mm、长度为 188mm），在支架上固定。用防静电镊子将单个颗粒放置在倾斜的钢板上，在重力作用下，颗粒自行下滑至放置在平板下方的法拉第杯里（图 5.39 中标记 1；型号：TR8031，生产商：Advantest 公司，产地：日本）。每次实验后，将颗粒从法拉第杯中取出，放置另一块金属板上放电。法拉第杯包括两个彼此绝缘的金属杯且外杯接地。法拉第杯与数字静电计（图 5.39 中标记 3；型号：R8252，生产商：Advantest 公司，产地：日本）相连，可以检测到每个颗粒上的电荷。静电计与计算机（图 5.39 中标记 6）相连，每 50ms 记录电荷数据并自动存储数据到磁盘。高速摄像仪（图 5.39 中标记 5；型号：i-speed LT，生产商：Olympus，产地：日本）记录了颗粒完整的运动，对应的滑动速度可以确定。在面积为 6m² 封闭房间内通过除湿器（图 5.39 标记 4；型号：DH40ED，生产商：TOSOT，产地：中国），可将湿度控制在恒定水平。为了避免周围环境影响，法拉第杯、不锈钢板及静电计都进行接地处理。

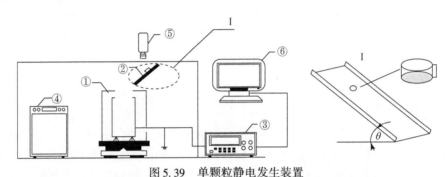

图 5.39　单颗粒静电发生装置
①法拉第杯；②金属平板；③静电计；④湿度控制仪；⑤高速摄像机；⑥计算机

第6章 多相流中材料磨损测量

多相流是在流体力学、物理化学、传热传质学、燃烧学等基础上发展起来的一门新兴学科，对国民经济的发展有着十分重要的作用，它广泛存在于能源、动力、石油化工、核反应堆、制冷、低温、环境保护及航天技术等行业（曹艳强和曹岩，2016）。多相流动中因为颗粒（包括液滴、气泡）等与壁面发生碰撞发生冲蚀磨损。因此，冲蚀磨损是多相流中流体和颗粒以一定速度和角度冲击材料壁面，伴随机械磨损与电化学腐蚀，导致金属表面材料损耗以致性能失效的现象（杨少帅，2019；熊家志，2019）。

冲蚀磨损存在于水利水电、机械冶金、能源化工、航空航天等行业，是设备失效、安全事故等发生的重要原因之一。例如，在化工管道和矿浆输运管道中，流体输送物料对管道造成冲蚀磨损，导致管道壁面减薄最终导致泄漏；火力发电厂中，高温环境中灰粉颗粒和管壁内结垢对锅炉管道造成冲击磨损，管道爆裂泄漏导致锅炉停机，严重影响电力生产和供应，带来巨大经济损失和安全隐患；在水利输送中泵作为主要过流部件颗粒和流体在泵的持续和高强度抽吸作用下对叶轮造成严重的冲击磨损；在海洋作业环境中，海油生产平台、油气管道、以及船舶船体、螺旋桨桨叶都长期处于含颗粒的高浓度卤族离子溶液环境中，不可避免的遭受冲蚀磨损等。

冲蚀磨损不仅造成材料破坏和设备失效，还大大增加了能源的消耗量。据不完全统计，能源的 $1/3 \sim 1/2$ 消耗于摩擦和磨损。Eyer 曾估计，冲蚀磨损所造成的经济损失占各类磨损造成经济损失的 8% 之多（Eyer and Fitter, 1983）。

在全球各个国家及地区日益提倡环保节能与绿色经济的前提下，冲蚀磨损对工业生产和环境治理带来巨大的安全隐患与挑战，同时造成了庞大的能源消耗及资源浪费。了解并掌握冲蚀磨损的影响因素作用效果和作用机理至关重要，其重点在于对多相流中的壁面磨损进行测量、量化和表征，以及壁面磨损与湍流的特征关系。通过使用磨损测量技术对多相流中壁面磨损进行测量、表征对于减缓全球能源消耗、提高材料使用率、降低工业事故率及运行成本都具有长远的意义。

6.1 颗粒壁面碰撞磨损发生与测量

6.1.1 颗粒壁面碰撞磨损的发生

多相介质在设备、管道等通道中流动时，会从一定方向，以一定速度冲击到材料表面，在壁面发生滑移、碰撞、摩擦等相对运动行为，同时伴随质量与能量相互转化。处于多相流介质中的各种设备和管道等部件在相对应的工况下持续遭受多相流介质的连续冲刷撞击，在含化学介质中还会伴有腐蚀发生，壁面材料不可避免的产生变形、磨损、腐蚀并且逐渐劣化，最终导致泄漏或开裂失效。

冲蚀磨损是工程材料破坏的主要形式，是多相流介质冲击材料表面造成材料损耗的磨损之一。根据流体的不同，可将磨损分为两大类：气流喷砂型和液流（或水滴）型。气流喷砂型是指流体主要为气态；液流型是指流体主要为液态，也可以称为泥浆型冲蚀磨损。流体携带的其他相可以是固体粒子、液滴或气泡，它们直接冲击材料表面，有的也可以在表面上泯灭从而对材料表面施加机械力。如果按流动介质及第二相排列组合，则可把冲蚀分为4种类型：喷砂型喷嘴冲蚀，泥浆喷嘴冲蚀，雨蚀、水滴冲蚀，以及气蚀性喷嘴冲蚀。

根据相组分可以分为单相流、双相流和多相流冲蚀磨损。其中单相流冲刷腐蚀现象非常轻微，没有颗粒作用，冲刷效果十分微弱。当含有腐蚀性溶剂或高浓度离子时，腐蚀和流动加速腐蚀作用才凸显出来。

单相流体在设备及管道中流动本身具有微弱冲刷，若流体中带有一定浓度的阴阳离子溶液则还会使金属材料自身产生微弱的原电池化学反应（如管道、设备焊缝处）。双相流体由两相组成（如气-固两相流、气-液两相流、液-固两相流、液-液两相流等），是设备失效和材料破坏的主要多相流形式之一。相比单相流动，双相流对材料的破坏更严重，作用形式及冲刷腐蚀发生机理也更为复杂。气-固两相流中，颗粒对壁面碰撞导致材料磨损，其程度与颗粒碰撞壁面的速度与角度有关，弯管处发生磨损比输运管道其他部位的管道磨损发生更严重；在液-固两相流中，颗粒与壁面碰撞导致材料磨损，其程度与气-固两相流作用规律基本相同，值得注意的是当液体介质中含有碱、酸时，颗粒与壁面碰撞导致材发生料磨损同时，还会发生腐蚀（杨少帅，2019；熊家志，2019）。在三相流及多相流环境中（如气-液-固三相），相间因素作用更加复杂，虽然借助当前检测技术手段可对发生的冲蚀磨损情况进行检测，但无法精确对各因素、各相作用进行科学量化，三相流及多相流领域的冲蚀磨损的量化表征仍是目前工作的难点，大多学者均是对多相流进行简化研究。本章学习以液-固两相冲刷腐蚀测量与分析为主。

6.1.2 壁面磨损发生实验装置

为了研究冲蚀磨损的规律、控制因素和机理，并对冲蚀磨损进行测量，首先需要建立既科学又经济实用的实验装置，用以模拟实际工况条件下的冲蚀磨损。按照材料和多相流介质的相对运动形式大致分为两种（林玉珍，1996）：一种是以实验样品运动，在多相流中进行旋转、搅拌，如旋转圆盘法、高温旋转釜法等。高温旋转釜法能实现高温高压下的冲蚀磨损工况进行模拟，对釜体材料的耐腐蚀、机械强度要求较高，通过调节转速实现改变样片旋转速度，能较好模拟泵、叶轮及搅拌槽等部件的磨损。另一种是实验样品静止不动，多相流对材料进行冲刷，如循环射流法，多相管流法等。静态腐蚀中没有多相流动，仅仅表现材料耐腐蚀性及腐蚀特性，后续章节将会详细介绍。

循环射流法是国内外研究学者常用来研究材料冲蚀磨损的方法之一，该方法具有实验结构简便，实用价值高，电化学测量易实现，冲蚀磨损速度、角度可控等优点，适合做相关因素机理分析研究（杨少帅，2019；熊家志，2019）。

　　射流是指流体从孔口、管嘴或条缝向外喷射所形成的流动现象（蔡增基和龙天愈，2009）。不同射流流态对应的冲蚀磨损有很大区别。射流为层流时材料磨损非常缓慢；射流为湍流时，冲击金属表面产生的扰动比层流更加剧烈，冲蚀磨损更加严重。工业系统中使用的大多射流均为湍流射流，湍流下的冲蚀磨损研究更具有现实意义。湍流射流结构沿射流方向可分为 3 个区间：核心段、破裂段、水滴段（图 6.1；宋磊，2010）。

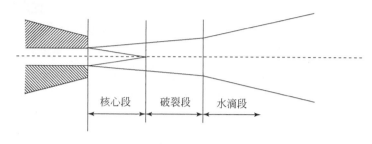

图 6.1　射流结构示意图

　　从喷嘴出口到射流中心速度达到临界喷射速度的长度区间，为射流核心段；射流的破裂段也称为射流基本段，射流流态由整体液柱破碎分裂成团块，是破裂段存在的气体动力、惯性力、黏性力及表面张力综合作用的效果。随着射流长度增加，射流轴向动压力逐渐降低，流速也从最大值逐渐降低到最小值，破碎的水团逐渐变小，最终变成水滴。

　　图 6.2 为射流冲击壁面结构示意图。射流从喷嘴射出，撞击壁面。整个过程射流结构可分 3 个区域，1 区射流结构的横断面积沿射流方向增加，结构呈半锥体状，湍流横向脉动使得射流与周围物质发生质量与能量交换，带动周围流体流动；2 区射流结构的流体主体方向由轴向逐渐向径向转变，这是由于 1 区与 2 区在射流方向上存在着较大静压差；3 区射流主流方向变为径向，是由于射流与壁面冲击后改变流向，形成贴壁射流（王小鹏等，2008）。

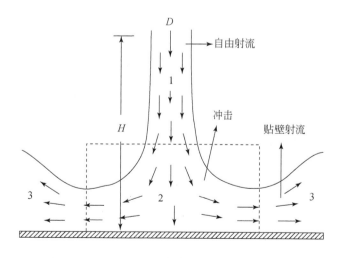

图 6.2　射流冲击壁面

图 6.3 为循环射流装置示意图（刘玉发，2020），其中 1 为样品夹具、2 为耐冲刷腐蚀变频泥浆泵、3 为电磁流量计、4 为循环管路（有机玻璃管）、5 为射流喷嘴。样品夹具（1）的作用是固定实验样品，使之与射流呈一定角度（图 6.3）。当射流与壁面垂直时（90°），当样品倾斜时，射流方向与样品所夹锐角即为冲击角。泵（2）作为整个系统动力装置，由于系统中泥沙冲刷腐蚀，工作条件恶劣，通常使用耐冲刷腐蚀的泥浆泵。该泵具有可输送泥沙流、流量转速可调节、稳定、结构简单拆卸方便等优点。采用的电磁流量计（3）是根据法拉第电磁感应定律制造的感应式仪表，适用于测量管道内导电介质的体积流量，具有极小压损，大测量范围的优点（最大流量与最小流量之比大于 20∶1）。电磁流量计适用工业管径范围宽，最大可达 3m，输出信号和被测流量成线性，精确度高，可测量电导率 $\geqslant 5\mu s/cm$ 的酸、碱、盐溶液，水、污水、腐蚀性液体，以及泥浆、矿浆、纸浆等流体流量。适用于测量液–固两相流冲刷腐蚀实验系统的流量，但不能测量气体、蒸汽及纯净水的流量。

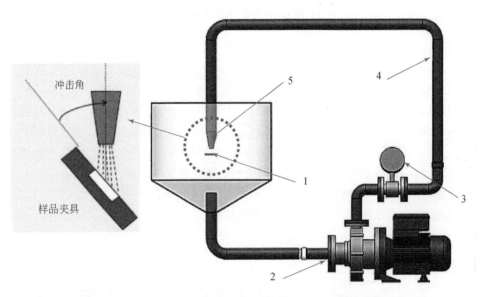

图 6.3　循环射流法示意图（据刘玉发，2020）

1. 样品夹具；2. 耐冲刷腐蚀变频泥浆泵；3. 电磁流量计；4. 有机玻璃管；5. 射流喷嘴

本章使用冲蚀磨损发生装置如上所述，该装置可对流动过程中的速度、冲击角度、颗粒浓度等因素进行测量控制。

6.1.3　壁面磨损测量

6.1.3.1　失重测量

应用高精度天平（图 6.4；精度 10^{-4} g）测量样品冲刷腐蚀实验前后的质量，即测得质量损失。

图 6.4　高精度天平

质量损失（也称为失重量）定义为样品初始质量与冲蚀磨损后样品质量之差：

$$m = M_c - M_h \tag{6.1}$$

式中，M_c 为样品冲刷腐蚀前质量，g；M_h 为样品冲刷腐蚀后质量，g。

失重率定义为样品质量损失与原始样品质量之比：

$$E = \frac{m}{M_c} \tag{6.2}$$

式中，E 为失重率；m 为样品质量损失，g。

质量损失测量是冲刷腐蚀研究领域最基础和直接的方法。质量损失除了能直接表示冲蚀量外，其单位也可以由质量损失得来，如 mg/（m² · h）、g/（cm² · h）、mm/a 等。通过失重曲线和冲蚀磨损率的变化趋势可以表征实验材料的耐冲击性能（赵彦琳等，2018）。

6.1.3.2　扫描电子显微镜

扫描电子显微镜（SEM；张大同，2018）是介于透射电子显微镜和光学显微镜之间的一种观察手段，可以分为场发射扫描电子显微镜（field emission gun scanning electron microscope，FEG SEM）和常规扫描电子显微镜（conventional scanning electron microscope）两类。扫描电子显微镜基本由电子光学系统（镜筒）、扫描系统、信号检测和放大系统、图像显示和记录系统、电源和真空系统、计算机和控制系统等部分组成。其中，电子光学系统（镜筒）部分由电子枪、聚光镜、物镜、扫描系统、物镜光阑、扫描线圈和消像散器组成，由电子枪提供高能电子束，通过聚光镜和物镜的激励调节使电子束具有一定能量、一定束流强度和束斑直径，电子束光斑越小分辨率越高，聚焦电子束与试样相互作用，产生二次电子、背散射电子、特征 X 射线、阴极荧光和透射电子等物理信号。透镜内孔放置扫描线圈、物镜光阑和消像散器，扫描线圈的目的是使电子束发生偏转并在样品表面有规则的扫动。扫描电子显微镜的放大倍数就是通过改变电子束偏转角度实现的，光阑的目的是减弱电子束的发散程度，消像散器消除像散。扫描系统使电子束在样品表面和荧光屏上实现同步扫描，由扫描信号发射器、放大倍率控制电路和扫描线圈组成。扫描线圈的电流强度随时间交替变化，使电子束按照一定的顺序偏转通过样品上的每个点，完成扫描。样品室位于镜筒下部，内部有样品台，使样品能在 X、Y、Z 3 个方向上移动同时还能围绕自身旋转和倾斜，具有 5 个自由度，可以使样品每个部位都能受到电子束的扫描进行观察。信号检测与放大系统和图像显示记录系统的作用是检测样品在入射电子束作用下产生的二次电子等物理信号，物理信号经视频放大后进入显示系统，显示图像，供观察选择进行照相记录进行存储。根据信号的不同检测器大致可以分为三类：电子探测器、阴极荧光探测器和 X 射线探测器。真空系统为电镜提供一定的真空度，确保电子束直接到达样品表面避免干扰。根据发射电子枪的不同，真空度要求不同，如果真空度不足，除了样品直接遭受污染外，还会出现灯丝寿命下降、极间放电等问题。电源系统由稳压、稳流及安全保护电路组成，为电镜各部分提供稳定的电源，一般电压要求稳定度变化在 10^{-6} V、电流稳定度变化在 10^{-6}A 以下，可外接稳压电源或不间断电源。计算机控制系统几乎控制电镜的全部功能，包括真空控制、灯丝加热、扫描速度、调焦、亮度、样品 5 个自由度的移动、图像处理分析和存储等操作，使操作大大简化。

电子扫描显微镜是一种多功能的仪器，具有分辨率高、放大倍率宽、三维立体效果好、综合分析能力强等优点，是用途最为广泛的一种仪器。它也可以结合其他仪器进行基本分析：①三维形貌的观察和分析；②在观察形貌的同时，进行微区的成分分析；③获取材料的晶体学特征。

6.1.3.3　能谱仪

X 射线能谱仪（EDS）主要由探测器、放大器、脉冲处理器、显示系统和计算机组成。前面谈到高能量电子束进入样品，与样品相互作用产生各种物理信号，其中就包括 X 射线，入射电子受到原子的非弹性散射其能量传递给原子，使原子内壳层某些电子被电离从而出现空位，此时原子处于不稳定的高能激发态。激发完成后，外层电子跃迁进入内壳层使原子重归稳定基态，这个过程中因外层电子跃迁产生的能量以特征 X 射线和俄歇电子的形式体现出来。从样品出射的 X 射线进入探测器转变为电脉冲，放大器将电脉冲放大，经脉冲处理器处理后在显示器显示 X 射线能谱图，最后通过计算机软件进行定性定量分析处理。特征 X 射线的能量或波长与样品原子序数存在函数规律即 Moseley 定律，根据某元素对应的特征 X 射线能量不同，便可对材料进行元素成分分析。

能谱仪结构简单、使用方便，大量的配置在扫描电子显微镜、透射电镜等进行精准微区成分分析；另外能谱还可与电镜联网对来自电镜或能谱的图像进行处理分析，实现样品形貌、成分的综合分析。

6.1.3.4　X 射线衍射仪

X 射线的波长和晶体内部原子面之间的间距十分相近，此时晶体可以作为 X 射线的空间衍射光栅。当 X 射线照射到物体上时，会受到物体中原子的散射，每个原子都产生散射波，这些波互相干涉，结果就产生衍射。衍射波叠加的结果使射线的强度在某些方向上加强，在其他方向上减弱，衍射线的分布规律由晶胞大小，形状和位向决定，衍射线强度则取决于原子的品种和它们在晶胞的位置,因此,不同晶体具备不同的衍射图谱。分析衍射图谱便可精确测定物质的晶体结构,织构及应力,进行物相的定性分析和定量分析。

利用 X 射线衍射仪(XRD)对冲蚀磨损前后的晶体结构等信息进行测定,从而可以分析经历冲蚀磨损后样品的晶体结构变化规律,在晶体层面分析磨损机理。

6.1.3.5　激光扫描共聚焦显微镜

激光扫描共聚焦显微镜(laser scanning confocal microscope,LSCM)采用激光束作光源,激光束经照明针孔,经由分光镜反射至物镜,并聚焦于样品上,对标本焦平面上每一点进行扫描。照明针孔与探测针孔相对于物镜焦平面是共轭的,焦平面上的点同时聚焦于照明针孔与探测针孔,焦平面以外的点不会在探测针孔处成像。组织样品中如果有可被激发的荧光物质,受到激发后发出的荧光经原来入射光路直接反向回到分光镜,通过探测针孔时先聚焦,聚焦后的光被光电倍增管探测收集,并将信号输送到计算机,处理后在计算机显示器上显示图像。在此光路中,只有在焦平面的光才能穿过探测针孔,焦平面以外区域射来的光线在探测小孔平面是离焦的,不能通过小孔。因此,非观察点的背景呈黑色,反差增加,成像清晰(韩卓等,2009)。该测量方法可以获取微观三维形态图像,微观三维轮廓与微观图像,亚微米级的线宽、面积、体积及线面粗糙度等测量数据。兼具光学显微镜、粗糙度仪、激光轮廓仪和扫描电子显微系统的特性,可以快速得到被观察样品的 3D 外观形貌及 3D 尺寸。

6.2　颗粒流动与磨损关系

多相流中冲蚀磨损发生是由于多相流介质在设备、管道中流动时,与壁面发生的滑移、碰撞、摩擦等行为,同时伴随质量与能量相互转化,设备及构件经过长时间运转最终在这些行为下劣化失效。磨损的发生主要体现在跟随流体运动的固体颗粒相对壁面的撞击,加之流体溶液中化学环境造成材料的腐蚀对磨损的促进作用,在此过程中发生质量与能量的交换。除了流体自身的腐蚀性离子浓度等影响因素外,表面磨损还与壁面材料的耐蚀性、机械硬度、韧性等直接相关。在颗粒相方面影响材料冲蚀磨损的因素包括颗粒速度、冲击角度、颗粒粒径、颗粒浓度及冲蚀时间等因素,本节重点对冲蚀磨损中颗粒流动与壁面磨损发生之间的关系进行阐述。

6.2.1　颗粒影响因素

6.2.1.1　冲蚀速度

冲蚀速度对冲蚀磨损的影响是不可忽视的一个因素,这是因为冲蚀磨损量的大小与颗粒的动能有直接的关系。许多研究表明(Mccabe *et al.*,1985)冲蚀磨损量与颗粒的速度之间存在如下关系:

$$E = K \cdot v^n \tag{6.3}$$

式中，K 是常数；v 是颗粒碰撞壁面速度；n 是速度指数，一般情况下 $n = 2 \sim 3$，延展性材料波动较小，$n = 2.3 \sim 2.4$，脆性材料波动较大，$n = 2.2 \sim 6.5$。在已有的冲刷腐蚀研究中，基于不同的实验条件和冲刷腐蚀模型，学者们对速度指数也不断地提出了相应的修正，该经验公式不适合在较低流速下材料的质量损失测量（Finnie and Mcfadden，1978）。

关于冲蚀磨损中颗粒碰撞壁面速度的研究中对于钝化金属材料有学者提出临界流速（critical flow velocity，CFV）的概念（Zheng *et al.*，2014；Zheng and Zheng，2016；Li *et al.*，2019），并通过包括质量损失及众多电化学在内的方法确定临界流速，临界流速的概念也逐渐被研究学者接受，成为评价金属材料耐冲蚀磨损的指标。临界流速可以大致表述为材料质量损失率突增时的流动速度，在此流动速度下材料的去钝化速率等于再钝化速率。在临界流速前金属材料钝化膜的钝化速率大于冲蚀磨损发生过程中钝化膜的破坏速率，金属自身及时的钝化对金属材料形成保护；在临界流速之后，钝化膜破坏速率大于修复速率，由于得不到及时的保护不断有新的金属暴露于液-固两相流环境中，造成质量损失量的增大。目前研究表明，液-固两相流中冲击速度越高，材料磨损及质量损失越大，但是由于材料、颗粒、溶液环境等条件下流动，速度所作用于冲蚀磨损的机理有所不同，流动速度的研究仍是现阶段的研究热点。

6.2.1.2 冲击角度

当流体方向与壁面垂直时定义为 90° 冲击。当样品倾斜时，射流方向与样品所夹锐角即为冲击角，冲击角度是冲蚀磨损中非常重要的一个参数，它在很大程度上决定颗粒与壁面的行为方式，对壁面磨损形貌及程度起着决定性作用。

颗粒与壁面的碰撞后果取决于颗粒与样品壁面的撞击角度、速度及样品表面的粗糙度。入射角的大小会直接影响颗粒对壁面的碰撞：入射角偏大时，颗粒作用力垂直于壁面的分力大、水平分力小，颗粒在壁面的行为偏向于正向冲击，表现为颗粒刺入、撞击壁面，壁面破坏形式向深处发展，出现撞击凹坑；入射角偏小时，水平分力占主要比重，垂直分力偏小，颗粒在壁面的行为表现为切削、滑移、摩擦，壁面破坏形式在水平方向延伸，体现为犁沟、划痕。此外，颗粒在壁面的行为与材料损耗的关系还取决于材料的类型：一般来说，塑性材料的损耗主要取决于颗粒与壁面的切削行为；脆性材料的破坏主要取决于颗粒与壁面的正向冲击行为。冲击角度与材料的磨损率关系见式（3.10）。

在不同的冲刷腐蚀条件下，可能会出现塑—脆或脆—塑相互转变：$\alpha = 0$ 时，材料表面主要为塑性变形磨损；$\alpha > 0$ 时，材料表面主要为脆性磨损。颗粒速度决定了颗粒撞击材料表面时的动能大小与能量转化，决定了颗粒刺入金属表面的深度，以及颗粒在材料壁面滑移、摩擦的长度。值得注意的是，并不是所有冲蚀磨损条件下冲击角都符合上述经验公式，不同冲刷腐蚀条件规律也有所不同，但是相类似的条件规律基本是一致的。

粒径 0.3mm 的 0.2wt% 石英砂冲刷腐蚀 304 不锈钢样品 2h，冲击角度为 30°、90° 时分别对应的样品质量损失如图 6.5 所示。该条件下颗粒对样品表面的冲击角度为 30° 时，样品表面质量损失远远大于冲击角度 90° 所造成的样品损失量。在不锈钢中，AISI 304 奥氏体不锈钢具有高耐腐蚀性，高强度和延展性，广泛应用于石油、化工、热力发电、核电等领域。作为塑性材料的 304 不锈钢，在颗粒冲击作用下，易发生塑性变形，切向应力的挤压变形作用是造成材料损耗的关键因素。

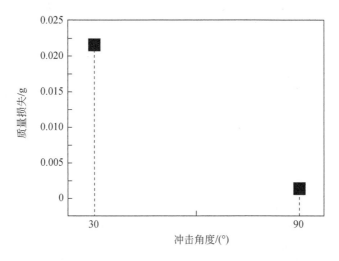

图 6.5　304 不锈钢不同角度的质量损失图（据曾子华，2017）

　　图 6.6 为含 40～60 目 0.5wt% 石英砂颗粒的纯净水采用循环射流法对 304 不锈钢进行冲蚀磨损的累积质量损失。图中可见在 45°冲击角度下实验样品质量损失最大，60°冲击角度下质量损失最小。

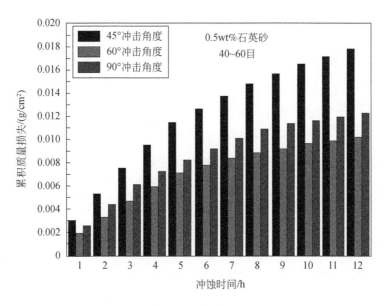

图 6.6　含石英砂颗粒纯净水中 304 不锈钢的累积质量损失（据杨少帅，2019）

　　如图 6.7（a）所示，Q345 钢在相同颗粒浓度下同种粒径在不同冲击角度下的冲蚀量，其中 30°、60°、90°的冲蚀量逐渐减小。图 6.7（b）为不同颗粒浓度下不同冲击角度的变化，伴随冲击角度逐渐增大，冲蚀量在 30°达到最大值随后逐渐降低。即 Q345 钢在低角度下的冲蚀量最大，对低角度的切削作用抵抗力较弱。Q345 钢材料比较偏向于塑性材料，而且在不同角度下随着颗粒粒径增大，冲蚀量逐渐减小，材料表面可能产生了加工硬化及颗粒因素的变化。

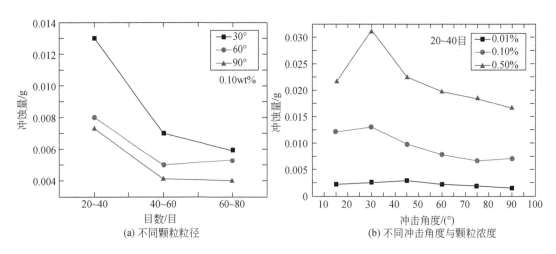

图 6.7　Q345 冲蚀量变化趋势（据熊家志，2019）

6.2.1.3　颗粒粒径

颗粒粒径作为材料冲蚀率的一个影响因素，颗粒粒径大小反映了颗粒惯性，直接影响着颗粒撞击表面的冲击能。冲击角度决定了颗粒作用的着力点和作用方向，颗粒粒径则直接影响颗粒撞击壁面效果。它和颗粒形状、颗粒粗糙度决定了材料磨损的程度。1982 年，Bree 和 Rosenbrand 等（1982）提出采用颗粒平均粒径作为冲蚀率函数中的一个重要因子：

$$冲蚀率 = 颗粒平均粒径^n \qquad (6.4)$$

此处幂指数 n 的变化区间为 $0.3 \sim 2$。幂指数的最大值可能与材料的性能，实验环境，颗粒尺寸以及颗粒分布等因素有关。其后，2004 年 Gandhi 与 Borse（2004）提出采用质量平均粒径来代表平均粒径评估液–固两相流中颗粒尺寸有较大变化时的磨损情况。

Bree 等（1982）基于假设颗粒为球形且均匀分布，所有与壁面碰撞颗粒具有 100% 的碰撞效率，统计与壁面碰撞的颗粒数量，提出了单颗粒冲击动能和质量损失关系式。撞击壁面颗粒数量（N_{sp}）为

$$N_{sp} = \frac{A_{ws} \cdot v \cdot \sin\alpha \cdot \rho_w \cdot C_w \cdot 3600}{\left(\dfrac{\pi}{6}\right) \cdot d_p^3 \cdot \rho_p} \qquad (6.5)$$

式中，A_{ws} 为样品表面积，m^2；v 为射流平均速度，m/s；α 为射流与样品夹角；C_w 为颗粒质量浓度，wt%；ρ_w 为水密度，kg/m^3；ρ_p 为颗粒密度，kg/m^3；d_p 为颗粒平均直径，m。单颗粒冲击动能估计式为

$$K = \frac{P \cdot t}{N_{\text{sp}}} \tag{6.6}$$

式中，K 为单颗粒的冲击动能，J；P 为电机输出功率，W；t 为冲蚀时间，s。

图 6.8 实验结果显示，随着颗粒粒径增大，每小时颗粒撞击不锈钢平板次数减少，尽管如此，样品平均质量损失却显著增加，这是因为随着颗粒粒径增大其惯性增强，跟随性变差，撞击壁面能量增大，在冲刷腐蚀过程中对样品表面产生较显著的磨损。图 6.9 显示颗粒单次撞击质量损失随着颗粒尺寸减小而降低，并且其变化速率分别在 256μm 和 181μm 处发生转折。在转折点前，颗粒单次碰撞质量损失随颗粒粒径的变化率高于转折点后。

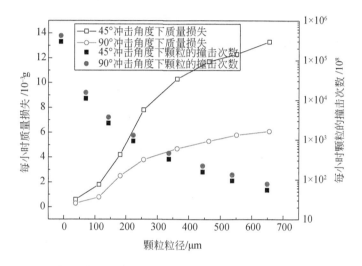

图 6.8 304 不锈钢在不同颗粒粒径、不同角度下质量损失与撞击次数（据杨少帅，2019）

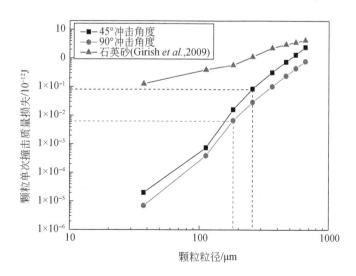

图 6.9 304 不锈钢在 45°、90°冲击角度下颗粒单次撞击质量损失随颗粒粒径变化的趋势（据杨少帅，2019）
0.5wt% 的石英砂，射流为 9.6m/s

由颗粒尺寸增大引起的磨损量增加主要是由于颗粒冲击能增加导致（图 6.10）。随颗粒粒径减小，颗粒撞击效率和冲击动能会大幅降低。较小粒径颗粒撞击效率较低，与大粒径颗粒相比小颗粒会分散颗粒的冲击能，甚至不足以对材料表面构成磨损。Levy 和 Chik（1983）研究发现小颗粒磨损及黏附在受侵蚀壁面的颗粒会降低后续进入磨损发生体系中颗粒动能，从而导致冲蚀磨损量的减小。

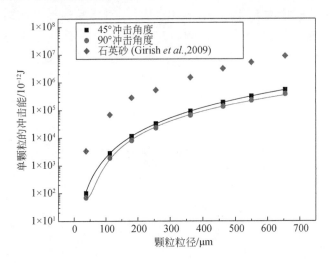

图 6.10　单颗粒撞击 304 不锈钢的冲击能（据杨少帅，2019）

基于颗粒粒径对冲蚀磨损的影响，一些新概念随着研究逐渐深入而提出，如临界粒径（粒度效应、尺寸效应）、二次磨损等。

临界粒径是指材料冲蚀磨损率随着颗粒尺寸增大而增大，当尺寸增大到 D_k 时，材料冲蚀磨损率趋于稳定，不随颗粒尺寸变化而变化，该现象称为"粒度效应"。此时颗粒粒径称为临界粒径（D_k），D_k 大小随着冲蚀磨损条件和靶材材料不同而变化。对于韧性材料，材料表面存在一层很薄的硬质层，当颗粒粒径较小时，颗粒只能冲击硬质层，无法穿过该硬质层对材料基体产生切削作用，随着颗粒粒径增大，颗粒切入硬质层深度也随之增大，当颗粒直径小于 D_k 时，冲蚀磨损率随着颗粒直径增大而增大。当颗粒直径大于 D_k 时，颗粒撞击壁面穿过材料表面硬质层，对材料基体产生切削作用，冲蚀磨损率较大且趋于稳定。如图 6.8 ~ 图 6.10 所示，颗粒冲击能、质量损失及撞击次数随颗粒粒径的变化趋势，均呈现"临界粒径"。脆性材料不存在"粒度效应"，材料冲蚀磨损率随着颗粒粒径增大而不断增大。

颗粒破碎是指颗粒在与壁面碰撞过程中，颗粒与壁面材料进行能量与质量交换。颗粒动能部分被壁面材料所吸收，材料表面出现塑性变形或裂纹扩展，碰撞及摩擦产生的热量由流体介质吸收和传导。颗粒碰撞壁面时，颗粒会嵌入壁面材料中，或颗粒导致材料直接去除或遭受腐蚀介质腐蚀，因此有"质量交换"。在碰撞过程中，颗粒会发生破碎，破裂后形成的新颗粒对样品表面造成二次磨损（图 6.11）。研究发现混合粒径颗粒的冲蚀磨损量比单一颗粒粒径大（Routbort *et al.*，1980；Marshall *et al.*，1981）。

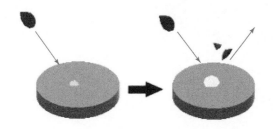

图 6.11　颗粒撞击壁面破碎示意图（据杨少帅，2019）

6.2.1.4　颗粒浓度

流体速度增大除了直接影响颗粒撞击力度外，还会加快多相流体循环，增大颗粒与壁面的碰撞频率，因此颗粒浓度可以直观反应参与冲蚀磨损的颗粒数量与撞击次数。随着颗粒浓度不断增加，冲蚀磨损量也随之增加。颗粒浓度增大，参与循环颗粒数目增多，单位时间内颗粒与样品表面的冲击次数会发生改变。

在已有冲刷腐蚀模型中，通常认为冲蚀磨损量与颗粒浓度成正比，含有更高颗粒浓度的多相流冲刷腐蚀能力则更强。多相流中颗粒数目增多，材料表面会因反复发生塑性变形而产生疲劳裂纹，随着冲击和切削的次数增多，磨损量也随之增加（图 6.12）。

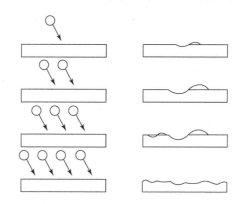

图 6.12　颗粒浓度磨损机理图（据熊家志，2019）

图 6.13 显示颗粒冲击材料所引起的冲蚀量随颗粒浓度的变化关系。当多相流中颗粒浓度为 0.1wt% 时，冲蚀磨损量因颗粒浓度变化反应较快，曲线斜率较大，即冲蚀磨损量随颗粒浓度变化速度更快。当颗粒浓度大于 0.1wt% 时，冲蚀磨损量随着颗粒浓度增大而不断增加，但直线斜率变小，即冲蚀磨损量随颗粒浓度变化速度呈变慢趋势。总之，整个过程中实验样品冲蚀磨损量同颗粒浓度呈正比例关系。这是因为颗粒浓度增加，多相流中颗粒与颗粒之间碰撞发生概率增加，影响颗粒与样品碰撞。此外，颗粒与颗粒之间碰撞损耗自身能量，直接会影响颗粒与壁面的碰撞能量；与此同时，颗粒之间碰撞会促使颗粒改变自身形状，由尖锐变为圆滑。因此，冲蚀磨损量并不是随颗粒浓度一直增大，当颗粒浓度超过一定值后，冲蚀磨损量将不再增加，颗粒间作用减轻了颗粒对壁面的磨损作用（Anand et al.，1987；庞佑霞等，2006），该现象称为"屏蔽效应"。

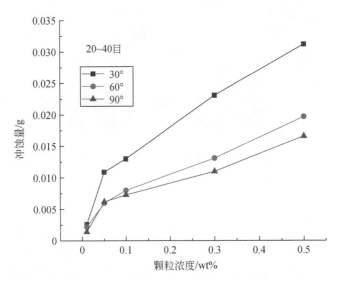

图 6.13　316 不锈钢在不同颗粒浓度不同冲击角度下冲蚀磨损量（据熊家志，2019）

6.2.1.5　冲蚀时间

一般情况下，材料冲蚀时间越长，冲蚀磨损量越大，材料逐渐劣化最终失效（Balan et al.，1991）。值得注意的是，冲刷腐蚀初期，靶材材料并不立刻流失，甚至产生增重，称为冲蚀磨损孕育期或潜伏期。经过一段时间冲刷腐蚀后才达到稳定的冲蚀磨损阶段，此时材料失重与冲蚀时间大致呈现线性关系。孕育期发生原因可能是由于冲蚀磨损初期，靶材表面塑性变形、粗糙化和加工硬化，甚至颗粒在材料表面沉积、嵌入而出现增重现象。循环射流冲刷腐蚀较长一段时间后，冲蚀磨损率趋于稳定不会继续增加，除了冲刷腐蚀过程中材料表面加工硬化外，颗粒产生一定的破碎后颗粒粒径有所减小，其形状趋于圆润。

图 6.14 显示 304 不锈钢和 Q345 钢在 10m/s 速度下连续冲刷腐蚀 24h 的失重率，304 不锈钢耐冲蚀磨损性能优于 Q345 钢，两种材料冲蚀磨损速率均是先升高后趋于平缓。

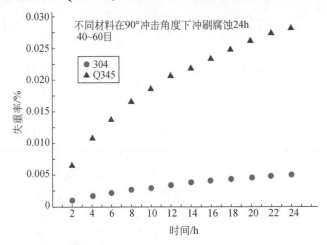

图 6.14　90°垂直射流冲刷腐蚀两种材料失重率随时间发展趋势比较（据熊家志，2019）

6.2.2　颗粒变化

颗粒与壁面碰撞过程中，颗粒与壁面发生能量与质量交换，此过程中颗粒及壁面均会产生改变。颗粒由于发生破碎，颗粒粒径因此发生改变。颗粒-壁面碰撞及颗粒-颗粒碰撞导致颗粒形状（长宽比）及表面粗糙度发生改变，影响冲蚀磨损率；此外，碰撞后壁面的磨损形貌改变边界层流场，反作用影响颗粒行为。

6.2.2.1　粒径变化

图 6.15 为 0.5wt% 石英砂颗粒粒径为 50～60 目、冲击角度为 30°、冲蚀时间为 48h 时 304 不锈钢样品相应的质量损失。在冲蚀时间 0～36h 阶段，样品质量损失逐渐降低；在冲蚀时间 36～42h 阶段，304 不锈钢样品的质量损失趋于稳定即磨损率趋于平缓。该过程中，变量有颗粒粒径、颗粒粗糙度、样品表面磨损形貌、样品损失等，其中样品表面磨损形貌可视作样品损失的体现，颗粒粒径变化可能是 304 不锈钢样品质量损失先降低再逐渐平缓的主要原因。在不同时间段对实验前后的颗粒粒径进行测量和分析，从而获得实验后颗粒的粒径变化及与时间关系，这是液-固两相流冲刷腐蚀实验常用的颗粒粒径分析方法。

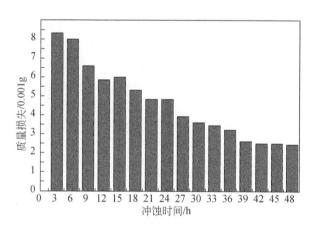

图 6.15　初始粒径 50～60 目冲蚀磨损样品每 3h 质量损失图（据曾子华，2017）

如图 6.16 所示，冲刷腐蚀之前（时间为 0 时），颗粒粒径 50～60 目占比 100%。冲刷腐蚀 12h 后，50～60 目粒径（a1）的石英砂质量百分数减少至 36.5%，60～70 目粒径（b1）的石英砂质量百分数增加至 45.8%，70～80 目粒径（c1）的石英砂质量百分数增加 10.9%，小于 80 目粒径的石英砂质量百分数增加至 7%。在冲刷腐蚀 48h 后，50～60 目粒径（a2）的石英砂质量百分数减少至 25.6%，60～70 目粒径（b2）的石英砂质量百分数增加至 29.8%，70～80 目粒径（c2）的石英砂质量百分数增加 32.5%，小于 80 目粒径的石英砂质量百分数增加至 12.1%。图 6.16 结果表明随着冲蚀时间增加，颗粒粒径有向 70～80 目集中的趋势。

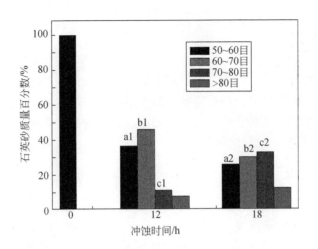

图 6.16　不同冲蚀时间、不同颗粒粒径石英砂质量百分数（据曾子华，2017）

如上所述，除了颗粒速度直接决定撞击力度外，当速度恒定时颗粒的撞击能取决于颗粒粒径大小。颗粒与壁面撞击发生破碎后，颗粒粒径减小，颗粒冲击能能减小；颗粒粒径减小到一定程度不再破碎，颗粒粒径分布趋于稳定。

6.2.2.2　颗粒形状

由上述分析可知，颗粒形状是材料冲蚀磨损过程中的一个关键因素。颗粒越尖锐、棱角越分明对材料壁面破坏越严重。在颗粒冲击能作用下，颗粒撞击壁面瞬间，尖锐的棱角在壁面处产生极高的压强，刺入壁面形成凹坑、压痕或在壁面处留下划痕。经历过大量碰撞摩擦后，颗粒失去棱角，逐渐偏向于球形，破坏壁面能力变弱。Levy 等比较了颗粒粒径与形状影响冲蚀磨损的程度，发现尖角颗粒造成的冲蚀磨损量是球状颗粒 4 倍之多（Levy and Chik，1983）。

通常条件下，描述颗粒通常有两个指标：一是宽长比（W/L），另一个是周长平方与面积之比（P^2/A）。

图 6.17 为应用循环射流法冲刷腐蚀 304 不锈钢在不同时段颗粒变化情况及长宽比数据。图 6.17（a）为石英砂颗粒的初始形貌和尺寸，颗粒平均粒径是 0.574mm。冲刷腐蚀 27h 后颗粒形貌和尺寸如图 6.17（b）所示，其颗粒平均粒径是 0.527mm。在冲刷腐蚀 42h 后颗粒形貌和尺寸如图 6.17（c）所示，其颗粒平均粒径是 0.457mm。经过 0h、27h、42h 冲刷腐蚀后的颗粒间存在颗粒形状的改变，且 SEM 图像数据表明颗粒尺寸明显变小。为了更好表征颗粒形状的不同，Yao 等（2015）提出了长宽比的概念即颗粒长度与颗粒宽度之比。图 6.17 中颗粒的长宽比分别为 1.378、1.316 和 1.293。长宽比值随着冲蚀时间的增加而减小，在长时间冲蚀磨损后颗粒形状趋向于圆形，且颗粒在沿着长度的方向易于破碎。

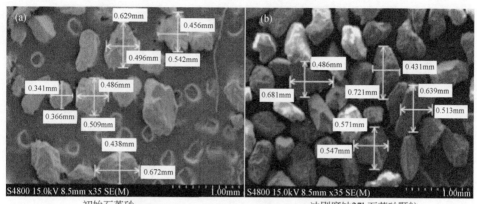

初始石英砂　　　　　　　　冲刷腐蚀27h石英砂颗粒

冲刷腐蚀42h石英砂颗粒

图 6.17　不同时段颗粒 SEM 图像（据曾子华，2017）

6.2.2.3　颗粒粗糙度

表面粗糙度（surface roughness）是指颗粒表面具有的较小间距和微小峰谷的不平度，其波距很小（在1mm以下）属于微观几何形状误差，表面粗糙度越小，则表面越光滑。在冲蚀磨损中通常使用粗糙度仪、扫描电子显微镜或激光共聚焦扫描显微镜测量材料壁面或颗粒表面粗糙度，用以表征材料的光滑程度。

颗粒在冲刷腐蚀过程中，其粗糙度随冲蚀时间的增加而降低，颗粒表面更加光滑，粗糙度明显降低（图6.18），将会降低颗粒对样品表面撞击、滑移作用的程度，导致样品磨损率减小。

需要注意的是，这些因素变化是在冲蚀磨损过程中同时发生的，不是单独发生的，它们共同影响材料壁面的冲蚀磨损作用，掌握这些因素及其变化规律便可对冲蚀磨损有较为全面的理解，可以对冲蚀磨损中各种现象及机理进行解释。

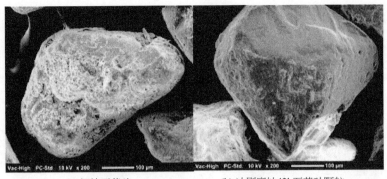

(a) 初始石英砂　　　　　　　　　(b) 冲刷腐蚀42h石英砂颗粒

图 6.18　不同阶段的颗粒 SEM 图像（据曾子华，2017）

6.3　磨损界面表征

磨损界面的表征至关重要。磨损界面不仅可以直观反应材料壁面的磨损程度，而且通过一系列技术手段可以得到深层次的分析结果，最终结合实验条件得出材料壁面遭受冲蚀磨损的规律和机理。通常采用扫描电子显微镜、能谱仪、X 射线衍射仪、激光共聚焦扫描显微镜等技术对磨损界面进行测量和表征，本章 6.1 节已经详细介绍上述各仪器的使用目的和原理。除了可以采用失重率等质量损失结果表征壁面磨损外，本节将重点通过各种检测手段结合颗粒作用机理及靶材样品分区对磨损界面的表征做详细介绍。

6.3.1　垂直射流冲蚀磨损界面分区

材料磨损主要取决于颗粒与材料表面的撞击效果（撞击速度与角度），冲击角度决定了射流冲击区域中颗粒与样品的碰撞、切削作用区域范围，根据颗粒运动轨迹可以获得撞击点的分布，对样品表面磨损进行分区。

图 6.19 为冲击角度为 90° 时射流冲击示意图，在冲击区域内，流体走向分为两部分。以水流流向与壁面成 45° 角为分界线：冲击区分为流体主体轴向区域，流体主体切向区域。分界线上，水流主体方向由相同的切向与轴向合成；流体主体轴向区域中径向作用占主导；流体切向区域中切向作用占主导。由于颗粒的运动轨迹跟随流体路径，导致颗粒与壁面的撞击角度随流体流向从大到小变化，颗粒撞击着力点在壁面对称分布。

冲击角度为 90° 时冲刷腐蚀过后的样品表面，可清晰发现材料样品有 3 个明显的区域（图 6.20）。根据实验观测与数值模拟方法分析，该 3 个分区对应着 3 个不同的实际撞击角度：区域 1 冲击角度为 50° ~ 85°；区域 2 冲击角度为 20° ~ 50°；区域 3 冲击角度小于20°。需要注意的是此处所述颗粒撞击壁面角度与循环射流法定义和实验设定的冲击角度不同。利用激光共聚焦扫描显微镜和表面轮廓仪对 90° 冲击角度下冲刷腐蚀后的样品进行测量分析，可以获得颗粒撞击作用的深度分布。

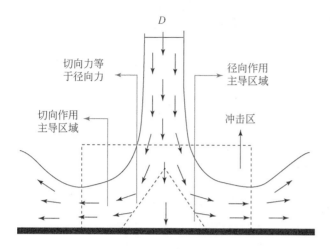

图 6.19　冲击角度为 90°时的射流冲击示意图

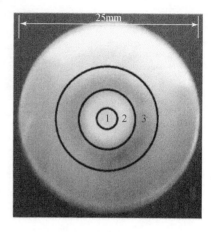

图 6.20　冲击角度为 90°时磨损分区图
（据曾子华，2017）

　　如图 6.21 所示，区域 2 遭受最大的冲蚀破坏，显示出最大的冲蚀深度，整体的轮廓呈现为 W 型，对比两种不同流动速度 [图 6.21（a）为 9m/s、图 6.21（c）为 15m/s]，最大冲蚀深度位置几乎相同，与流动速度无关。

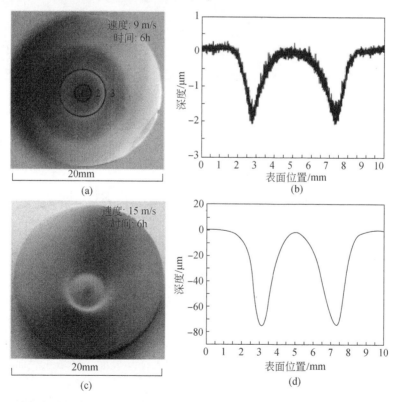

图 6.21　冲击角度为 90°时在含有 2wt% 硅砂颗粒的 3.5wt% NaCl 溶液中 2205 双相不锈钢的
宏观形貌 [（a）、（c）] 和表面轮廓 [（b）、（d）]（据 Yi *et al.*，2018）

　　图6.22为304不锈钢区域1的表面形貌，冲击角度为90°时区域1表面形貌多为凹坑，并且颗粒粒径的增大导致凹坑面积增大，壁面粗糙度也逐渐增大。

(a) 粒径为37.5μm　　　　　　　　　　　(b) 粒径为112.5μm

(c) 粒径为181μm　　　　　　　　　　　(d) 粒径为256μm

图6.22　304不锈钢在不同粒径下冲刷腐蚀2h后扫描电子显微镜显微照片（据杨少帅，2019）

0.5wt% 石英砂，射流速度为9.6m/s

6.3.2　垂直射流材料表面分区界面形貌及作用机理

　　冲击角度为90°时的样品表面各区域SEM图如图6.23所示。区域1处颗粒冲击角度等于或接近90°属于高冲击角度，突出特征是凹坑形貌多，颗粒与样品表面的作用大多是垂直撞击。区域2中颗粒与样品表面撞击角度在50°~20°，冲击力的法向分力和水平分力有着较为协调的分配，沿壁面法向的撞击作用和壁面切向的切削作用共同作用加速了材料磨损，轮廓仪测量数据表现为磨损深度数值最大，区域2突出特征是有明显的纹路，且存在较少凹坑。区域3中颗粒冲击角度小于20°为典型的小角度作用区域。区域内颗粒与样品间的主要行为是切削，法向分力非常小，无法刺入样品表面。区域3表面特征是有十分明显冲刷纹路，几乎无凹坑形貌。

　　垂直射流冲刷腐蚀样品中心表面磨损形貌多为凹坑。整个样品表面除了射流中心外其余区域几乎均为颗粒与样品间的斜擦、滑移等切削作用行为。

图 6.23　冲击角度为 90°时 304 不锈钢样品各区域磨损 SEM 图（据曾子华，2017）

图 6.24（a）为应用激光扫描显微镜（laser scanning microscope，LSM）获取的垂直射流冲刷腐蚀条件下凹坑三维形貌图，凹坑周围存在较小高度、变形的凸峰（唇片）。从 LSM 形貌获取凹坑平均深度为 4.5μm。图 6.24（a）可见凹坑周围有 4 个凸峰，最高点为 f，高度为 6.5μm；凸峰最低处是 i 处 5.0μm。凸峰（唇片）的高度依次为 $f>g>h>i$。该测量充分体现了激光扫描显微镜（LSM）在获取三维形貌、亚微米级测量和粗糙度等方面的优势。

图 6.24（b）为颗粒撞击材料表面凹坑形成示意图，垂直射流中颗粒正向撞击壁面，法向作用力占主导，颗粒撞击壁面材料作用强烈形成凹坑，发生塑性变形挤压出唇片。反复冲击和挤压变形作用导致唇片由小应变演变成大应变直至脱离材料表面，完成剥落。垂直射流中法向作用强烈，缺乏切应力或切应力不足，不利于凹坑周围凸峰（唇片）的生长变薄、脱落。

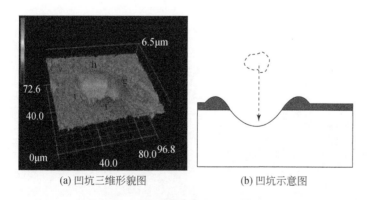

(a) 凹坑三维形貌图　　　　　　　　　(b) 凹坑示意图

图 6.24　垂直射流撞击形成凹坑（据曾子华，2017）

6.3.3 低角度冲蚀磨损界面分区

如图 6.25 （a） 所示，30°射流冲击区内射流主体为切向流，切向的剪切作用占主导地位。在冲击区内，绝大部分壁面与射流接触角度小于 45°，射流对壁面的作用由切削主导。由于颗粒跟随流体运动，颗粒与壁面之间的撞击角沿着流体流动方向逐渐减小。

如图 6.25 （b） 所示，样品表面磨损形貌可清晰分为 3 个区域：区域 1 为停滞区；区域 2 为切削过渡区，颗粒冲击样品角度为 15°～30°；区域 3 为贴壁射流区域，冲击角度小于 15°。

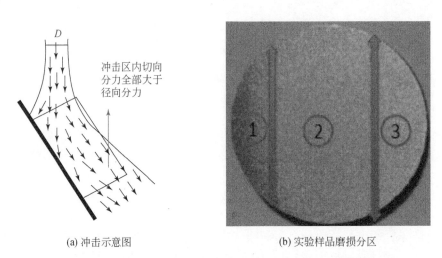

(a) 冲击示意图   (b) 实验样品磨损分区

图 6.25   冲击角度为 30°时的射流 （据曾子华，2017）

图 6.26 为射流冲击角度为 30°时各区域的 SEM 图。区域 2 所示颗粒壁面法向分力较大，可有效刺入表面使样品表面发生较严重的材料脱落，磨损量较大。区域 2 的表面形貌

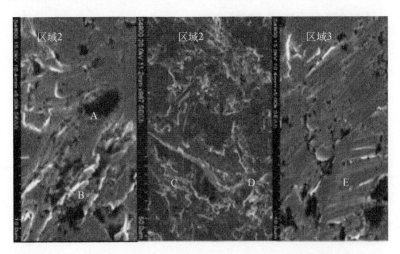

图 6.26   冲击角度为 30°时 304 不锈钢样品个区域 SEM 图 （据曾子华，2017）

多为犁沟切削形貌与鱼鳞状唇片、有少许凹坑。区域 3 颗粒的壁面法向分力较小，当颗粒在区域 3 处进行贴壁滑动时，不足以刺入表面或进入表面的有效深度较小，所导致的磨损量较小。区域 3 表面形貌中沿水流方向犁沟、压痕，磨损纹络明显。

由上述分析可知，射流冲击角度为 30°时，颗粒对样品表面作用主要表现为切削作用，样品表面磨损多切削、犁沟形貌。

6.3.4　低角度冲蚀磨损机理

利用 SEM 对具有典型代表性的磨损形貌进行观察，通过测量磨损形貌几何尺寸获取磨损数据，可对不同条件下冲蚀磨损情况进行比较分析。

如图 6.27（a）所示，SEM 拍摄图片显示鱼鳞状唇片围绕一个冲击区域不均匀展开，材料堆积倾向于一侧。图 6.27（b）为凹坑、凸峰形貌发展机理示意图。颗粒撞击壁面同时存在垂直法向分力与水平切应力的作用，致使材料表面形成凹坑。凹坑四周由于颗粒切削与挤压作用，会形成小而薄的唇片，切削作用累积导致凹坑沿流体流向一侧的材料堆积逐渐增加，凸峰（唇片）逐渐长大，变薄、演变成典型鱼鳞状（唇片）形貌。

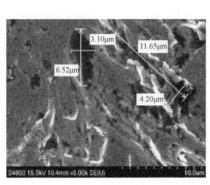

(a) 区域2凸峰SEM图像　　　　　　　　(b) 凸峰发展示意图

图 6.27　凸峰生长（据曾子华，2017）

图 6.28 显示颗粒撞击材料表面并在材料表面发生滑移行为，导致材料表面形成犁沟。

 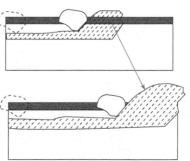

(a) 区域2犁沟SEM图　　　　　　　　　(b) 犁沟发展示意图

图 6.28　犁沟生长（据曾子华，2017）

由于颗粒的切削与挤压作用，沿流体流动方向犁沟两侧，形成小的、薄的塑性变形。切削作用累积导致犁沟沿流体流动方向周边的材料堆积逐渐增加，凸峰（唇片）逐渐长大，变厚、演变成大的犁沟。

图 6.29 是图 6.26 中所示区域 3 中的压痕 SEM 图及其发展机理。区域 3 中，颗粒撞击壁面角度小于 15°时，颗粒跟随流体贴壁运动，发生摩擦、滑移，壁面磨损形貌具有十分明显的方向性，压痕较浅。

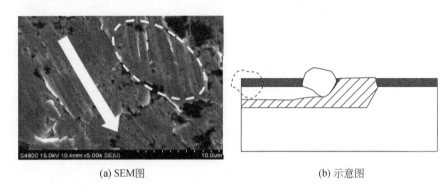

(a) SEM图　　　　　　　　　　　　　　(b) 示意图

图 6.29　压痕发展（据曾子华，2017）

6.3.5　冲蚀时间与磨损界面表征

材料表面特征随冲蚀时间变化从图 6.30 中 SEM 图可见。图 6.30 是含 3.5wt% NaCl，石英砂颗粒为 0.5wt%，粒径为 40～60 目的多相流以 60°冲击角度冲刷腐蚀 304 不锈钢不同时间段的扫描电子显微镜照片。

图 6.30（a）是打磨处理未冲蚀前的电镜照片，材料表面平整光滑。冲刷腐蚀 1h 后［图 6.30（b）］样品表面受到破坏，沿冲击方向有明显的冲刷犁沟痕迹，犁沟旁呈现较高凸起。冲刷腐蚀 6h 后［图 6.30（c）］，颗粒的切削作用去除了之前犁沟形成的部分凸起，表面颗粒轨迹划痕较之前更加清晰和有规律，表面冲刷痕迹显著加深。继续增加至冲刷腐蚀 12h［图 6.30（d）］，样品不断受到来自垂直于表面的冲击压溃和平行于表面的切削作用，犁沟加深，整个样品表面的切削划痕方向一致，颗粒轨迹划痕清晰可见。

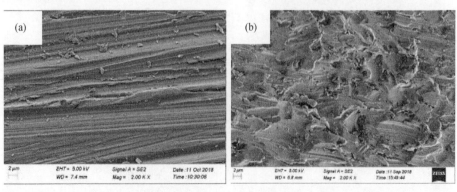

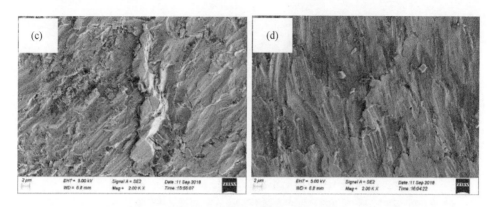

图 6.30　60°冲击角度下 304 不锈钢 SEM 图（据杨少帅，2019）
(a) 冲刷腐蚀 0h；(b) 冲刷腐蚀 1h；(c) 冲刷腐蚀 6h；(d) 冲刷腐蚀 12h

　　304 不锈钢表面磨损归因于受到多相流中颗粒剧烈机械撞击作用后发生的塑性变形。随着冲蚀时间增加，样品表面材料损失持续增加。被冲刷腐蚀表面形貌是由沿射流垂直方向的冲击压溃和切线方向切削双重作用所致。颗粒连续冲击材料表面导致发生塑性变形（犁沟与隆起），而隆起又随即被后续颗粒撞击壁面作用去除，循环往复在样品表面不断产生犁沟，导致材料质量损失持续增加。

6.3.6　冲击角度与磨损界面表征

　　图 6.31 为多相流中石英砂颗粒为 0.5wt%，粒径为 40～60 目，以 3 种不同冲击角度冲刷腐蚀 304 不锈钢 12h 后的扫描电子显微镜（SEM）照片。可清晰发现，冲击角度 45°［图 6.31 (a)］冲刷腐蚀后材料表面形貌主要由长条状的凹槽组成，同时还可看到细长的切削划痕；60°［图 6.31 (b)］冲击角度下表面形貌以长条状犁沟居多，凹槽长度比 45°时的稍短，同时颗粒在表面滑移产生的划痕更轻微。由此可见，冲击角度为 60°时壁面法线方向上的冲击能大，可以对材料冲刷腐蚀表面初始犁沟产生更大的压溃；同时，壁面切线方向上较小的切向冲击能导致颗粒在初次碰撞样品后切削划痕较轻，在样品表面留下较浅短的滑移痕迹。45°和 60°冲击角度［图 6.31 (a)、(b)］下局部区域形貌图反映出颗粒在倾斜角冲击下对材料表面的切削效应。90°垂直冲击角度下样品表面以大大小小的坑洞为主［图 6.31 (c)］，部分坑洞相连形成较小的冲击坑区，这可能是与颗粒撞击样品后的二次碰撞有关。局部区域形貌反映出颗粒在壁面法线方向上对材料表面造成的压溃效应。

　　上述类型的壁面磨损情况，采用单一的技术手段很难充分表征与描述，建议采用多种技术手段进行综合表征。例如，可以利用激光扫描共聚焦显微镜（LSCM，6.1.3.5 节详细介绍）对相同磨损界面进行检测，LSCM 检测数据中包括表面磨损结构的几何数据信息，如图 6.32 所示。

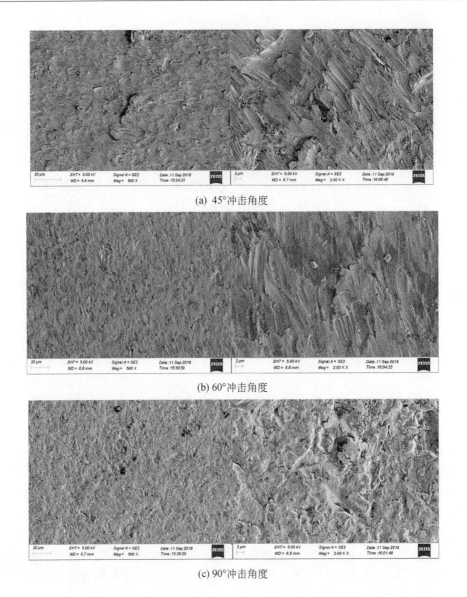

图 6.31　304 不锈钢冲刷腐蚀 12h 后 SEM 比较（据杨少帅，2019）

　　图 6.32 为多相流中石英砂颗粒为 0.5wt%，粒径为 40～60 目，以 3 种不同冲击角度冲刷腐蚀 304 不锈钢 12h 后的激光扫描共聚焦显微镜（LSCM）照片。可以发现，45°和 60°冲击角度 ［图 6.32（a）、（b）］ 下，样品表面有颗粒划过的犁沟状痕迹，颗粒撞击表面留下的凹坑在图中显示为颜色较深的区域，凹坑末端可看到细微的切削划痕。LSCM 比 SEM 图片更加清晰地观察出射流不同冲击角度（45°、60°）的区别，简单总结为 LSCM 结果比 SEM 更加直观。在 90°冲击角度下 ［图 6.32（c）］，样品表面是颗粒撞击留下的大小不一的致密坑洞，颜色较深区域为一个较深的连续冲击坑，颗粒在此位置处与壁面发生多次碰撞。

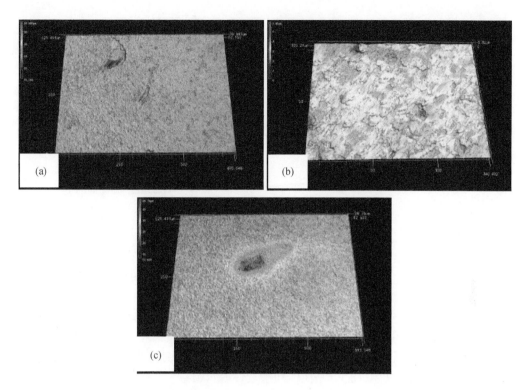

图 6.32　304 不锈钢冲刷腐蚀 12h 后 LSCM 比较（据杨少帅，2019）

（a）射流冲击角度为 45°；（b）射流冲击角度为 60°；（c）射流冲击角度为 90°

6.3.7　其他表征

液–固两相流中，材料的磨损主要取决于颗粒与材料的撞击效果，撞击作用主要取决于颗粒行为与材料表面性质。研究颗粒行为与材料组织结构与性质，能进一步揭晓材料的磨损腐蚀机制。多相流质对材料进行冲刷腐蚀过程中，颗粒对材料的持续撞击导致材料表面发生加工硬化和塑性变形，材料物相结构发生改变，机械性能也相应发生变化；在腐蚀性溶液环境中，伴随电化学或化学反应进行，元素成分含量也会发生改变等。

6.3.7.1　XRD 表征

在低于金属材料再结晶温度下的冲蚀磨损、冲刷腐蚀等这类冲击条件，使金属材料产生塑性变形，可以称之为冷加工工艺的一种。在冲击能量高达一定程度时材料就会产生物相转变，利用 XRD 技术对材料进行检测、表征是冲蚀磨损测量中的关键步骤。

图 6.33 为多相射流以 10.5m/s 速度冲刷腐蚀 304 不锈钢材料 21h 后的 XRD 图。图 6.33 中 A 为奥氏体，M 为马氏体，F 为铁素体。样品在进行冲刷腐蚀之前抛光后检测发现存在少量铁素体，对比冲刷腐蚀前后 XRD 图谱，不锈钢样品因冲蚀磨损作用物相结构发生转变，由于颗粒撞击力的作用部分奥氏体相转变为 α- 马氏体相。

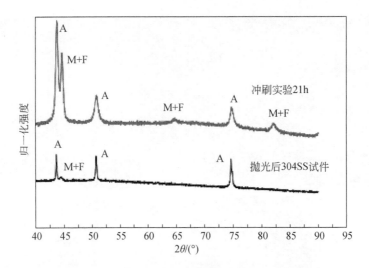

图 6.33　多相射流以 10.5m/s 速度冲刷腐蚀 304 不锈钢材料 21h 后的 XRD 图（据曾子华，2017）

　　图 6.34 为材料 304L/UNS S30403 在冲刷腐蚀前后 XRD 图谱比较图。经过 4h 氮气与含 500ppm 沙子自来水以 15m/s 速度喷射实验材料表面，冲刷腐蚀前后对比发现，UNS S30403 抛光样品中的所有奥氏体峰（A）均已大大减少，冲刷腐蚀完成后样品产生了加工硬化。如图 6.34（b）所示，部分马氏体和铁素体峰（M+F）相比图 6.34（a）中有所增加。马氏体相和铁素体相晶格参数相似，XRD 无法进行区分，认为马氏体相和铁素体相是一个重叠峰。

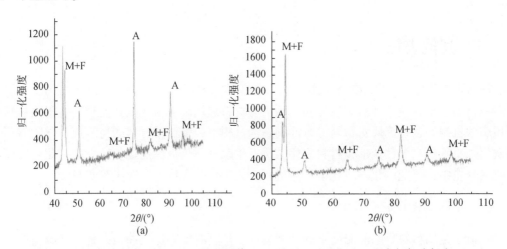

图 6.34　抛光后 304L/UNS S30403 XRD 图谱（a）及 304L/UNS S30403 在氮气吹扫含 500ppm 沙子的自来水中以 15m/s 速度冲刷腐蚀 4h 后的 XRD 图谱（b）（据 Aribo et al.，2013）

　　图 6.35 为贫双相不锈钢 UNS S32101 实验前后的 XRD 图谱。由于铁素体的应变速率敏感性比奥氏体高，因此在加工硬化后铁素体的体积分数会降低。但从图 6.35（b）中可以看出，马氏体和铁素体的体积分数低于初始铁素体峰，即马氏体相体积分数可能有所增加。冲刷腐蚀加工硬化后奥氏体峰普遍减小，可以证实发生了奥氏体向 α-马氏体的转变。

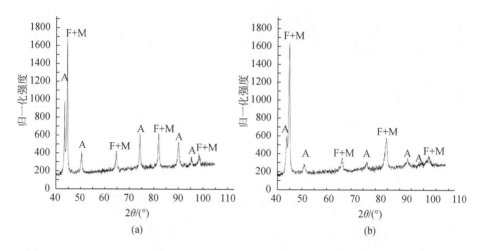

图 6.35　抛光后的 UNS S32101 的 XRD 图谱（a）及 UNS S32101 在氮气吹扫含 500ppm 沙子的自来水中以 15m/s 速度冲刷腐蚀 4h 后的 XRD 图谱（b）（Aribo *et al.*, 2013）

颗粒撞击材料产生了足够的应力导致材料部分奥氏体转变为马氏体；马氏体相抗腐蚀性较奥氏体相弱。因此，冲刷腐蚀后的材料腐蚀率可能会增加。仅此一点变化还不足以判别材料耐冲刷腐蚀性能，仍需全面考虑所有其他因素。此外，材料壁面经过一些预处理，如静态高温高压处理、静态溶液浸泡等也会涉及物相转变，此处不再做赘述。

6.3.7.2　EDS 和 XPS 表征

能谱仪（EDS）和 X 射线光电子能谱（XPS）均可用于元素的定性和定量检测。不同之处是 XPS 是用 X 射线打出电子检测电子信号；EDS 则是用电子打出 X 射线，检测 X 射线。EDS 只能检测元素的组成与含量，不能测定元素的价态，且 EDS 的检测限较高（含量大于 2%）、灵敏度较低。而 XPS 既可以测定表面元素和含量，又可以测定表其价态。XPS 测量灵敏度高，最低检测浓度大于 0.1%。除此之外两者用法也不一样，EDS 常与扫描电子显微镜（SEM）、透射电子显微镜（transmission electron microscope，TEM）联用，可以对样品进行点扫、线扫、面扫等，能够比较方便地获得样品表面（与 SEM 联用）或者体相（与 TEM 联用）的元素分布情况；而 XPS 则一般独立使用，对样品表面信息进行检测，可以判定元素的组成，化学态，分子结构信息等。

图 6.36（a）为抛光 304 不锈钢样品表面 EDS 分析；图 6.36（b）为抛光 304 不锈钢样品经 10.5m/s 速度的液-固两相射流冲刷腐蚀 21h 后的表面 EDS 分析。铬元素以氧化铬或氢氧化铬的形式存在于样品表面。对比得到样品表面铬元素在冲刷腐蚀 21h 后部分消失。

图 6.37 为 Zhao 等（2015）对未经冲刷腐蚀和冲刷腐蚀 26h 后样品表面做了 XPS 测试比较。结果发现未经冲刷腐蚀的样品在 575.6eV 和 576.6eV 处的峰代表着三价铬元素，铬以氧化铬或氢氧化铬的形式存在于样品表面，而冲刷腐蚀 26h 后的样品两个峰消失了，说明样品表面的铬元素含量减少。

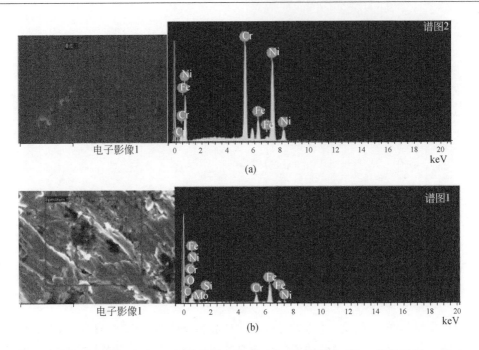

图 6.36　抛光后 304 不锈钢（a）及冲刷腐蚀 21h 后 304 不锈钢（b）（据曾子华，2017）

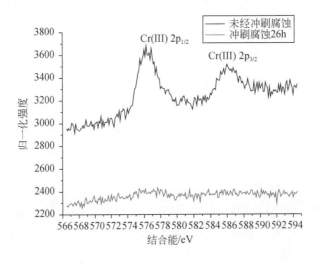

图 6.37　316 不锈钢试样冲刷腐蚀 26h 后 Cr 的 XPS 光谱（据 Zhao *et al.*，2015）

6.4　壁面磨损与湍流特征关系

　　多相流不同流动状态具有不同的运动规律，对冲蚀磨损的影响有不同影响。多相湍流在材料近壁面的扰动比层流时剧烈得多，冲蚀磨损更加严重。长期以来，多相湍流冲蚀磨损问题一直是实际工业上遇到的难点问题，研究冲蚀磨损与湍流特征之间关系具有重要意义。由于实验条件局限性，无法通过实验方法清楚获取壁面磨损与湍流的特征关系。

近年来，伴随着计算机科学的迅猛发展，计算流体力学得了飞速发展和广泛应用，尤其在学术科研领域，越来越多的科研工作者开始运用数值计算的方法研究多相流冲刷腐蚀模拟。CFD 数值计算结果首先需要和实验数据进行对比，确定计算方法与条件正确合理后，再进行深入分析。数值计算与实验测量相互之间取长补短，充分发挥计算的数据优势和实验的准确可靠性。

6.4.1　CFD 数值模拟

计算流体力学（CFD）模拟在研究材料由于颗粒碰撞引起质量损失方面有广泛的应用（Brown，2002；Wang and Shirazi，2003；Chen et al.，2004）。目前，研究多相流动方法可分为两类：一类是把流体（气体或液体）当作连续介质，而将颗粒相视为离散体系；另一类是把流体与颗粒都看成共同存在且相互渗透的连续介质，即把颗粒视为拟流体。假设颗粒体积百分率较低，通常小于 10% ~ 12%，且颗粒之间的相互作用可以忽略不计，则可采用定常拉格朗日 DPM 多相流模型（周芳，2016）。

6.4.1.1　连续相模型

连续相具有三维、不可压缩和湍流的特征，控制方程包括连续方程、动量方程及 RNG k–□湍流模型。

连续性方程：

$$\frac{\partial \rho}{\partial t} + \frac{\partial}{\partial x_i}(\rho u_j) = 0 \tag{6.7}$$

动量方程：

$$\rho\left(\frac{\partial}{\partial t} + u_i\frac{\partial u_j}{\partial x_i}\right) = -\frac{\partial p}{\partial x_i} + \mu\frac{\partial^2 u_i}{\partial x_i \partial x_j} + \left(\frac{1}{3}\mu + \mu_t\right)\frac{\partial}{\partial x_i}\left(\frac{\partial u_i}{\partial x_j}\right) + f_i \tag{6.8}$$

式中，ρ 为水密度；u 为水速度；p 为压强；μ 为水动力黏度；μ_t 为湍流黏度；f_i 为作用在水流上的外部作用力。

6.4.1.2　离散相模型

颗粒轨迹采用拉格朗日方程求解，连续相流体和离散相颗粒的密度相差大，忽略固体颗粒受到的绕流阻力、附加质量力、流场压力梯度引发的附加力、颗粒旋转升力等作用（Zhao et al.，2018）。

$$\frac{\mathrm{d}x_{pi}}{\mathrm{d}t} = u_{pi} \tag{6.9}$$

$$\frac{\mathrm{d}x_{pi}}{\mathrm{d}t} = F \cdot (u_{fi} - u_{pi}) \ |u_{fi} - u_{pi}| \tag{6.10}$$

$$F = \frac{3 C_D \rho_f}{4 \rho_p D_p} \tag{6.11}$$

式中，下标 f 代表连续相；下标 p 代表离散相；下标 i 代表空间方位；x 为空间坐标位置；t 为时间；u 为运动速度；F 为固体颗粒所受的拖曳力；D 为颗粒直径。

$$C_D = \frac{24}{Re_p}(1+0.15Re_p^{0.6})\,(Re_p<1000)\ 或\ 0.4\,(Re_p>1000) \tag{6.12}$$

$$Re_p = \frac{D_p\theta\,|\,u_{fi}-u_{pi}\,|}{v} \tag{6.13}$$

式中，C_D 为基于固体颗粒雷诺数（Re_p）定义的曳引力系数；v 为连续相的运动黏度；u 为 RANS 得到的时均速度。

6.4.1.3　磨损模型

应用 Ahlert（1994）计算模型，该综合考虑固体颗粒冲击速度、冲击角度、壁面材料硬度、固体颗粒形状等因素对冲蚀磨损的影响。

$$ER = C(BH)^{-0.59}F_s V_p^n F(\theta) \tag{6.14}$$

$$F(\theta) = \sum_{i=1}^{5} A_i\theta^i \tag{6.15}$$

式中，ER 为材料冲蚀磨损率；BH 为材料布氏硬度；F_s 为颗粒体型系数，尖锐颗粒取 1.0、半圆形颗粒取 0.53、圆形颗粒取 0.2；V_p 为颗粒的冲击速度；θ 为冲击角度；A_i 为根据壁面材料确定的经验常数；C、n 为经验常数。304 不锈钢硬度为 187，假定颗粒为圆形颗粒，F_s 取 0.2。

6.4.1.4　反弹模型

颗粒撞击壁面时存在能量转移和损失，主要表现形式为样品表面磨损等。本书中确定颗粒碰撞壁面方程如下（Fan $et\ al.$，2002）：

$$e_n = 1.0-0.78\theta+0.84\theta^2-0.021\theta^3+0.028\theta^4-0.022\theta^5 \tag{6.16}$$

$$e_t = 0.988-0.78\theta+0.19\theta^2-0.024\theta^3+0.027\theta^4 \tag{6.17}$$

式中，e_n 为垂直壁面法向的磨损量；e_t 为切向由颗粒碰撞壁面所导致的磨损量。

6.4.1.5　几何模型

此处以周芳（2016）博士论文中液–固两相流冲刷腐蚀材料为例（图6.38）。几何模

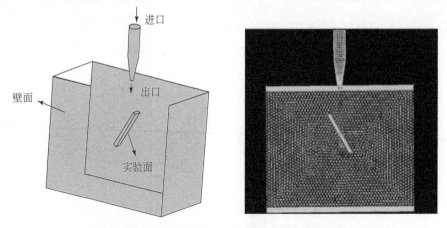

图6.38　数值模拟几何模型与网格（据周芳，2016）

型包括喷嘴、样品区域、水箱底部和计算域。定义喷嘴壁面、箱体底部、样品冲击面为无滑移固体壁面，其他边界为压力出口边界条件，离散相边界类型为光滑型，速度入口在喷嘴进口处。在冲击壁面附近加密处理。

6.4.2　计算结果

6.4.2.1　流场特征

图 6.39（a）为 CFD 模拟的流体相速度云图。由图可见，速度在喷嘴出口处最大，为 10m/s。从喷嘴出口到样品之间，射流速度逐渐减小，到达样品板时速度为 4m/s。在停滞区域速度最小，而压力最大（周芳，2016）。沿喷嘴出口中心线上到样品板上各个位置上的速度值，用高速摄像仪测得的速度值和 CFD 模拟计算获得速度值吻合［图 6.39（b）］。

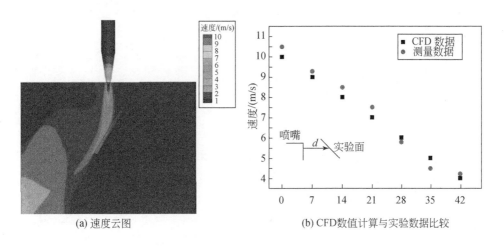

(a) 速度云图　　　　　　　　　　　(b) CFD数值计算与实验数据比较

图 6.39　CFD 计算结果（据周芳，2016）

6.4.2.2　颗粒分布特征

图 6.40 为液-固两相射流冲刷腐蚀样品的实验［图 6.40（a）］与 CFD 数值计算［图 6.40（b）、（c）］结果。流场分布决定颗粒运动（图 6.39），颗粒运动决定了颗粒与实验样品表面的冲击速度与角度，导致样品表面磨损程度不同，形貌不同，根据磨损状况不同进行分区。样品表面形貌的不同可根据肉眼观察、扫描电子显微镜（SEM）和 3D 显微镜观察进行比较判别。由于颗粒运动不同造成的冲蚀速度、角度的不同，样品表面磨损形貌分为 3 个区域，如图 6.40（a）所示。从图 6.40（b）中的流场流线可以看出，在喷嘴中心线上方，存在一个明显的停滞区，为区域Ⅰ；喷嘴中心线对应的样品区为区域Ⅱ；喷嘴中心线下方的尾流区域为区域Ⅲ。CFD 模拟结果获得磨损区域与实验所得的样品冲刷腐蚀区域是对应的，可以明显地看到区域Ⅰ、Ⅱ和Ⅲ［图 6.40（c）］。

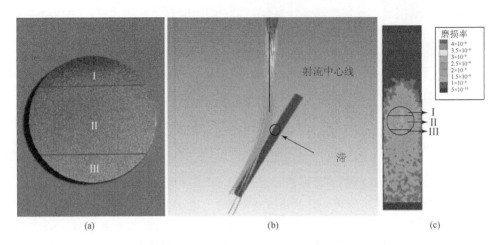

图 6.40　样品经冲刷腐蚀后表面和分区（a）、CFD 计算颗粒流线图（b）及 CFD
模拟所得样品上的磨损区域分区（c）（据周芳，2016）

6.4.3　CFD 数值模拟与实验结果

6.4.3.1　颗粒浓度对比

图 6.41 为 CFD 模拟值与实验值对比，计算结果与实验数据间的误差为 12.8% ～
21.4%，表明 CFD 所用的模型准确。实验值与数值模拟结果的冲蚀磨损率都是随着颗粒
浓度增加而增加，且与颗粒浓度呈线性关系。计算值小于实验值，是因为模拟所用的颗粒
形状系数始终是 1，即球形，且颗粒粒径保持不变。然而，在实验测量中颗粒与壁面碰撞
会导致颗粒本身破碎，形状经过长时间碰撞后颗粒变得光滑和圆润，形状系数是逐渐减小
的；同样，颗粒粒径是随冲蚀时间增加而减少的。

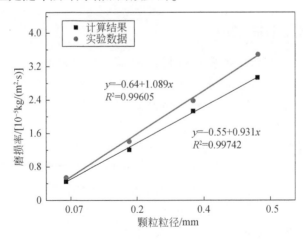

图 6.41　不同颗粒浓度的实验所得和模拟所得冲蚀磨损率比较（据周芳，2016）

6.4.3.2　颗粒粒径对比

图 6.42 为 CFD 计算与实验数据间的误差在 12.8% ~ 19.6%。计算值小于实验值。这是因为数值计算过程中颗粒粒径不变，而在实际实验过程中，颗粒粒径、粗糙度、形状因子都会发生变化。

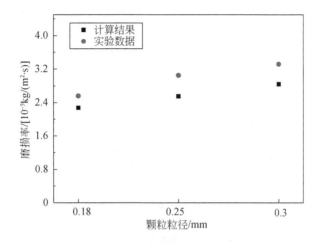

图 6.42　不同颗粒粒径时 CFD 计算与实验测量冲蚀磨损率比较（据周芳，2016）

第7章 磨损−腐蚀协同作用测量

本章主要包括以下内容。第一，测量分析了 X80 管线钢在砂水两相流中的冲击磨损行为，发现 X80 管线钢的磨损率随冲击角度增加而下降，与颗粒浓度呈正相关。第二，尝试将 X80 管线钢放在不同 pH 的含氯溶液中，测量观察静态腐蚀行为。发现 X80 管线钢在酸性环境内与氯离子共同作用时，表面凹坑形成速率最快，凹坑面积最大，并观察到点蚀先向下传播然后由外向内传播的现象。第三，根据上述实验测量结果，定量分析了所选范围内颗粒浓度、冲击角度、pH 和氯离子（Cl^-）浓度 4 种影响因素在冲刷腐蚀实验中的作用。比较发现速度一定时，颗粒浓度影响最大。且颗粒浓度与冲击角度、颗粒浓度与氯离子浓度之间存在相互影响关系。第四，总结冲刷腐蚀内的协同作用机理。其他因素恒定时，冲击角度越大，协同作用越明显。基于上述实验测量结果，总结出腐蚀加速磨损及磨损加速腐蚀的作用机理。第五，介绍高温金属腐蚀及高温金属腐蚀测量方法。

7.1　流动过程中冲刷腐蚀测量与表征

冲刷腐蚀是机械磨损作用加上化学腐蚀加速材料失效，磨损是流体运动等机械作用的结果，流动的液体或气体不断冲刷材料表面，不仅直接磨耗材料，而且破坏材料表面的保护膜，使新鲜的材料表面不断与腐蚀性流体接触，而加速了腐蚀作用。当流体中含有固体粒子时磨蚀更为严重。在石油、天然气行业，电厂、化工行业，石油化学工业中，腐蚀磨损是存在的重要问题，化学腐蚀与机械磨损交互作用，加速材料失效。在水力发电机的翼轮、船舶的推进器、水管弯曲处最为常见。

冲刷腐蚀（冲蚀）包括冲刷和腐蚀两个方面：冲刷（E）是一种机械磨损过程，流体或者固体以一定的角度和速度撞击材料表面，引起材料的反复变形，直至脱离金属表面；腐蚀（C）是金属失电子变为离子，然后从金属表面进入电解液中或与四周溶液中某种离子结合形成化合物的过程。E−C 损失通过质量变化来量化，单位为 mg。使用公式计算得

$$E - C = \frac{\Delta m}{A \cdot t} \tag{7.1}$$

式中，Δm 为质量损失；A 为冲蚀面积；t 为冲蚀时间。

使用 Minitab 17 对实验中获得的数据结果进行因子分析，分析主要影响因素得到图表，观察各因素的贡献（表 7.1）。采用实验设计（DOE）方法研究多变量系统。为了理解影响冲刷腐蚀过程内的完整因素效果，必须考虑因素之间的相互作用。该方法可以确定其中每个因子的效果和显著性，并且还可以计算各个因素之间的相互作用。两个变量同时起作用以产生协同效应的作用尚未量化或理解。由于在腐蚀过程中存在大量的影响因素，因此因素与材料损失率之间的相互作用的响应非常复杂。本章目的是根据实验测量结果，分析影响冲刷腐蚀的各种因素之间的相互作用，调查因素在加速材料损失中的重要性及对协同

作用的机理进行分析描述。这些因素之间的相互作用可借助统计学手段进行详细讨论。根据测试结果推导出经验公式来描述测试因素之间的关系。

表 7.1　实验方案

影响因素	标识符	低水平	中间值	高水平
颗粒浓度/wt%	P	0.25	0.5	0.75
冲击角度/(°)	A	30	60	90
pH	pH	4	7	10
氯离子浓度/(mol/L)	Cl^-	0.050	0.075	0.100

7.1.1　实验结果

图 7.1 为 X80 管线钢在有 NaCl 的两相流中冲刷腐蚀后的质量损失。图 7.1 (a) 为在酸性条件下的统计数据，图 7.1 (b) 为在碱性条件下的统计数据。由图 7.1 可知，将冲击磨损造成的质量损失与静态腐蚀造成的质量损失堆积起来与冲刷腐蚀的质量损失进行比较。任何条件下，冲刷腐蚀的总质量损失都大于因冲击磨损造成的质量损失和因静态腐蚀造成的质量损失之和。

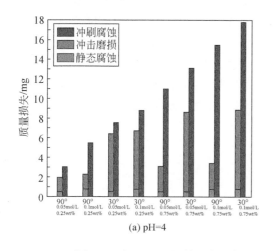
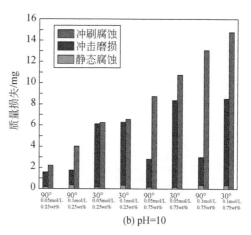

图 7.1　含 NaCl 两相射流冲刷腐蚀 X80 管线钢质量损失（据刘玉发，2020）

图 7.2 为 4 个因素的主要影响。横坐标为所选因素的取值，纵坐标为该因素在所有实验中引起的质量损失的平均值。例如，对所有颗粒浓度为 0.25wt% 的实验结果取平均值，得到对应条件下的质量 E–C 损失平均值，即 3.02194mg/(cm²·h)。e 显示了由所选因素的两种取值引起的质量变化的差值。主效应定义为因子的两个水平之间的平均响应的差异，平均响应使用 E–C 损失进行表示。在该实验条件下，氯离子浓度和颗粒浓度由低到高变化时材料 E–C 损失随之增加。然而，pH 和角度却具有相反的效果。在由因子水平的变化引起的 E–C 损失的变化中，可以观察到效果大小，颗粒浓度 [e=4.49mg/(cm²·h)]

与氯离子浓度 $[e = 1.73\text{mg}/(\text{cm}^2 \cdot \text{h})]$、冲击角度 $[e = -1.51\text{mg}/(\text{cm}^2 \cdot \text{h})]$、pH $[e = -1.10\text{mg}/(\text{cm}^2 \cdot \text{h})]$ 相比，具有更大的影响作用。所以，颗粒浓度的变化对 $E-C$ 损失会造成更大的影响。

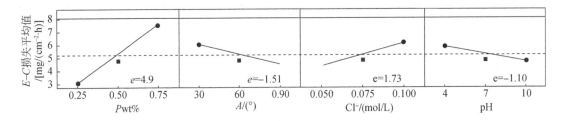

图7.2　实验因素对 $E-C$ 损失的主要影响（据刘玉发，2020）

图7.3中显示了该实验4个参数之间的相互作用图，即颗粒浓度、冲击角度、pH和氯离子浓度。总结了4个因子中每一个的最小值（蓝线）和最大值（绿线）之间的相互作用效应，并且每个因素对应于不同的相互作用。纵轴表示 $E-C$ 损失平均值，横轴表示根据因子设计给出的测试因素变化值。每个相互作用可以通过曲线的斜率和最大值与最小值之间的距离来分析。平行线表示参数之间的相互作用并不重要。因此，平均响应之间的差异越大，因子效应的幅度越大。当存在两个因素之间的相互作用时，一个因子的影响作用取决于另一个因素的数值。这与单个自变量对因变量作用的主效应相反。

从这些相互作用图中，观察到颗粒浓度和冲击角度 $(P*A)$，颗粒浓度和氯离子浓度 $(P*\text{Cl}^-)$ 之间存在明显的相互作用，如曲线的斜率和最大值与最小值之间的距离所示。从相互作用图图7.3中可以观察到最大相互作用发生在由最大梯度表示的颗粒浓度和氯离子浓度之间。在低颗粒浓度和低氯离子浓度下，相互作用并不显著，但增加两个参数的数值会产生较大的相互作用。随着颗粒浓度增加，系统内颗粒数量也在增加，进而升高了侵

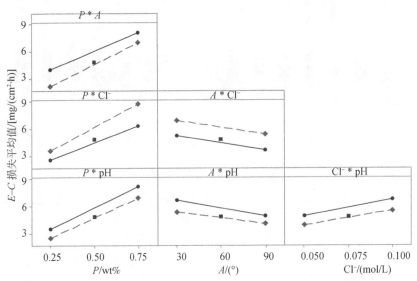

图7.3　实验因素对总体 $E-C$ 损失的相互作用图（据刘玉发，2020）

蚀速率。颗粒冲击样品表面去除氧化物膜，增大了冲击有效表面积，暴露了更多新鲜基体，氯离子产生的点蚀坑唇口在颗粒的冲击下更易破碎，二者相结合加速了材料的去除。

在颗粒浓度和冲击角度之间可以看到第二个显著的相互作用。在高颗粒浓度和高冲击角度下，相互作用并不显著，但减少两个参数的数值会产生较大的相互作用。这主要归因于系统内颗粒数量的增加和高冲击角度下的磨损机理。

如图7.4所示，其中效果的值按正态概率图排序。标准化效应是用于检验原假设（假设效应为0）的 t 统计量，在 X 轴上，离0越远的效应的量值越大，在统计意义上越显著。Y 轴表示 t 分布的百分比。这里只考虑了两因素相关的一阶相互作用，使用效应的正态概率图可确定效应的量值、方向和重要性。如果所有效果都为空，则与图7.4显示的一样，将所有点连成一条红线，因此远离黑线的点表示显著效果（方块点）。在效应的正态概率图上，离红线越远的因素在整个系统中的影响效应越大。在统计意义上显著和不显著的点的颜色和形状不同。例如，在该图上，因子 A（颗粒浓度）、因子 B（冲击角度）、因子 C（Cl⁻浓度）、因子 D（pH）、因子 AB（颗粒浓度×冲击角度）和因子 AC（颗粒浓度×Cl⁻浓度）的主效应在置信水平0.05上统计意义显著。

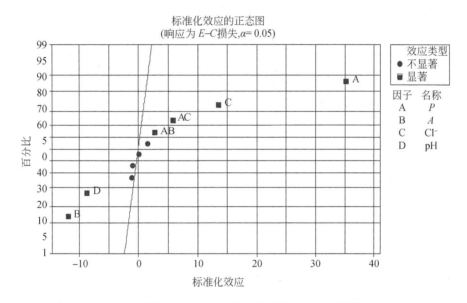

图7.4　每个因子的影响作用和一阶相互作用的正态图（据刘玉发，2020）

此外，图7.4还可以表明效应方向。例如，因子 A（颗粒浓度）具有正标准化效应。E-C 损失会随此因子的水平升高而增大。因子 B（冲击角度）和因子 D（pH）具有负标准化效应。当冲击角度和 pH 增加时，E-C 损失降低。发现对 E-C 损失影响最大的因素是颗粒浓度。

通过使用 Minitab 17 软件内的多元线性回归模型来拟合，数据全部来自实验测量结果：

$$y = a_1 x_1 + a_2 x_2 + a_3 x_3 \cdots \tag{7.2}$$

式中，a_1、a_2、a_3 是回归系数；x_1、x_2、x_3 称为回归变量。最小二乘多元回归方法通过计算从每个点到线的差的平方和的最小值来选取最佳拟合模型（Heller，1978）。该线性回归方程可用于确定哪个因素对冲刷腐蚀过程具有最大影响。回归系数 a_1、a_2、a_3 和常数的数值大小可以对每个影响因素的显著性提供数据支撑。因此，使用简单的一阶线性回归模型来分析数据并建立经验关系。在线性回归模型中，实验中的每个变量可以用以下形式表示：

$$E-C=f\ (P,\ A,\ \mathrm{pH},\ \mathrm{Cl^-})\ +e_1 \tag{7.3}$$

其中，颗粒浓度（P）、冲击角度（A）、酸碱度（pH）和氯离子浓度（$\mathrm{Cl^-}$）由经验公式表示。常数 e_1 是预测波动值或实验值的误差量。为了描述 $E-C$ 损失速率与测试参数之间的关系，通过多元线性回归从这些结果推导出经验方程。得到的函数仅考虑统计上显著的因子和相互作用，提供合理的拟合和可预测性（R^2：99.70%，R^2 调整：99.05%），总的冲刷腐蚀率通过数据拟合得

$$E-C=3.882+3.60P-0.046A+9.25\mathrm{Cl^-}-0.1557\mathrm{pH}+0.025P*A+60.00P*\mathrm{Cl^-} \tag{7.4}$$

7.1.2　结果分析

7.1.2.1　颗粒浓度

在冲刷腐蚀阶段，颗粒浓度是影响材料质量损失的主要因素。从机械角度来看，随着颗粒浓度的增加，磨损率的增加可能与颗粒撞击的频率与每次撞击颗粒转移的能量有关。颗粒浓度越大，单位时间内撞击材料表面的次数越大。当速度一定时，根据动能方程可知，传递到材料表面的能量越高，造成的损失也就越大。

7.1.2.2　冲击角度

由图 7.2 可知，其他条件相同时，冲击角度为 30° 的 $E-C$ 损失都要大于冲击角度为 90° 的 $E-C$ 损失。图 7.5 中两图均有明显的冲刷腐蚀痕迹，冲击角度为 30° 的冲刷腐蚀痕迹呈条痕状，有明显的方向性；冲击角度为 90° 的冲刷腐蚀痕迹呈块状，没有明显的方向性。这一发现符合冲击磨损实验中得到的结论，即入射角为倾斜角时，条痕狭长且具有方向性，当入射角为 90° 时，则呈凹坑状。说明了冲刷腐蚀过程也会受到机械作用影响。

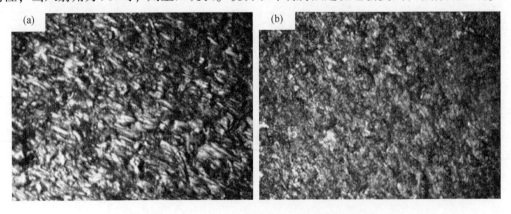

图 7.5　在不同冲击角度下，其余因子是恒定的样品表面形貌图（刘玉发，2020）
(a) 冲击角度为 30°；(b) 冲击角度为 90°

冲击角度为 90°的表面与冲击角度为 30°的表面相比颜色更深，呈暗黄色。冲击角度为 90°的表面被黄色腐蚀产物覆盖，覆盖面积所占比例较大。因为氯离子的点蚀会使表面出现凹坑，凹坑先垂直生长，再水平传播，所以颗粒以冲击角度为 90°入射到材料表面时会增加凹坑深度，更多的裸露金属被暴露出来。

在低冲击角度（30°）时，颗粒撞击表面并且在反射时不会影响进入的颗粒流。在高冲击角度下，颗粒嵌入表面中，这些嵌入的颗粒通过保护侵蚀表面有助于减缓侵蚀速率。在小角度下，主要通过切割和犁耕去除金属。在高角度下，钢表面产生塑性变形并将多余材料挤压到侵蚀痕迹的侧面，而不被完全去除。

7.1.2.3 颗粒浓度与氯离子浓度

由图 7.3 可知，当颗粒浓度和氯离子浓度共同从低水平过渡到高水平时，总体的 $E-C$ 损失率会变得更大，也就是说颗粒浓度和氯离子浓度起到相互促进的作用。当颗粒浓度增加时，总动能增大，在高动能的砂粒冲刷作用下，金属表面发生弹性变形和塑性变形，位错聚集，且伴随有滑移带产生（Mudali *et al.*, 2002），材料内部应变效应增加，提高了腐蚀速率，这为点蚀传播提供了良好的环境。

以白色色块作为两幅图的图形提取标准，如图 7.6 所示，可以很明显地看到与颗粒浓度为 0.25wt% 相比，0.75wt% 的材料表面裸露出的金属材料会更多一些。颗粒浓度增加的

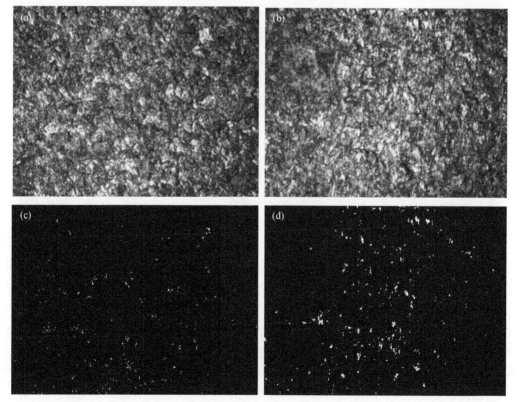

图 7.6 在不同颗粒浓度下，其余因子恒定的样品表面金相显微图（据刘玉发，2020）

（a）颗粒浓度为 0.25wt%；（b）颗粒浓度为 0.75wt%；（c）0.25wt% 颗粒浓度的灰度图；（d）0.75wt% 颗粒浓度的灰度图

同时，颗粒数目、撞击频率和总体的撞击能量都在增加，与纯水相比，氯离子和 pH 对材料的腐蚀能力要强得多，因此在冲刷腐蚀阶段，由于颗粒冲击会去除材料表面的腐蚀产物或保护性膜，使得不断有新鲜表面暴露在腐蚀环境中，膜覆盖部分和裸露金属部分形成腐蚀原电池，进一步促进腐蚀，所以会造成较高的腐蚀速率。

7.1.2.4　颗粒浓度与冲击角度

由统计学分析可知，颗粒浓度与角度之间存在相互影响的关系，图 7.7 显示了颗粒浓度一定时，冲击角度为 30° 与 90° 的 E-C 损失的差值。例如，在颗粒浓度为 0.75wt% 、冲击角度为 30° 、氯离子浓度为 0.05mol/L 、pH = 4 的环境中的质量损失与颗粒浓度为 0.75wt% 、冲击角度为 90° 、氯离子浓度为 0.05mol/L 、pH = 4 的环境中的质量损失的差值为 0.0021g。从图 7.7 中可得，无论在酸性或者碱性的环境内，低颗粒浓度下冲击角度为 30° 与冲击角度为 90°E-C 损失的都要更大一些。颗粒浓度为 0.75wt% 的 E-C 损失的差值几乎只相当于颗粒浓度为 0.25wt% 的 E-C 损失的差值的一半，也就是说，颗粒浓度的增加减弱了因冲击角度变化所带来的影响。

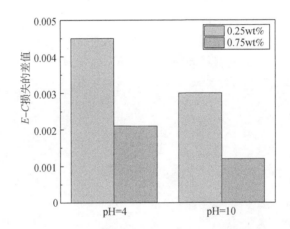

图 7.7　其他条件一定时，冲击角度为 30° 与 90° 的 E-C 损失的差值（据刘玉发，2020）

从上面的讨论可以得出结论，对于给定的系统，颗粒浓度和冲击角度彼此高度相关。侵蚀速率随颗粒浓度的变化会受到材料特性和冲击角度的影响。此外，侵蚀速率和浓度之间存在非线性相关性。在较低的倾斜角度下的浆料侵蚀的情况中，与 90° 冲击角度下的情况相比，颗粒浓度的增加对侵蚀速率产生小的影响。这是由于颗粒入射角度对流场的影响，将会影响粒子轨迹。同时，载体流体的密度、黏度及颗粒的惯性也会影响运动轨迹。在以倾斜角度入射时，大多数颗粒会以相同的方向（沿着流动方向）流动，导致高的颗粒与颗粒的相互作用。许多颗粒甚至在没有撞击目标表面的情况下都会被排出。另一方面，当样品取向为 90° 时，流场的对称性降低了颗粒与颗粒碰撞的可能性。因此，流场、流体和颗粒特性的性质决定了颗粒与颗粒的碰撞关系，控制了颗粒浓度对侵蚀速率的影响。材料特性也影响浓度在给定的冲击角度下影响侵蚀速率的程度，包括硬度等性质。

Grewal 等（2013）通过计算发现从喷嘴以 16m/s 的速度喷射的水流，其射流速度在冲击区中心减小到大约四分之一到十分之一。这是由于流体动能转化为动态压力导致挤压膜的形成。此外，Grewal 等（2013）发现对于以 90°冲击角度入射的样品，在冲击区周围观察到对称的速度分布。然而，对于以 30°冲击角度入射的样品，速度分布是高度倾斜的。在这种情况下，挤压膜的形状变形并沿流动方向拉伸。如图 7.8 所示，这种压力和速度的非对称分布影响了粒子轨迹。与 30°情况相比，90°样品取向的粒子轨迹是对称的。在后一种情况下，几乎所有颗粒都在样品上以相同方向移动。这导致颗粒之间相互作用的增加。

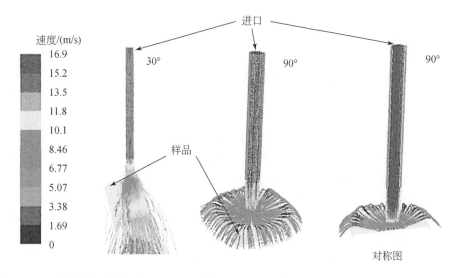

图 7.8　通过速度大小着色为 90°和 30°冲击角度的样品的粒子轨迹（据 Grewal *et al.*, 2015）

从图 7.1 实验数据可以得到，其他条件相同时，颗粒浓度为 0.75wt% 的材料失重量几乎是颗粒浓度为 0.25wt% 失重的一倍。也就是说，颗粒浓度的增加减弱了因角度变化所带来的影响。冲击角度增加可以通过 3 种主要途径影响金属腐蚀行为（Khayatan *et al.*, 2017）：增加冲击次数、增加正应力和降低切向应力。第一个因素是几何效应，当冲击角度增加时，会导致粒子撞击频率增加。因此，如果仅考虑该因素的话，那么随着冲击角度增加，预计腐蚀速率会持续增加，但是事实却并非如此。最后两个参数会影响颗粒变形，是颗粒将材料从表面移除的重要影响因素。随着冲击角度的增加，垂直应力分量越高，可能导致颗粒更多地渗透到表面，塑性变形和加工硬化，如上文所说的，会引入更活跃的表面和引起更高的腐蚀速率。然而，在冲击角度增加的同时，较低的切向应力导致较小的腐蚀磨损轨迹，减少有效表面积，因此腐蚀速率较低。颗粒浓度的增加相当于增加了冲击次数，它带来的作用要大于后两个因素的作用，所以才能随着颗粒浓度的增加而减弱冲击角度变化所带来的影响。

7.1.3　本节小结

（1）其他条件相同时，与纯水相比 X80 管线钢在腐蚀性介质内的质量损失要更高一些。

（2）对于 $E-C$ 损失的影响因素和相互作用大小顺序是：颗粒浓度、冲击角度、氯离子浓度、pH、颗粒浓度与氯离子浓度之间的相互作用以及颗粒浓度与冲击角度之间的相互作用。

7.2 机械磨损与腐蚀的协同作用

7.2.1 冲刷腐蚀

冲刷腐蚀是指发生在腐蚀介质中的磨损现象，机械磨损作用加上化学腐蚀共同加速材料失效。腐蚀性物质的加入，增大了分析冲刷腐蚀机理的难度。因为这其中不仅包含物理冲击和化学腐蚀，同时还存在协同作用。

冲刷腐蚀包括冲刷和腐蚀两个方面。冲刷是一种机械磨损过程，流体或者固体以一定的角度和速度撞击材料表面，引起材料的反复变形，直至脱离金属表面；腐蚀是金属失电子变为离子，然后从金属表面进入电解液中或与四周溶液中某种离子结合形成化合物的过程。金属腐蚀的特点就是在发生反应时金属的化合价会发生改变。当环境内其他物质的化合价也出现转变时，氧化还原反应使得这两种物质组合在一起。该反应中，金属物质被氧化，环境中的物质被还原。在特定的腐蚀环境下，金属的部分组织结构可能会转变为其他状态，最终破坏金属的整体性。

7.2.2 冲刷腐蚀的影响因素

冲刷腐蚀涉及的影响因素众多，主要包括①流体动力学参数：流速、冲击角度；②环境因素：腐蚀介质的 pH 及各种侵蚀性离子，固相颗粒的粒度、硬度、浓度、形状等；③材料性能：材料本身的组织结构、耐蚀性和力学性能等。

7.2.2.1 流体动力学参数

1. 流速

在过去几十年内，众多学者已经大量研究了流速对冲刷腐蚀效应的作用机理。冲击能量与流速正相关。因此，流速的改变会对金属表面的钝化膜产生很大变化。冲蚀速率和流速之间的关系由下式给出：

$$E = kV^n \tag{7.5}$$

式中，E 为冲蚀速率；k 为材料常数；V 为流速；n 为包括实验装置参数和砂子浓度的测试条件的函数。当流速快速增加时，通过经验方程计算出来的侵蚀速率与试验结果相似。但是，该方程不适用于计算低流速下的质量损失率，此时该方程会出现一些偏差。

不锈钢或碳钢均为韧性材料，因此受 NaCl 溶液冲刷腐蚀后，冲刷腐蚀速率与流速呈正相关，随着流速的增加，质量损失率跟着慢慢上升，直至一个临界流速点。当大于临界流速时，质量损失率呈指数式增长。因为当流速较低时，以钝化作用为主，对金属基体能够起到很好的保护作用，延缓质量损失率的增长势头；当流速较高时，颗粒很容易冲破钝化膜，由于破裂的钝化膜无法及时修复，致使金属母体表面受到冲刷腐蚀，质量损失速率随流速增加而急剧增长。

2. 冲击角度

冲击角度的不同会改变材料的表面形貌及影响材料去除机理。入射方向与材料表面之间的夹角称为冲击角度。粒子以不同冲击角度冲击材料表面会引发不同的损伤机制。当较小角度进行冲刷腐蚀时，砂粒对不锈钢有明显的微切削作用，掉落的切屑离开不锈钢表面，造成较大质量损失；当较大角度进行冲刷腐蚀时，冲蚀磨损以变形及锻造挤压为主，固体颗粒对不锈钢表面进行冲击挤压，使材料表面形成凹坑和形唇。对于韧性材料，质量损失率通常在倾斜冲击角度处呈现峰值，一般为 $15° \sim 40°$；对于脆性材料，质量损失率通常在冲击角度为 $90°$ 时最大，这主要是由塑性变形造成的。对于造成材料损伤最大的冲击角度，将其称为最大冲击角度，该角度的大小是由颗粒特性、环境因素和材料特性共同决定的。冲击角度也会对腐蚀速率造成影响。

7.2.2.2　环境因素

1. 颗粒浓度

颗粒浓度较低时，颗粒与颗粒之间几乎无能量传递，质量损失率随颗粒浓度增大而线性上升。颗粒浓度较高时，颗粒之间发生碰撞的概率增加，降低了撞击到材料表面的冲击能，质量损失率随颗粒浓度增大而非线性缓慢增加。初始系统含砂量较低时，砂粒数量的增多伴随着单位时间内金属表面受冲击、切削次数的增多，发生因疲劳剥落的表面磨蚀量增加。然而当颗粒浓度进一步增加时，颗粒之间发生相互碰撞的概率也随之提高，减弱了颗粒对材料表面的冲刷腐蚀作用。这是因为颗粒间存在的"屏蔽效应"。

2. 颗粒粒径

颗粒粒径是导致冲刷腐蚀性能变化的关键原因之一。一般来说，多相流内的固相大多都是由微米级或者毫米级的多尺寸颗粒组成的。研究发现，在多尺寸浆料中加入颗粒粒度小于 $75\mu m$ 的颗粒将会有效降低冲击磨损速率。这种现象可归因于载流子黏度的部分增加，湍流的部分减少以及由于颗粒之间的碰撞和在侵蚀表面上形成薄层细颗粒而引起的冲击速度的部分降低。在系统中加入大约 25% 的细小颗粒，将减少 40% ~ 50% 的失重量。

对于韧性材料，在颗粒粒径小于临界粒径（D_c）的情况下，冲蚀率随颗粒粒径变大而增高。但当颗粒粒径大于 D_c 值时，失重量的上升速率逐渐变缓，将此现象称为粒度效应。D_c 的取值随实验条件和目标材料特性的不同而变化。Misra 和 Finnie（1982）研究材料的冲刷腐蚀效应时，发现材料表面存在一层氧化膜，实验显示细小颗粒只会对该氧化层具有冲击作用，并不会过多接触到材料母体。而颗粒粒径大于 D_c 值时，大量颗粒会穿透氧化层冲击材料表面，展现出冲击磨损行为。对于上述现象，李诗卓与董祥林（1987）认为这与二次冲刷腐蚀有关。当颗粒尺寸小于临界粒径时，大部分颗粒的冲击能小到不足以穿透钝化膜也不会发生颗粒破碎，即不存在二次冲刷腐蚀现象。但当颗粒尺寸继续增大至 D_c 时，颗粒与材料接触后可能会发生碎裂，分离出的碎片可能会造成二次冲刷腐蚀。碎片会增加系统内颗粒之间的碰撞概率，所以当颗粒粒径增大到足够高时，质量损失率逐渐转为平稳状态。脆性材料与韧性材料不同，质量损失率随颗粒粒径增大而升高，且与颗粒粒径呈指数关系，不存在 D_c 值。

3. 溶液离子

金属材料的钝化通常是由于保护性金属氧化物膜被施加到基材表面上或在基材表面上自然形成。一般来说氯离子等侵蚀性离子可以通过穿透钝化膜而影响物质的钝化性。已经提出了许多理论来解释氯化物通过钝化膜的渗透过程，包括最著名的理论，即点缺陷模型（point defect model，PDM），它提供了在金属上形成的钝化膜的生长和破坏的原子尺度说明。

氯离子可以优先吸附在金属表面上，与其他离子竞争。吸附的氯离子会阻止钢的钝化，进而提高腐蚀速率。通过形成中间桥接结构，氯化物对阳极溶解产生的加速作用通常被描述为"催化机理"（Wang *et al.*，2015）。

4. pH

pH 的不同会影响整个冲刷腐蚀进程。降低 pH、增加流动介质中的氢离子浓度、加快腐蚀进程、增强腐蚀反应的破坏性为侵蚀性离子提供"良好"的作用环境。

7.2.2.3 材料性能

材料的塑性、硬度、强度及粗糙度、组成元素和物质结构都会影响材料的耐冲刷腐蚀性能。通常来说，材料硬度增加，冲击磨损破坏程度降低。但实际上硬度的影响能力与样品材料的所处环境有关。当材料所处的环境较为温和时，硬度占有主导地位，最终材料的失重率随硬度的增加而降低；当材料所处的环境较为恶劣时，硬度的作用相对减弱，此时材料的耐蚀性占有主导地位，耐蚀性越高、材料失重率越低。材料表面常常伴有一层氧化膜，而膜层的强度、黏附性、晶体间作用力也会改变材料的失重情况。

7.2.3 实验测量机械磨损

实验装置图如图 7.9 所示（刘玉发，2020），该系统由泵、样品夹、喷嘴、有机玻璃管和电磁流量计组成。通过旋转样品夹调整冲击角度，使得射流以不同的角度撞击在材料表面上。

7.2.3.1 实验条件

在机械磨损实验中，将 X80 管线钢放置在样品夹上，调整样品夹夹角为 30°、45°、60°、75° 和 90°。使用颗粒浓度为 0.25wt% 和 0.75wt% 的液-固两相流对样品进行冲击，实验时间为 1h，速度为 12m/s。实验完成后，将样品置于超声波清洗仪中进行清洗，冷风吹干，利用电子天平测得样品质量，使用金相显微镜观察样品表面形貌，分析机理。

7.2.3.2 实验结果

图 7.10 为 X80 管线钢在水砂混合物中冲击磨损的质量变化，由图可知，材料质量损

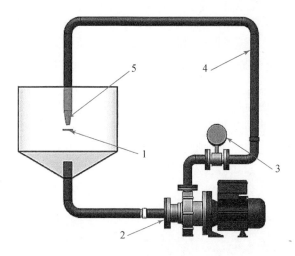

图 7.9　实验装置示意图（据刘玉发，2020）

1. 样品夹；2. 泵与电机；3. 电磁流量计；4. 有机玻璃管；5. 喷嘴

失随着颗粒浓度的增大而增大，随着冲击角度的减小而增大。进一步分析不难看出，当颗粒浓度为 0.25wt% 时，冲击角度为 30° 的质量损失是冲击角度为 90° 的 3.67 倍；当颗粒浓度为 0.75wt% 时，冲击角度为 30° 的质量损失是冲击角度为 90° 的 2.74 倍。当其他条件相同时，冲击角度为 90° 条件下的样品的质量损失比冲击角度为 30° 条件下的样品的质量损失要小得多。大颗粒浓度与小颗粒浓度之间的质量损失差值，会随着冲击角度的增加而减少。所以在小角度下，颗粒浓度的不同将会对样品质量损失产生重要影响。因为循环实验装置内无腐蚀性流体，所以并不是因为腐蚀的缘故造成样品的质量损失差异很大。可以得出，X80 管线钢在冲击角度为 30° 和冲击角度为 90° 下的磨损机理并不相同。

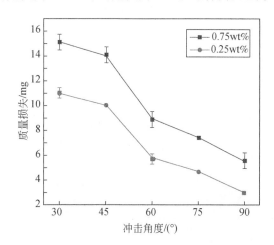

图 7.10　X80 管线钢在水砂混合物中冲击磨损的质量变化图（据刘玉发，2020）

图 7.11 为 X80 管线钢在水砂混合物中冲击磨损后的表面形貌图。图 7.11（a）中，Ⅰ区域出现凹坑，该凹坑的出现是由于颗粒以倾斜角度与材料表面接触后还具有一定速度，因此还会向材料内部继续深入，使得材料向刮痕尾部堆积，虽然材料不会因单次冲击而脱

落，但很可能容易因后续颗粒撞击而从材料中移除。但是由图可知，材料表面并没有出现大量凹坑，所以说凹坑并不是在该条件下材料的损失方式，而应该是Ⅱ区域所示的切削形式。

磨损刮痕的长度远小于撞击颗粒的直径。利用 Image Pro Plus 软件测得Ⅱ长度为55.56μm，而颗粒粒径为 250～420μm，这远小于颗粒的平均直径。凹坑的直径通常小于颗粒直径。这表明金属表面由颗粒撞击产生非常小的边缘变形。在变形期间，切割运动可能在撞击之前从撞击方向偏转，其方式取决于颗粒的旋转或切削的角度。

图 7.11（b）中无明显的冲刷刮痕，显示出由于颗粒的正常冲击而产生的压痕凹坑。该区域中的材料通过变形的方式被去除，因此材料表面上大量分布着由颗粒撞击形成的压痕坑，而凹坑周围的边沿，会随着颗粒的后续撞击变平或破碎。

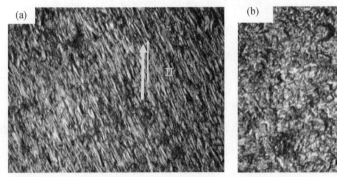

图 7.11　X80 管线钢在水砂混合物中冲击磨损的金相照片（据刘玉发，2020）
(a) 冲击角度为 30°；(b) 冲击角度为 90°

由图 7.10 可知，30°冲击角度下的材料质量损失要更高一些，结合图 7.11 可得出结果。冲击角度为 30°时，颗粒在材料表面上的穿透和随后滑动会导致形成更多凸起的唇缘。因此，颗粒撞击会使唇口的材料更易脱落（Nguyen et al.，2014）。冲击角度为 90°时，颗粒入射在表面上产生一些凹坑或压痕，在冲击区周围有凸起的边缘。冲击能量完全从砂子传递到样品表面，并在表面上形成更厚的加工硬化层，如图 7.12 所示，这使得材料表面

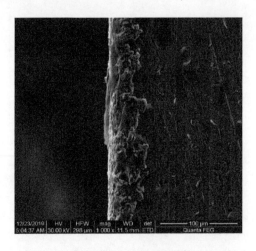

图 7.12　加工硬化层（据刘玉发，2020）

的硬度增加。同时有些颗粒也会嵌入凹坑中，后续颗粒可能会撞击已嵌入的颗粒，而非将能量传递给材料表面。因此冲击角度为 90° 时的质量损失更低。

7.2.4　实验测量静态腐蚀

7.2.4.1　实验条件

在静态腐蚀实验中，将 3 种 pH 为 4、7、10 和 4 种氯离子浓度为 0.05mol/L、0.1mol/L、0.2mol/L、0.5mol/L 进行交叉实验，共 12 组。观察 1h 内，X80 管线钢在各个环境下的抗腐蚀性能，以及观察氯离子的点蚀传播过程（刘玉发，2020）。

7.2.4.2　实验结果

在 pH 为 4、7 和 10 溶液中分别加入 0.05mol/L、0.1mol/L、0.2mol/L、0.5mol/L 浓度的 NaCl，图 7.13 给出了 X80 管线钢在混合溶液内浸泡 1h 后的开路电位（OCP）。将实验后的 X80 管线钢静置在电解池内 30min，取 $t=30$min 的瞬时 OCP 值进行比较。在任意 pH 内，随着氯离子浓度含量的增加，OCP 值均向负方向移动，表明系统内腐蚀速率的增加；相同氯离子浓度下，碱性溶液与其他溶液相比，OCP 值明显高于其他两种溶液，酸性溶液内的 OCP 值最小。这表明 X80 管线钢在含氯离子的碱性溶液内具有更好的耐腐蚀性。酸性溶液中的 OCP 值最低，与相同氯离子浓度的其他值进行比较相差很大，表示在该条件下，X80 管线钢的耐腐蚀性能最差。

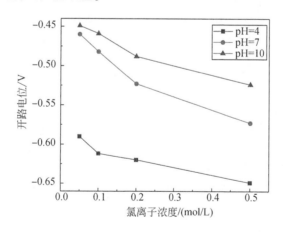

图 7.13　X80 管线钢在 pH 为 4、7 和 10 时不同氯化物浓度的开路电位（据刘玉发，2020）

图 7.14 显示了 X80 管线钢在 pH=4，氯离子浓度为 0.5mol/L 溶液中浸泡 1h 后腐蚀表面的点蚀形态。实验前，通过显微镜观察 X80 管线钢初始形貌，如图 7.14（a）所示，可以看到其表面相对光洁，无明显划痕和凹坑。取出浸泡 1h 后的样品放置于显微镜下观察其表面形貌。图 7.14（b）显示了 X80 管线钢浸泡后的表面，可以看到有多个圆形凹坑出现，中间为黑色深坑，外侧也具有圆形腐蚀痕迹如坑洞 1 所示，坑洞 2 和 3 虽然中间的深坑未连接，但是外侧圆形痕迹却将两个深坑完全包住。除了已经形成的坑洞 1、2、3 之

外，还有一些直径较小的小孔正在逐渐成形。外侧的腐蚀圈正在逐渐联结。

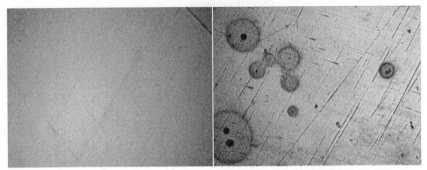

(a) 初始 (500×)　　　　　　　　(b) pH=4，氯离子浓度为0.5mol/L (500×)

图 7.14　在 NaCl 溶液中浸泡 1h 后腐蚀表面的点蚀形态（据刘玉发，2020）

　　由于仅在低 pH 溶液中观察到大的凹坑形成，因此可以得出结论，pH 在凹坑的传播中起到关键作用。

　　图 7.15 表示氯离子在酸性条件下的点蚀过程。首先，氯离子作用在金属表面，在传播的初始阶段，由于亚稳态坑表面活性高，所以充当阳极位置，此时金属在该位置发生溶解。为了保持电中性，氯离子必须从外部主体溶液迁移到凹坑中。氯离子从坑口向四周的扩散使得表面形成圆形凹坑（Wang et al.，2015，2016）。由于金属表面各处的粗糙度不等，氯离子迁入后引发的吸附作用程度也各不相同。在氧化膜薄弱的区域，由于 Cl^- 具有较强的吸附性和电负性，在吸附了大量的 Cl^- 后，氧化膜中的氧被 Cl^- 取代，金属氧化物生成可溶性氯化物，导致氧化膜溶解，引发点蚀（Mccafferty，1990）。

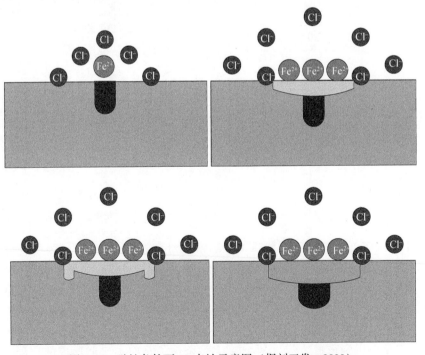

图 7.15　酸性条件下 Cl^- 点蚀示意图（据刘玉发，2020）

在碱性环境内，Fe^{2+} 将与 OH^- 结合形成称为氢氧化亚铁（II）的阻挡层，具体如下（Mansor et al.，2014）：

$$Fe+\frac{1}{2}O_2+H_2O \rightarrow Fe^{2+}+2OH^- \rightarrow Fe(OH)_2 \tag{7.6}$$

$Fe(OH)_2$ 层外表面可自由接触氧，从而形成氢氧化铁 $Fe(OH)_3$，具体如下（Mansor et al.，2014）：

$$2Fe(OH)_2+H_2O+\frac{1}{2}O_2 \rightarrow 2Fe(OH)_3 \tag{7.7}$$

当 pH 很高时，出现更多的 $Fe(OH)_3$ 作为阻挡层，抵抗 Cl^- 的点蚀作用，这是在碱性溶液中会观察到的小凹坑尺寸的原因。

7.2.5　小结

（1）当冲击角度为 30°时，颗粒主要以切削的方式将材料去除；当冲击角度为 90°时，材料表面出现凹坑，撞击痕迹无明显方向性。

（2）在冲击磨损实验中，X80 管线钢质量损失与冲击角度呈负相关，与颗粒浓度呈正相关关系。

（3）在静态腐蚀实验中，X80 管线钢的耐腐蚀性随氯离子浓度增加而减弱，与 pH 呈正相关关系。

（4）氯离子的传播机理是先形成凹坑，然后水平扩散传播，到一定位置后，腐蚀向内传播。

7.3　协同机理与测量技术

冲刷腐蚀在石油和天然气加工厂和管道中很常见，固体颗粒、腐蚀性流体和目标材料之间存在相互作用。在冲刷腐蚀期间，观察到的质量损失高于由于纯冲刷和单独作用的纯腐蚀引起的质量损失的总和，这是因为机械磨损和电化学腐蚀之间是彼此促进的作用。这两个过程之间的交互作用被研究学者统称为"协同"效应。

7.3.1　协同作用

冲刷和腐蚀中的协同作用效果主要表现在冲刷加速腐蚀和腐蚀促进冲刷两种方式上。

冲刷加速腐蚀主要体现在：①冲击颗粒会去除材料表面的腐蚀产物或保护性膜，使得不断有新鲜表面暴露在腐蚀环境中，造成较高的腐蚀速率，同时金属基体和相邻的钝化膜部分由于具有不同电位，形成了局部微电池，加剧了腐蚀效果。②在一定速度的颗粒冲击下，材料表面产生弹性变形和塑性变形。从而引发位错聚集，滑移带也随之而生。增强了金属内部的应变力，提高了腐蚀速率。③在颗粒长时间的反复冲击下，金属表面上方会形成加工硬化层。虽然加工硬化层硬度很高，耐磨效果好，但是其对应的化学活性与基体相比也很高，很容易被腐蚀介质所分解。④颗粒的撞击或者流体的高速掠过都会在金属表面留下凹坑或流痕，提高了表面粗糙度，增大金属与腐蚀性介质的反应面积，从而达到加速腐蚀过程。

腐蚀促进冲刷主要体现在：①通过溶解金属材料表面的加工硬化层来降低接触面的硬度，加大了颗粒的破坏程度。②金属内部存在不同的相，且表面各点的性质并非完全相同，如不锈钢中就有大量杂质，导致各点电位并不一样。材料各部分的电位不相同使得作用在各点的腐蚀反应程度也不一样。反应发生后会增加表面的粗糙程度，在附近可能会形成"微湍流"。此时，冲击角度可能也会发生改变。因为冲击角度变化能够直接影响材料的失重情况，所以促进了冲刷腐蚀。③能够弱化金属材料的相界面，导致晶粒间作用力变弱，从而促进了冲刷过程。④生成的腐蚀产物在流体的携带下可能会嵌入到凹坑或刮痕内部，增大裂纹处的应力，降低位置硬度，促进了冲刷效果。

冲刷腐蚀（T）是冲击磨损（E）和化学腐蚀（C）相结合的结果。由电化学腐蚀过程和机械磨损过程之间的相互作用引起的质量损失称为协同作用（S），如下：

$$T = E + C + S \tag{7.8}$$

7.3.2 实验测量协同作用

7.3.2.1 实验条件

选取 5 种不同冲击角度（30°、45°、60°、75°、90°），使用颗粒浓度为 0.75wt%，颗粒粒径为 40~60 目，pH=4，氯离子浓度为 0.1mol/L 的两相流进行实验，研究不同角度下协同作用的差异。通过三维形貌仪、SEM、X 射线衍射仪（XRD）和电化学装置等手段进行分析研究。

7.3.2.2 实验结果

由协同作用、冲击磨损和纯化学腐蚀引起的质量损失比例如图 7.16 所示。实验表明，在 NaCl 溶液内协同效应对材料的质量损失有显著影响（Zheng *et al.*，2014）。同时，图 7.16 表明协同作用引起的质量损失占总质量损失的 4.24%~60.00%。随着冲击角度的增加，由协同作用引起的质量损失也增加。

当冲击角度不同时，相应的冲刷腐蚀协同作用具有显著差异。当冲击角度小于 75°时，由冲击磨损引起的质量损失与总质量损失之比为 79.66%~90.91%，这表明在冲刷腐蚀过程内，冲击磨损效果显著，大于腐蚀效应及其协同效应。此时，力学效应仍是造成质量损失的主要原因（Andrews *et al.*，2014）。

当冲击角度为 75°和 90°时，冲击磨损引起的质量损失分别降至 54.48% 和 34.84%。在 90°的冲击角度下，由于协同作用引起的质量损失占总质量损失比例最大。此时，协同作用变为导致材料损失的主要原因。

在水-砂混合物中，X80 管线钢的质量损失与冲击角度呈负相关关系，即冲击角度越大，材料的质量损失越小。但是当流体转化为 NaCl 溶液时，冲击角度从 30°到 60°时，由

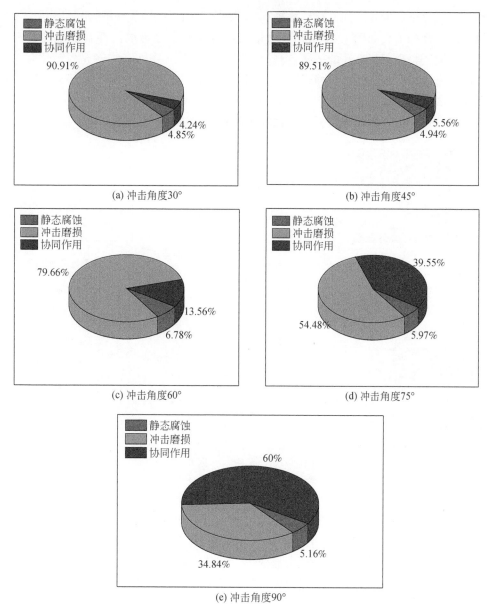

图 7.16　X80 管线钢冲刷腐蚀 1h 后纯磨损量、纯腐蚀量和
因协同作用造成的质量损失的比（据刘玉发，2020）

于机械差异，质量损失逐渐减小。原本预计当冲击角度为 75°时引起的质量损失应小于冲击角度为 60°的质量损失。然而，在较高冲击角度下，其协同作用变得越来越显著，造成的质量损失也越来越多。因此，由 75°冲击角度引起的质量损失大于 60°冲击角度的质量损失。

7.3.2.3　机理分析

根据所有结果，造成上述协同效应现象有两个原因。一种是机械磨损促进化学腐蚀，另一种是由氯离子点蚀作用加剧材料磨损引起的。这两个原因可以解释如下。

　　第一个解释如下。如图 7.17 所示，之前已经介绍过，微裂纹的存在会加速材料的重量损失，腐蚀产物会积聚在孔的底部。当没有颗粒撞击时，腐蚀产物将充当钝化膜，减少底部金属的反应。但是，当颗粒撞击孔时，因为坑内湍流卷积等原因，底部的腐蚀产物会受到颗粒的影响，并从孔中被带走，底部的裸露新鲜表面将被暴露出来。这将增加孔的深度以及内部和外部浓度之间的差异，从而促进材料的腐蚀。

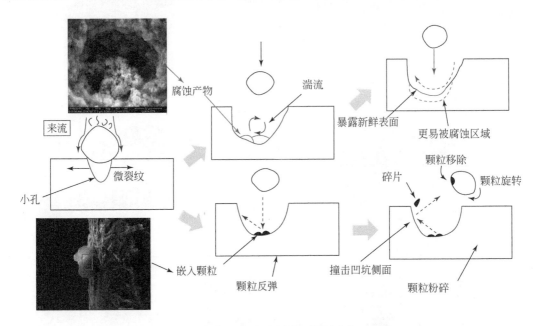

图 7.17　磨损促进腐蚀示意图（据刘玉发，2020）

　　对于大迎角和高流速，已证明存在嵌入的颗粒。因此，随后的粒子可能会与嵌入的粒子发生碰撞，并且粒子可能会破碎而产生小的碎屑，然后方向会发生偏转（Islam and Farhat，2014）。在回弹过程中，固体颗粒将击中孔的下边缘，并且该位置可能会成为点蚀的位置。点蚀的发生为随后的粒子撞击形成另一个孔提供了便利的条件。因此，颗粒破裂和二次金属冲击也将加剧材料的质量损失。换句话说，机械腐蚀会促进氯化物的点蚀，这会在样品表面造成点蚀。

　　另一个原因解释如下。冲击角度为 90° 时，腐蚀促进磨损的工作机理可以通过三个步骤来解释，如图 7.18 所示。从一开始，一定速度的颗粒会垂直入射至材料表面以形成初始孔。其次，在含氧 NaCl 溶液中产生亚铁离子，并进一步形成局部低 pH 环境。为了维持环境的电中性，氯离子必须从外部溶液迁移到坑中，可能涡流也会推进这一过程。同时，由于浓度的差异，氯离子将沿水平方向传播。并且由于溶液是酸性的，氯离子到达的位置将立即变为阳极位置，从 SEM 图中也可以看到小孔在凹坑出口处出现。最后，氯离子将优先在不均匀的膜形成中引起点蚀。这导致在随后的粒子撞击期间造成更大的重量损失。由于凹坑内部产生腐蚀产物，阳极位置将更集中在边缘附近较小的局部区域。因此，氯离子的点蚀引起样品表面的磨损效果更明显，即腐蚀促进磨损。

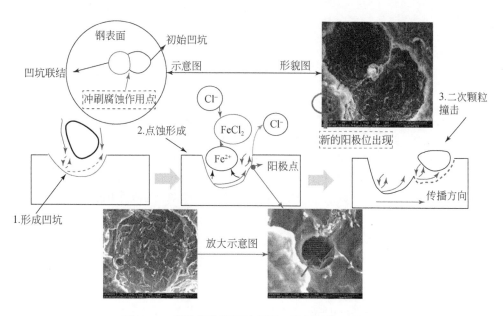

图 7.18　腐蚀促进磨损示意图（据刘玉发，2020）

7.3.3　小结

（1）X80 管线钢在腐蚀介质中的侵蚀–腐蚀质量损失大于非腐蚀性介质。在水–砂混合物中，质量损失随着角度的增加而减小。在 NaCl–砂中，随着冲击角度的增加，质量损失先减小后增大。

（2）在含 NaCl 腐蚀性介质的液体中，协同效应对质量损失有显著影响，占冲刷腐蚀总量的 4.24% ~ 60.00%。在 90°的冲击角度下，磨损和腐蚀的协同效应量占损失量的最大比例。

（3）冲刷腐蚀后的显微照片显示，在 30°冲击角度下腐蚀产物较少。在 90°冲击角度下，凹坑中埋有微小的砂粒。

参 考 文 献

艾伦 T,喇华璞,童三多,等. 1984. 颗粒大小测定. 北京:建筑工业出版社

白博峰,郭烈锦,赵亮. 2001. 气液两相流流型在线识别的研究进展. 力学进展,3:437~446

白成军. 2007. 三维激光扫描技术在古建筑测绘中的应用及相关问题研究. 天津:天津大学硕士学位论文

蔡斌,王瑞青,叶上游. 2018. 动态图像法、激光散射法及筛分法的比较. 炭素,174:27~34

蔡靖,郑玫,闫才青,等. 2015. 单颗粒气溶胶飞行时间质谱仪在细颗粒物研究中的应用和进展. 分析化学,43:765~774

蔡小舒,苏明旭,沈建琪. 2010. 颗粒粒度测量技术及应用. 北京:化学工业出版社

蔡毅,由长福,祁海鹰,等. 2002. 模糊逻辑方法用于气固两相流动 PTV 测量中的颗粒识别过程. 流体力学实验与测量,16:78~83

蔡增基,龙天愈. 2009. 流体力学泵与风机(第五版). 北京:中国建筑工业出版社

曹楚南,张鉴清. 2002. 电化学阻抗谱导论. 北京:科学出版社

曹顺华. 1998. 特征颗粒尺寸及其测定. 粉末冶金材料科学与工程,3:18~21

曹艳强,曹岩. 2016. 多相流测量技术的研究及其应用前景. 石化技术,269:272

陈川辉,李庆棠,张林进. 2012. 不锈钢材料高温冲蚀磨损性能与机理. 材料保护,7:15~18

陈佳斌,陈鸿翔,郭婷婷,等. 2010. 重力沉降法制备 SiO_2 光子晶体及其光学性质. 台州学院学报,32:28~32

陈祺,刘东. 2014. 超级双相不锈钢电化学腐蚀性能的实验研究. 实验科学与技术,12:25~26

陈学俊. 1994. 多相流热物理研究的进展. 西安交通大学学报,28:1~8

陈哲敏,胡朋兵,孟庆强. 2015. 动态光散射及电子显微镜纳米颗粒测量方法的比较研究. 光散射学报,27:52~58

程易,王铁峰. 2016. 多相流测量技术及模型化方法. 北京:化学工业出版社

刁源生. 2015. 筛分法测定钛精矿粒度分布. 中国粉体技术,21:76~79

丁经纬. 2003. 基于高速摄像法的流化床内颗粒运动特性研究. 杭州:浙江大学硕士学位论文

杜裕平. 2013. 超声波测厚仪精确测量钢板厚度的方法. 中国高新技术企业,(13):52~54

方立军,胡月龙,武生. 2012. 气液两相流流型识别理论的研究进展. 锅炉制造,6:33~36

方信贤. 2011. 两种不锈钢在单相流和液-固两相流中冲刷与腐蚀的交互作用. 材料研究学报,25:172~178

冯艳玲,魏琪,李辉,等. 2008. 高温冲蚀磨损测试方法及机理的研究概述. 锅炉技术,4:62~67

高健. 2018. 基于 ECT 的气液两相流空隙率测量. 沈阳:沈阳工业大学硕士学位论文

高彦丽,章勇高,邵富群,等. 2007. 电容层析成像技术中图像重建算法的发展及研究. 传感器与微系统,10:9~11

高正明,姚文杰. 1994. 应用热膜风速仪测定搅拌槽内气液两相流的流体力学参数. 化学反应工程与工艺,1:90~97

工业和信息化部电子第五研究所组. 2015. 扫描电镜和能谱仪的原理与实用分析技术. 北京:电子工业出版社

郭福水. 2004. 水平槽道内湍流两相流的 PIV 测量. 武汉:华中科技大学硕士学位论文

郭世旭. 2015. 基于球形内检测器的长输管道微小泄漏检测关键技术研究. 天津:天津大学博士学位论文

郭武刚,张永,孙思,等. 2010. Φ10.37m×5.19m 双驱半自磨机的设计. 矿山机械,(13):90~92

韩春阳,和蕴锋,陈松战,等. 2016. 半自磨机筒体衬板结构设计比较. 矿山机械,(7):55~57

韩骏. 2010. 小波熵与小波网络在多相流参数测量中的应用研究. 天津:天津大学博士学位论文

韩卓,陈晓燕,马道荣,等. 2009. 激光扫描共聚焦显微镜实验技术与应用. 科技信息,27~28

何斌. 2016. 氯化钠污染砂环境下砂粒粒径对体系及 X70 钢电化学腐蚀行为的影响. 太原:太原理工大学博士论文

何辅云,孙明如. 1999. 承压铁磁性管道高速检测系统. 南京理工大学学报,23:477~481

胡会利,李宁. 2007. 电化学测量. 北京:国防工业出版社

胡荣泽. 1982. 粉末颗粒和孔隙的测量. 北京:冶金工业出版社

胡松青,李琳,郭祀远,等. 2002. 现代颗粒粒度测量技术. 现代化工,22:58~61

黄春燕,沈嘉祺,蔡小舒. 2005. 透射光脉动法在颗粒测量运用中若干问题探讨. 仪器仪表学报,26:1899~1902

黄诗鬼. 2016. 天然气集输管道弯头冲蚀磨损研究. 成都:西南石油大学硕士论文

金华. 2014. 颗粒计数仪. 油气田地面工程,33:117~118

孔小东,胡会娥,苏小红. 2016 金属腐蚀与防护导论. 北京:科学出版社

李海青. 1991. 两相流参数检测及应用. 杭州:浙江大学出版社

李建庄,孙德顺,余畅,等. 2013. 几种材料的固体颗粒冲蚀磨损性能. 金属热处理,11:37~39

李久青,杜翠薇. 2007. 腐蚀试验方法及监测技术. 北京:中国石化出版社

李琳. 2020. 316L 不锈钢在高温环境的氧化行为及氧化膜的冲刷腐蚀研究. 北京:中国石油大学(北京)硕士学位论文

李诗卓,董祥林. 1987. 材料的冲蚀磨损与微动磨损. 北京:机械工业出版社

李轶. 2015. 多相流测量技术在海洋油气开采中的应用与前景. 清华大学学报(自然科学版),54:88~96

廖林辉. 2004. 氟化铝粒度分布的测定——筛分法. 湖南有色金属,20:41~43

林科,黄廷磊. 2006. PCS 颗粒测量技术中数字相关器的研究. 仪器仪表学报,27:174~176

林玉珍. 1996. 流动条件下磨损腐蚀的研究进展. 全面腐蚀控制,1~3

林宗虎,王栋,王树众,等. 2001. 多相流的近期工程应用趋向. 西安交通大学学报,35:886~890

刘东岳. 2018. 光散射法颗粒计数传感器的设计与研究. 太原:太原理工大学硕士学位论文

刘凤娴,毕新慧,任照芳,等. 2017. 气相色谱-质谱法测定大气颗粒物中的有机胺类物质. 分析化学,45:477~482

刘焕胜,周金环. 1995. 无振动离心筛分法的试验研究. 中国矿业大学学报,3:85~90

刘建平,姬建钢,陈松战,等. 2014. 一种半自磨机筒体衬板的优化设计. 矿山机械,(10):80

刘俊,田振华,解华华,等. 2019. 磨机衬板磨损在线测量技术的研究与应用. 矿山机械,(2):13~18

刘钦甫,张志亮,程宏飞,等. 2014. 利用电阻法原理测算高岭石的径厚比. 功能材料,18:18067~18070

刘森,杨强,卢浩,等. 2016. 重力沉降法测定水-柴油乳化液粒径分布. 中国测试,42:50~53

刘少光,吴进明,张升才,等. 2006. 超临界锅炉管道耐磨涂层的微观组织结构及冲蚀规律. 动力工程,6:908~912

刘晓平. 1996. 扇束卷积反投影法的程序优化. CT 理论与应用研究,1:35~37

刘英杰,成克强. 1991. 磨损失效分析基础. 北京:机械工业出版社

刘玉发. 2020. X80 管线钢冲刷磨损内多因素影响研究. 北京:中国石油大学(北京)硕士学位论文

卢巍,沈嘉祺,蔡小舒. 2004. 光脉动法颗粒浓度测量下限研究. 中国粉体技术,10:5~8

罗卫红. 1987. 变色闪频法研究流化床内气泡及物料的运动规律. 杭州:浙江大学硕士学位论文

马礼敦. 2003. X 射线粉末衍射仪. 上海计量测试,30:41~46

马兴华,完明睿,沈天临. 1998. 图像沉降法测量颗粒粒度的装置. CN2285468Y

毛益平,何桂春,倪文. 2003. 物料粒度分析中的现代测试技术. 金属矿山,329:13~16

毛志远,黄兰珍,涂江平,等. 1993. WC-Co 硬质合金冲蚀磨损行为及机理研究. 浙江大学学报,1:61~67

明廷锋,朴甲哲,张永祥. 2005. 基于超声波测量技术的颗粒尺寸分布模型的研究. 应用声学,24:103~107

潘卫国,李杨,曹绛敏. 2004. 过程层析成像技术的现状与展望. 仪器仪表学报,25:1034~1036

庞佑霞,陆由南,尹喜云. 2006. 含沙量和沙粒粒径对 QT500 材料冲蚀磨损特性的影响. 机械工程材料,30:51~53

佩雷斯. 2013. 电化学与腐蚀科学. 北京:化学工业出版社

秦授轩,蔡小舒,马力,等. 2011. 基于 Gregory 理论的光脉动法颗粒在线测量中背景光强的估算. 光学学报,31:145~150

三轮茂雄. 1981. 粉体工学通论. 日刊工业新闻社,22~27

桑波,赵宏,谭玉山. 2002. 高精度差动型激光多普勒大直径测量系统. 工具技术,36:44~46

沈建琪. 1999. 光散射法测粒技术延伸测量下限的研究. 上海:上海理工大学博士学位论文

盛森芝,徐月亭,袁辉靖. 2002. 近十年来流动测量技术的新发展. 力学与实践,24:1~14

宋磊. 2010. 水切割特性的影响因素及其影响行为分析. 装备制造技术,150~152

孙斌,周云龙,陈飞. 2007. 气液两相流智能识别理论及方法. 北京:科学出版社

谭超,董峰. 2010. 过程层析成像与多相流测量应用. 仪器仪表用户,17:3~6

谭超,董峰. 2013. 多相流过程参数检测技术综述. 自动化学报,39:1923~1932

谭立新,蔡一湘,余志明,等. 2011. 各种粒度表征技术的相关性研究. 材料研究与应用,5:57~61

谭显祥. 1990. 高速摄影技术. 北京:原子能出版社

汤文博,徐继达,陶玲. 2001. 固体粒子冲蚀试验改进. 郑州工业大学学报,22:69

唐春燕. 2021. 420 不锈钢表面镀锌涂层的两相冲蚀腐蚀实验研究. 中国石油大学(北京)硕士学位论文

田保红,徐滨士,马世宁,等. 2000. 高速电弧喷涂 Fe_3Al/WC 复合涂层高温冲蚀行为研究. 中国表面工程,1:22~26

王爱霞,刘汉忠,秦晓东,等. 2011. 激光法与筛分法测试粗泥沙颗粒误差分析. 第三届全国河道治理与生态修复技术交流研讨会专刊

王德国,何仁洋,董山英. 2002. 长距离油、气、水混输管道内壁流动腐蚀的研究进展. 天然气与石油,20:24~29

王栋,林宗虎. 2001. 气液两相流体流量的分流分相测量法. 西安交通大学学报,5:441~444

王芳,王靖岱,阳永荣. 2008. 动态粉体静电测量技术的研究进展. 化工自动化及仪表,35:1~6

王凤平. 2015. 金属腐蚀与防护实验. 北京:化学工业出版社

王凤平,康万利,敬和民. 2008. 腐蚀电化学原理、方法及应用. 北京:化学工业出版社

王红波. 2014. 油气输送管道检测方法及安全评价. 秦皇岛:燕山大学硕士学位论文

王佳,贾梦洋,杨朝晖,等. 2017. 腐蚀电化学阻抗谱等效电路解析完备性研究. 中国腐蚀与防护学报,37:479~486

王凯. 2012. 材料冲蚀磨损影响因素分析. 河南科技,16:60

王乃宁. 2000. 颗粒粒径的光学测量技术及应用. 北京:原子能出版社

王乃宁,虞先煌. 1996. 基于米氏散射及夫朗和费衍射的 FAM 激光测粒仪. 中国粉体技术,2:1~6

王琦. 2009. 多相流 CT 系统成像算法研究. 天津:天津大学硕士学位论文

王铁峰,王金福,张欢,等. 2002. 超声多普勒测速仪在液-固和气-液两相流测量中的应用. 化工学报,53:427~432

王薇. 2015. 库尔特计数器应用于测定粘胶粒子的试验. 人造纤维,45:24~25

王小鹏,陈颂英,曲延鹏,等. 2008. 不同湍流模型对圆射流数值模拟的讨论. 工程热物理学报,29:65~69

魏丽颖,刘晨,郑旭. 2017. 石灰石粉细度测试方法及其比较. 水泥,5:63~68

文丽娟. 2014. 保护电位对典型海洋用钢腐蚀阴极过程和力学性能的影响. 天津:天津大学硕士学位论文

吴丽,王晓伟,路兴杰,等. 2019. 颗粒测试技术发展现状及应用进展. 工业计量,29:8~15

吴荫顺,曹备. 2007. 阴极保护和阳极保护:原理、技术及工程应用. 北京:中国石化出版社

邢天阳. 2017. 多相流检测研究进展. 科技资讯,15

熊家志. 2019. Q345钢材在多相射流中冲蚀行为的实验研究. 北京:中国石油大学(北京)硕士学位论文

徐峰,蔡小舒,赵志军,等. 2003. 光散射粒度测量中采用 Fraunhofer 衍射理论或 Mie 理论的讨论. 中国粉体技术,9:1~6

许聪. 2012. 电阻与超声双模态油气水多相流测量方法研究. 天津:天津大学博士学位论文

杨少帅. 2019. 304不锈钢两相流冲蚀腐蚀的实验研究. 北京:中国石油大学(北京)硕士学位论文

姚军. 2002. 气固两相圆柱绕流的直接数值模拟和肋条弯管抗磨机理的数值试验研究. 杭州:浙江大学博士学位论文

姚军,曹培根,周芳,等. 2015. 两相流冲蚀不锈钢材料的实验研究. 厦门大学学报(自然科学版),54:746~750

易丹青,陈丽勇,刘会群,等. 2012. 硬质合金电化学腐蚀行为的研究进展. 硬质合金,29:238~253

印波,张欣,李伟. 2008. 颗粒计数仪在油田回注水中的应用. 辽宁化工,37:187~189

雍兴跃,林玉珍. 2002. 流动腐蚀研究的新进展. 腐蚀科学与防护技术,14:32~34

于晶晶,赵文杰,王德亮,等. 2019. 液-固两相流环境中环氧树脂抗冲蚀磨损研究进展. 中国材料进展,38:594~601

俞康泰,范明锋,陈龙,等. 2001. 沉降法测定色料颗粒分布的研究. 中国陶瓷工业,8:1~4

喻晓,王成伟,赵魏,等. 2017. 激光三维扫描技术在矿用磨机上的应用. 矿山机械,(8):41~44

袁全,杨道业,金月娇. 2016. 电阻层析成像系统的设计. 仪表技术与传感器,5:44~46

袁玉燕,白华萍,李凤生. 2001. 激光光散射法的原理及其在超细粉体粒度测试中的应用. 兵器材料科学与工程,24:59~62

曾励,王新琴,陈宏星,等. 2004. 血细胞自动分析仪的研制. 扬州大学学报,7:53~56

曾子华. 2017. 液固两相射流中304不锈钢冲蚀行为研究. 厦门:厦门大学硕士学位论文

曾子华,姚军,周芳,等. 2019. 液固两相射流中304不锈钢冲蚀行为研究. 工程热物理学报,40:2853~2858

张朝宗. 2009. 工业CT技术和原理. 北京:科学出版社

张大同. 2018. 扫描电镜与能谱仪分析技术. 广州:华南理工大学出版社

张鉴清. 2010. 电化学测试技术. 北京:化工工业出版社

张鉴清,张昭,王建明,等. 2001. 电化学噪声的分析与应用. 中国腐蚀与防护学报,21:310~320

张军,彭晓雄. 2019. 油气管道的腐蚀与防护技术研究. 化工管理,22:174~175

张莉,李梅,李磊,等. 2013. 基于单颗粒质谱信息气溶胶分类方法的研究进展. 环境科学与技术,36:190~195

张少明. 1994. 粉体工程. 北京:中国建筑工业出版社:145~148

张修刚,王栋,林宗虎. 2004. 近期多相流过程层析成像技术的发展. 热能动力工程,3:221~226

张昭,张鉴清,李劲风,等. 2001. 因次分析法在电化学噪声分析中的应用. 物理化学学报,7:651~654

张兆田,熊小芸,杨五强. 2005. 过程层析成像概述. 中国体视学与图像分析,10:145~148

章维,苏明旭,蔡小舒. 2014. 基于超声衰减谱和相速度的颗粒粒径测量. 化工学报,65:898~904

赵春雪,刘兴斌,韩连福,等. 2017. 基于小波变换与贝叶斯决策的多相流相态辨识方法. 天津理工大学学报,33:28~33

赵家林,王超会,王玉慧. 2017. 粉体科学与工程. 北京:化学工业出版社

赵联祁. 2016. 液固两相流弯管冲蚀研究与抗冲蚀优化. 青岛:中国石油大学(华东)硕士论文

赵彦琳,柳灏,姬忠礼,等. 2018. 316不锈钢在含沙两相射流中长时间冲蚀的实验研究. 工程热物理学报,39:361~365

赵彦琳,姚军,王启华. 2019. 气力输送颗粒系统的静电发生与颗粒静电. 北京:科学出版社

赵玉磊,郭宝龙,闫允一. 2012. 电容层析成像技术的研究进展与分析. 仪器仪表学报,33:1909~1920

郑刚,申晋. 2002. 用动态光散射法测量纳米、亚微米颗粒研究的新进展. 山东理工大学学报(自然科学版),16:49~54

郑凯,李红艺,韩玉华. 2014. 电化学工作站在金属腐蚀实验教学中的应用. 山东化工,43:129~130

周芳. 2016. 304/316不锈钢冲蚀腐蚀行为研究. 厦门:厦门大学博士学位论文

周又玲,朱英,李森生,2001. 微机沉降粒度仪的实现. 华东理工大学学报,27:468~470

周云龙,孙斌,李洪伟,2010. 多相流参数检测理论及其应用. 北京:科学出版社

周祖康,俞志健. 1985. 溴代十四烷基吡啶胶团长大的光子相关光谱研究. 物理化学学报,1:141~153

Abedini M,Ghasemi H M. 2014. Synergistic erosion-corrosion behavior of Al-brass alloy at various impingement angles. Wear,319(1-2):49~55

Ahlert K. 1994. Effects of particle impingement angle and surface wetting on solid particle erosion of AISI 1018 steel. MS Thesis,Department of Mechanical Engineering,The University of Tulsa

Al-Adel M F,Savile D A,Sundaresan S. 2002. The effect of static electrification on gas-solid flows in vertical risers. Industrial & Engineering Chemistry Research,41:6226~6234

Allegra J R. 1972. Attenuation of sound in suspensions and emulsions:theory and experiments. Journal of The Acoustical Society of America,51:1545~1564

Anand K,Hovis S K,Conrad H,et al. 1987. Flux effects in solid particle erosion. Wear,118(2):243~257

Anderson J L,Fincke J R. 1980. Mass flow measurement in air/water mixtures using drag devices and gamma densitometer. ISA Transactions,19:3748

Andrews N,Giourntas L,Galloway A M. 2014. Effect of impact angle on the slurry erosion-corrosion of Stellite 6 and SS316. Wear,320:143~151

Aribo S,Barker R,Hu X,et al. 2013. Erosion-corrosion behavior of lean duplex stainless steels in 3.5% NaCl solution. Wear,302:1602~1608

Balan K P,Reddy A V,Joshi V,et al. 1991. The influence of microstructure on the erosion behavior of cast irons. Wear,145:283~296

Bree S E M D,Rosenbrand N F,Gee A W J D. 1982. On the erosion resistance in water-sand mixtures of steels for application in slurry Piplines. Hydrotransport,BHRA Fluid Engineering,Johannesburg,Paper C3

Brown G J. 2002. Erosion prediction in slurry pipeline tee-junctions. Applied Mathematical Modelling,26:155~170

Chang H,Louge M. 1992. Fluid dynamic similarity of circulating fluidized beds. Powder Technology,70:259~270

Chen X,McLaury B S,Shirazi S A. 2004. Application and experimental validation of a computational fluid dynamics(CFD)-based erosion prediction model in elbows and plugged tees. Computer and Fluids,33:1251~1272

Cheng Y P,Lau D Y J,Guan G Q,et al. 2012. Experimental and numerical investigations on the electrostatics generation and transport in the downer reactor of a triple-bed combined circulating fluidized bed. Industrial &

Engineering Chemistry Research,51:14258~14267

Corneliussen S. 2005. Handbook of multiphase flow metering. Oslo:Norwegian Society for Oil and Gas Measurement

Davies D K. 1969. Charge generation on dielectric surfaces. Journal of Physics D:Applied Physics,2:1533~1537

Dhont J,Kruif C. 1983. Scattered light intensity cross correlation. Journal of Chemical Physics,79:1658~1663

Diu C K,Yu C P. 1979. Deposition from charged aerosol flows through a two-dimensional bend. Journal of Aerosol Science,11:396~395

Drain L E. 1985. 激光多普勒技术. 王仕康,沈熊,周作元译. 北京:清华大学出版社

Exner K. 2010. Ueber die Fraunhofer's chen Ringe,die Quetelet´schen Streifen und verwandte Erscheinungen. Annalen Der Physik,240:525~550

Eyer T S,Fitter C. 1983. Application of oil analysis techniques to the study of cylinder liner wear. Wear,90:31~37

Falcone G. 2009. Multiphase flow metering principles. Developments in Petroleum Science,54:33~45

Fan J R,Yao J,Cen K F. 2002. Antierosion in a 90° bend by particle impaction. AIChE Journal,48:1401~1412

Finnie I,Mcfadden D H. 1978. On the velocity dependence of the erosion of ductile metals by solid particles at low angles of incidence. Wear,48:181~190

Gajewski A. 1989. Measuring the charging tendency of polystyrene particles in pneumatic conveyance. Journal of Electrostatics,23:55~66

Gandhi B K,Borse S V. 2004. Nominal particle size of multi-sized particulate slurries for evaluation of erosion wear and effect of fine particles. Wear,257:73~79

Grewal H S,Agrawal A,Singh H. 2013. Identifying erosion mechanism:a novel approach. Tribology Letters,51:1~7

Grewal H S,Singh H,Yoon E S. 2015. Interplay between erodent concentration and impingement angle for erosion in dilute water-sand flows. Wear,332-333:1111~1119

Guardiola J,Rojo V,Ramos G. 1996. Influence of granule size,fluidization velocity and relative humidity on fluidized bed electrostatics. Journal of Electrostatics,37:1~20

Hager A,Friedrich K,Dzenis Y. 1995. Study of erosion wear of advanced polymer composites. Proceedings of the Tenth International Conference on Composite Materials IV,Characterization and Ceramic Matrix Composites,155~162

Hayashi N,Kagimoto Y,Notomi A,et al. 2005. Development of new testing method by centrifugal erosion tester at elevated temperature. Wear,258:443~457

Heller B. 1978. Mathematical modelling. In:Box G E P, Hunter W G, Hunter J S(eds). Statistics for Experimenters,An Introduction to Design,Data Analysis,and Model Building. New York:John Wiley and Sons:1657~1658

Islam M A,Farhat Z N. 2014. Effect of impact angle and velocity on erosion of API X42 pipeline steel under high abrasive feed rate. Wear,311(1-2):180~190

Ismail I,Gamio J C. 2004. Review of multi-phase meters for oil industry. International Conference of Mulphase Flow Research Progress,596~600

Itakura T,Masuda H,Ohtsuka C,et al. 1996. The contact potential difference of powder and the tribo-charge. Journal of Electrostatics,38:213~226

Iverson W P. 1968. Transient voltage changes produced in corroding metals and alloys. Journal of the Electrochemical Society,115:617~618

Jaworski A J, Dyakowski T. 2001. Application of electrical capacitance tomography for measurement of gas-solids flow characteristics in a pneumatic conveying. Measurement Science and Technology, 12 : 1109

Jaworski A J, Dyakowski T. 2002. Investigations of flow instabilities within the dense pneumatic conveying system. Powder Technology, 125 : 279 ~ 291

Joseph S, Klinzing G E. 1983. Vertical gas-solid transition flow with electrostatics. Powder Technology, 36 : 79 ~ 87

Kanazawa S, Ohkubo T, Nomoto Y, et al. 1995. Electrification of a pipe wall during powder transport. Journal of Electrostatics, 35 : 47 ~ 54

Kawatra S K. 2009. Advances in Comminution. Littleton: Society of Mining Metallurgy and Exploration

Khayatan N, Ghasemi H M, Abedini M. 2017. Synergistic erosion-corrosion behavior of commercially pure titanium at various impingement angles. Wear, 380 : 154 ~ 162

Laughlin C O, Proosdij D V, Milligan T G. 2014. Flocculation and sediment deposition in a hypertidal creek. Continental Shelf Research, 82 : 72 ~ 84

Levy A V, Chik P. 1983. The effects of erodent composition and shape on the erosion of steel. Wear, 89 : 151 ~ 162

Li L L, Wang Z B, Zheng Y G. 2019. Interaction between pitting corrosion and critical flow velocity for erosion-corrosion of 304 stainless steel under jet slurry impingement. Corrosion Science, 158 : 108084

Li Y, Yang W, Xie C G, et al. 2013. Gas/oil/water flow measurement by electrical capacitance tomography. Measurement science and technology, 24 : 074000

Liao C C, Hsiau S S, Huang T Y. 2011. The effect of vibrating conditions on the electrostatic charge in a vertical vibrating granular bed. Powder Technology, 208 : 1 ~ 6

Mandelshtam V A, Carrington T. 2002. Comment on "Spectral filters in quantum mechanics: a measurement theory perspective". Physical Review E, 65 : 028701

Mann B S, Prakash B. 2000. High temperature friction and wear characteristics of various coating materials for steam valve spindle application. Wear, 240 : 223 ~ 230

Mansor N I I, Abdullah S, Ariffin A K, et al. 2014. A review of the fatigue failure mechanism of metallic materials under a corroded environment. Engineering Failure Analysis, 42 : 353 ~ 365

Marshall D B, Evans A G, Gulden M E, et al. 1981. Particle size distribution effects on the solid particle erosion of brittle materials. Wear, 71 : 363 ~ 373

Masuda H, Komatsu T, Iinoya K. 1976. The static electrification of particles in gas-solid pipe flow. AIChE Journal, 22 : 558 ~ 564

Matsusaka S, Masuda H. 2003. Electrostatics of particles. Advanced Powder Technology, 14 : 143 ~ 166

Matsusaka S, Maruyama H, Matsuyama T, et al. 2010. Triboelectric charging of powders: a review. Chemical Engineering Science, 65 : 5781 ~ 5807

Matsusaka S, Nishida T, Gotoh Y, et al. 2003. Electrification of fine particles by impact on a polymer film target. Advanced Powder Technology, 14 : 127 ~ 138

Matsuyama T, Yamamoto H. 1997. Charge relaxation process dominates contact charging of a granule in atmospheric conditions: II. general model. Journal of Physics D-Applied Physics, 30 : 2170 ~ 2175

Matsuyama T, Yamamoto H. 2006. Impact charging of particulate materials. Chemical Engineering Science, 61 : 2230 ~ 2238

Mccabe L P, Sargent G A, Conrad H. 1985. Effect of microstructure on the erosion of steel by solid particles. Wear, 105 : 257 ~ 277

Mccafferty E. 1990. A competitive adsorption model for the inhibition of crevice corrosion and pitting. Chest, 137 : 3731 ~ 3737

Meng F D, Liu L, Li Y, et al. 2017. Studies on electrochemical noise analysis of an epoxy coating/metal system under marine alternating hydrostatic pressure by pattern recognition method. Progress in Organic Coatings, 105: 81~91

Misra A, Finnie I. 1982. A review of the abrasive wear of metals. Journal of Engineering Materials and Technology, 104:94

Morrison R S. 1980. Electrochemistry at Semiconductor and Oxidised Metal Electrodes. New York: Plenum Press

Mudali U K, Shankar P, Ningshen S, et al. 2002. On the pitting corrosion resistance of nitrogen alloyed cold worked austenitic stainless steels. Corrosion Science, 44:2183~2198

Naderi R, Attar M M. 2009. Application of the electrochemical noise method to evaluate the effectiveness of modification of zinc phosphate anticorrosion pigment. Corrosion Science, 51:1671~1674

Nemeth E, Albrecht V, Schubert G, et al. 2003. Polymer tribo-electric charging: dependence on thermodynamic surface properties and relative humidity. Journal of Electrostatics, 58:3~16

Nguyen Q B, Lim C Y H, Nguyen V B, et al. 2014a. Slurry erosion characteristics and erosion mechanisms of stainless steel. Tribology International, 79:1~7

Nguyen Q B, Nguyen V B, Lim C Y H, et al. 2014b. Effect of impact angle and testing time on erosion of stainless steel at higher velocities. Wear, 321:87~93

Nieh S, Nguyen T. 1988. Effects of humidity, conveying velocity, and particle size on electrostatic charges of glass beads in a gaseous suspension flow. Journal of Electrostatics, 21:99~114

Otsu N. 1979. An automatic threshold selection method based on discriminant and least squares criteria. Denshi Tsushin Gakkai Ronbunshi, J63-D, 2:349

Pecora R. 1985. Dynamic Light Scattering: Application of Photon Correlation Spectroscopy. New York: Plenum Press

Qian X C, Huang X B, Hu Y H, et al. 2014. Pulverized coal flow metering on a full-scale power plant using electrostatic sensor arrays. Flow Measurement and Instrumentation, 40(12): 185~191

Qian X C, Yan Y, Huang X B, et al. 2016. Measurement of the mass flow and velocity distributions of pulverized fuel in primary air pipes using electrostatic sensing techniques. IEEE International Instrumentation and Measurement Technology Conference Proceedings, 488~492

Qian X C, Yan Y, Huang X B, et al. 2017. Measurement of the mass flow and velocity distributions of pulverized fuel in primary air pipes using electrostatic sensing techniques. IEEE Transactions on Instrumentation and Measurement, 66(5): 944~952

Ramachandran G N. 1994. Fluctuations of light intensity in coron Æ formed by diffraction. Journal of Astrophysics and Astronomy, 15:357~371

Ramos-Negrón O J, Arellano-Pérez J H, Escobar-Jiménez R F, et al. 2019. Electrochemical noise analysis to identify the corrosion type using the Stockwell transform and the Shannon energy. Journal of Electroanalytical Chemistry, 50:835~859

Rao M S, Zhu K W, Wang C H, et al. 2001. Electrical capacitance tomography measurements on the pneumatic conveying of solids. Industrial & Engineering Chemistry Research, 40:4216~4226

Robertson J. 1989. The mechanism of high temperature aqueous corrosion of stainless steels. Corrosion Science, 29:1275~1291

Routbort J L, Scattergood R O, Kay E W. 1980. Journal of Nuclear Materials, 63:635

Saleh K, Ndama A T, Guigon P. 2011. Relevant parameters involved in tribocharging of powders during dilute phase pneumatic transport. Chemical Engineering Research & Design, 89:2582~2597

Sasaki K, Burstein G T. 2010. Observation of a threshold impact energy required to cause passive film rupture during slurry erosion of stainless steel. Philosophical Magazine Letters, 80:489 ~ 493

Segal E, Shouse P J, Bradford S A, et al. 2009. Measuring particle size distribution using laser diffraction: implications for predicting soil hydraulic properties. Soil Science, 174:639 ~ 645

Smeltzer E E, Weaver M L, Klinzing G E. 1982. Individual electrostatic particle interaction in pneumatic transport. Powder Technology, 33:36 ~ 42

Sommerfeld M. 2003. Analysis of collision effects for turbulent gas-particle flow in a horizontal channel: Part I. particle transport. International Journal of Multiphase Flow, 29:675 ~ 699

Thorn R, Johansen G A, Hammer E A. 1998. Recent development in three-phase flow measurement. Measurement Science and Technology, 18:691 ~ 701

Thorn R, Johansen G A, Hjertaker B T. 2012. Three-phase flow measurement in the petroleum industry. Measurement Science and Technology, 24:012003

Tsuji Y, Morikawa Y. 1982. Flow pattern and pressure fluctuation in air-solid two-phase flow in a pipe at low air velocities. International Journal of Multiphase Flow, 8:329 ~ 341

Wang J, Shirazi S A. 2003. A CFD based correlation for erosion factor for long-radius elbows and bends. Journal of Energy Resources Technology, 125:26 ~ 34

Wang J Z, Wang J Q, Ming H L, et al. 2018. Effect of temperature on corrosion behavior of alloy 690 in high temperature hydrogenated wate. Journal of Materials Science Technology, 34:163 ~ 171

Wang R, Pavlin T, Rosen M S, et al. 2005. Xenon NMR measurements of permeability and tortuosity in reservoir rocks. Magnetic Resonance Imaging, 23:329 ~ 330

Wang Y F, Cheng G X, Li Y. 2016. Observation of the pitting corrosion and uniform corrosion for X80 steel in 3.5wt% NaCl solutions using in-situ and 3-D measuring microscope. Corrosion Science, 111:508 ~ 517

Wang Y F, Cheng G X, Wei W, et al. 2015. Effect of pH and chloride on the micro-mechanism of pitting corrosion for high strength pipeline steel in aerated NaCl solutions. Applied Surface Science, 349:746 ~ 756

Watanabe H, Ghadiri M, Matsuyama T, et al. 2007. Triboelectrification of pharmaceutical powders by particle impact. International Journal of Pharmaceutics, 334:149 ~ 155

Wilson R G. 1996. Vacuum thermionic work functions of polycrystalline Be, Ti, Cr, Fe, Ni, Cu, Pt, and type 304 stainless steel. Journal of Applied Physics, 37:2261 ~ 2267

Wolny A, Opalinski I. 1983. Electric charge neutralization by addition of fines to a fluidized bed composed of coarse dielectric particles. Journal of Electrostatics, 14:179 ~ 289

Wood R J K, Wharton J A, Speyer A J. 2002. Investigation of erosion-corrosion processes using electrochemical noise measurements. Tribology International, 35:631 ~ 641

Wu J J, Yao J, Zhao Y L. 2016. The effects of granular velocity and shape factors on the generation of polymer-metal electrostatic charge. Journal of Electrostatics, 82:22 ~ 28

Xia H, Song S Z, Behnamian Y, et al. 2020. Review-electrochemical noise applied in corrosion science: theoretical and mathematical models towards quantitative analysis. Journal of the Electrochemical Society, 23:167 ~ 178

Xu R L. 2008. Progress in nanoparticles characterization: sizing and zetapotential measurement. Particuology, 6: 112 ~ 115

Yamamoto H, Scarlett B. 1986. Triboelectric charging of polymer particles by impact. Particle & Particle Systems Characterization, 3:117 ~ 121

Yan Y, Hu Y H, Wang L J, et al. 2021. Electrostatic sensors-their principles and applications. Measurement, 169:108506

Yan Y,Wang L J,Wang T,*et al.* 2018. Application of soft computing techniques to multiphase flow measurement:a review. Flow Measurement and Instrumentation,60:30~43

Yang M Z,Luo J L,Wilmott M. 1998. Oscillation of potential and current during the initiation of crevice corrosion on carbon steel. Materials letters,17:1071~1076

Yang W Q. 2010. Design of electrical capacitance tomography sensors. Measurement Science & Technology,21:201~213

Yao J,Wang C H. 2006. Granular size and shape effect on electrostatics in pneumatic conveying systems. Chemical Engineering Science,61:3858~3874

Yao J,Zhang Y,Wang C H,*et al.* 2004. Electrostatics of the granular flow in a pneumatic conveying system. Industrial and Engineering Chemistry Research,43:7181~7199

Yao J,Zhang Y,Wang C H,*et al.* 2006. On the electrostatic equilibrium of granular flow in pneumatic conveying systems. AIChE Journal,52:3775~3793

Yao J,Zhou F,Zhao Y L,*et al.* 2015. Investigation of erosion of stainless steel by two-phase jet impingement. Applied Thermal Engineering,88:353~362

Yi J Z,Hu H X,Wang Z B,*et al.* 2018. Comparison of critical flow velocity for erosion-corrosion of six stainless steels in 3.5 wt% NaCl solution containing 2 wt% silica sand particles. Wear,416-417:62~71

Yoshida M,Ii N,Shimosaka A,*et al.* 2006. Experimental and theoretical approaches to charging behavior of polymer particles. Chemical Engineering Science,61:2239~2248

Yu C P. 1977. Precipitation of unipolarly charged particles in cylindrical and spherical vessels. Journal of Aerosol Science,8:237~241

Zhang J,Kang J,Fan J,*et al.* 2016. Research on erosion wear of high-pressure pipes during hydraulic fracturing slurry flow. Journal of Loss Prevention in the Process Industries,66:438~448

Zhang Y F,Yang Y,Arastoopour H. 1996. Electrostatic effect on the flow behavior of a dilute gas/cohesive particle flow system. AIChE Journal,42:1590~1599

Zhao Y L,Wang Y Z,Yao J,*et al.* 2018. Reynolds number dependence of particle resuspension in turbulent duct flows. Chemical Engineering Science 187:33~51

Zhao Y L,Zhou F,Yao J,*et al.* 2015. Erosion-corrosion behaviour and corrosion resistance of AISI 316 stainless steel in flow jet impingement. Wear,328-329:464~474

Zheng Z B,Zheng Y G. 2016. Effects of surface treatments on the corrosion and erosion-corrosion of 304 stainless steel in 3.5% NaCl solution. Corrosion Science,112:657~668

Zheng Z B,Zheng Y G,Zhou X,*et al.* 2014. Determination of the critical flow velocities for erosion-corrosion of passive materials under impingement by NaCl solution containing sand. Corrosion Science,88:187~196

Zhu K W,Rao S M,Huang Q H,*et al.* 2004. On the electrostatics of pneumatic conveying of granular materials using electrical capacitance tomography. Chemical Engineering Science,59:3206~3213

Zhu K W,Rao S M,Wang C H *et al.* 2003. Electrical capacitance tomography measurements on vertical and inclined pneumatic conveying of granular solids. Chemical Engineering Science,58:4225~4245

Zhu K W,Tan R B H,Chen F X,*et al.* 2007. Influence of granule wall adhesion on granule electrification in mixers. International Journal of Pharmaceutics,328:22~34

Zhu Z Z,Hou Z F,Huang M C,*et al.* 2001. Change of work function of Pd,Ag,K on Al(001) as a function of external electric field. Chinese Physics Letters,18:1111~1113

Ziemann P J. 1998. Particle mass and size measurement using mass spectrome-try. Trends in Analytical Chemistry,17:322~328